软件简史

（下）

张银奎 著

华中科技大学出版社
http://press.hust.edu.cn

中国·武汉

内容简介

伟大的软件不是一朝一夕发明出来的，而是人类文明长期积累的结果。从某种程度上来说，软件文明就是人类文明在电气化时代的延续。本书按照时间顺序，详细记述了人类探索和发明软件的艰难曲折过程，记录了具有里程碑意义的重大事件和事件背后的关键人物。

图书在版编目(CIP)数据

软件简史：上下册 / 张银奎著. —— 武汉：华中科技大学出版社，2023.10
ISBN 978-7-5772-0159-7

Ⅰ. ①软… Ⅱ. ①张… Ⅲ. ①软件开发－技术史 Ⅳ. ①TP311.52-091

中国国家版本馆CIP数据核字(2023)第201944号

书　　名　**软件简史（上下册）**
　　　　　Ruanjian Jianshi（Shang Xia Ce）
作　　者　张银奎

策划编辑　徐定翔
责任编辑　徐定翔
责任监印　周治超

出版发行　华中科技大学出版社（中国·武汉）　　电话　027-81321913
　　　　　武汉市东湖新技术开发区华工科技园　　邮编　430223
录　　排　武汉东橙品牌策划设计有限公司
印　　刷　湖北新华印务有限公司
开　　本　787mm x 1092mm　1/16
印　　张　48
字　　数　800千字
版　　次　2023年10月第1版第1次印刷
定　　价　169.90元（全2册）

目录（下册）

239　第六篇　亢龙有悔

361　跋

365　人名表

第四篇

或跃在渊

如果说第二次世界大战期间英美两国政府以国家之力倾注巨资帮助现代计算机度过初期发展的难关，那么第二次世界大战后，第一批计算机公司的出现则代表着新一轮发展的开始。

1946 年 3 月，ENIAC 的两位主要设计者埃克特和莫奇利从宾夕法尼亚大学辞职，不久后创立了埃克特-莫奇利计算机公司（EMCC）。

1949 年 6 月，在哈佛马克一号上工作将近 5 年的格蕾丝离开哈佛大学，加入 EMCC 工作。格蕾丝的职位是高级数学家，所做的工作是为 EMCC 的 UNIVAC 计算机设计软件。

受同事贝蒂启发，格蕾丝发明了一个特殊的程序并取名为 A-0，这个程序的功能是"产生程序"，把适合人类理解的源程序翻译为适合计算机执行的机器程序。

A-0 的出现，代表着人类开始以一种新的方式"生产"软件。可以用易于人类理解的高级语言来设计程序，这不仅大大提高了生产软件的效率，而且降低了编写软件的难度，让更多的人可以编写软件，为软件大生产奠定了基础。

1952 年，小沃森从他父亲那里接过 IBM 总裁职位，带领 IBM 进入计算机领域。他用了大约 3 年时间，让 IBM 成为大型机时代的领导者。

1953 年 12 月，IBM 开始研发一种新的编程系统。在巴克斯的带领下，十几个具有聪明大脑的人密切合作，奋战 3 年多时间，完成了"FORTRAN 自动编码系统"。

此后的几十年时间里，FORTRAN 语言流传到世界各地，成为很多人学习的第一门编程语言，也包括本书作者在内。

如果说 FORTRAN 语言是 IBM 一家公司在"编程语言"之路上迈进了一大步，那么 1955 年开始的 ALGOL 运动则是欧美两大洲软件精英们的一次洲际合作，他们有的来自公司，有的来自大学，身份不同，但目标是一致的，就是设计一种理想的编程语言。

ALGOL 语言的标准发布后，一场实现 ALGOL 语言编译器的竞赛在世界各地的软件精英中悄悄展开，这其中就包括迪杰斯特拉。

在从 1952 年到 1962 年的大约 10 年时间里，迪杰斯特拉在荷兰的数学中心（CWI）工作。在 CWI 工作期间，他实现了 ALGOL 语言编译器，发明了著名的最短路径算法，给图灵发明的先进后出数据结构取了一个响亮的名字——栈，他与一起工作的"计算女孩"结婚、收获爱情，可谓硕果累累。

第 34 章　1951 年，UNIVAC 一号

1946 年 3 月 22 日，ENIAC 的两位主要设计者埃克特和莫奇利向宾夕法尼亚大学提出辞职申请。他们的申请得到批准，于 3 月 31 日生效。

埃克特和莫奇利都看好计算机的未来，希望在这个新兴的领域大干一番。

1946 年 3 月，埃克特和莫奇利成立了一家公司，名为电子控制公司（Electronic Control Company）。过了不久，曾在 ENIAC 上工作的一些成员也加入了这家公司，包括"最初六人组"中的 3 位，她们分别是贝蒂·斯奈德·霍尔伯顿（Betty Snyder Holberton）、凯瑟琳·麦克纳尔蒂（Kathleen McNulty）和琼·詹宁斯·巴尔蒂克（Jean Jennings Bartik），此外还有在摩尔学院讲座上担任过讲师的 C.布拉德福德·谢泼德（C. Bradford Sheppard）以及设计 ENIAC 函数表的罗伯特·F.肖（Robert F. Shaw）。

电子控制公司的办公场地就设在埃克特的出生地和大多数员工居住的美国费城。

1947 年 4 月或 5 月，艾萨克·L.奥尔巴赫（Isaac L. Auerbach，1921—1992)加入电子控制公司，成为第 7 名员工，他也是第一位没有在 ENIAC 上工作过的员工[①]。

奥尔巴赫加入电子控制公司后，便与埃克特和谢泼德一起开发延迟线内存。奥尔巴赫负责电路部分，谢泼德负责水银箱（mercury tank）。

1947 年 12 月 22 日，电子控制公司改组为股份企业，名字改为埃克特-莫奇利计算机公司（Eckert–Mauchly Computer Corporation），简称 EMCC。EMCC 是历史上第一家专门为研发计算机产品而成立的商业公司。EMCC 的两位创始人的基本分工如下：埃克特负责硬件研发，莫奇利负责营销和领导软件团队。

---

① 参考 1978 年 4 月巴贝奇学院的采访（An Interview with Isaac L. Auerbach）。

1948 年，凯瑟琳与莫奇利结婚（莫奇利的第一任妻子在 1946 年因溺水去世）。

EMCC 生产的第一台计算机名叫 BINAC（Binary Automatic Computer，二进制自动计算机），客户是诺斯罗普飞机公司（Northrop Aircraft Company）。

BINAC 使用的是水银延迟线内存，系统中有两个独立的 CPU，每个 CPU 有 512 个内存字（word）。

1949 年 2 月，BINAC 开始运行简单的测试程序，3 月时，BINAC 可以运行包含 23 条指令的测试程序，测试程序的功能是计算平方根。

1949 年 6 月，EMCC 员工合了一次影（见图 34-1）。

图 34-1　EMCC 员工合影（共 29 人，前排左二为罗伯特·肖，左三为埃克特，右四为莫奇利，中间一排右四为琼·詹宁斯·巴尔蒂克）

1949 年 9 月，EMCC 把 BINAC 交付给了诺斯罗普飞机公司。但是当诺斯罗普飞机公司的工程师将机器重新组装后，却发现只能运行简单的程序，没有达到他们希望的产品质量，机器不能稳定工作。

在从宾夕法尼亚大学辞职之前，莫奇利曾与美国人口调查局（United States Census Bureau）的官员会过面，了解到他们有使用计算机的需求和购买计划。EMCC 成立后，莫奇利劝说美国人口调查局购买 EMCC 的计算机并取得成功，双方在 1948 年签订了采购合同。

EMCC 把为美国人口调查局研制的计算机取名为 UNIVAC，UNIVAC 是 Universal Automatic Computer（通用自动计算机）的英文缩写。

正当埃克特和莫奇利带领着从四面八方聚集起来的同事全力研发 UNIVAC 之时，一个突发事件让刚成立的 EMCC 陷入了财务危机。

1949 年 10 月 25 日，EMCC 的最重要投资人哈里·L.施特劳斯（Harry L. Straus）因飞机坠毁去世。这导致 EMCC 的主要资金来源中断，埃克特和莫奇利赶忙寻找新的投资者，但并不顺利，他们最后不得不做出决定卖掉公司。1950 年 2 月 1 日，雷明顿兰德公司（Remington Rand Corporation）收购了 EMCC[1]。

从产品研发的角度看，这次收购并不是坏事，收购使研发工作有了更充足的资金保证。

UNIVAC 的设计者大多来自 ENIAC 的设计团队，包括埃克特和莫奇利以及贝蒂和琼。但与 ENIAC 不同，UNIVAC 是基于存储程序思想设计的，采用了冯·诺依曼架构。当时可用的内存技术非常有限，UNIVAC 使用的是延迟线内存。

在 UNIVAC I 维护手册的计算机结构图（见图 34-2）中，内存被画在正中心，这体现了冯·诺依曼架构的内存中央化思想。组成 UNIVAC I 系统的 5 大部件包括输入设备、输出设备、内存、控制单元和数学单元。

与需要一层楼安放的 ENIAC 相比，UNIVAC I 小了很多，但仍需要一间 30 多平方米的屋子才能放得下。UNIVAC 的典型配置（见图 34-3）由主机（central computer）、磁带驱动器（名为 UNISERVO，最多可配置 10 个）、打印机（uniprinter）、打字机（typewriter）、监视控制台（supervisory control）和用于维护的示波器组成。

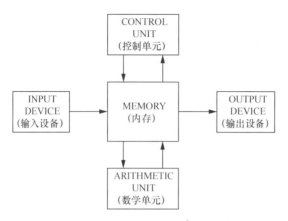

图 34-2　UNIVAC I 维护手册中的计算机结构图

图 34-3　UNIVAC 的典型配置（来自 UNIVAC I 维护手册，左前方为包含 CPU 和内存的主机，

主机的右侧为磁带机，操作员的面前为控制台、左边为示波器、右边为打印机）

　　与 ENIAC 类似，UNIVAC 内部使用的是十进制。每个字的宽度为 12 位阿拉伯数字。第一台 UNIVAC 配置了 100 个延迟线内存，总的存储空间为1000 字。如果按每位十进制数相当于 4 位二进制数（实际不足）进行换算的话，总的空间约相当于 6000（1000×12×4/80）字节。

1951 年 3 月，美国人口调查局的代表对 UNIVAC 做了验收测试。测试包含 4 部分：第 1 部分是对 UNIVAC 的所有指令进行测试，每个测试重复404 次；第 2 部分是测试打印功能；第 3 部分是测试卡片-磁带转换器；第4 部分则是测试 UNIVAC 的故障检测能力。测试一共持续了 10 小时，UNIVAC 成功检测到 6 个错误。

1951 年 3 月 31 日，UNIVAC 通过了验收测试。雷明顿兰德公司希望第一台 UNIVAC 可以留在公司里给其他客户做演示，为此雷明顿兰德公司与美国人口调查局协商并达成协议：UNIVAC 继续留在雷明顿兰德公司大约一年时间，但每天的全部机时属于美国人口调查局，为美国人口调查局工作。

1952 年是美国的总统大选之年。1952 年 11 月 4 日是投票结束和等待选举结果的大选之夜（Election Night）。哥伦比亚广播公司（CBS）第一次通过电视直播大选之夜。

在这次电视直播前，CBS 与雷明顿兰德公司签订了合作协议，雷明顿兰德公司使用 UNIVAC 根据先期得到的投票（early returns）预测大选结果，CBS 则在大选之夜对 UNIVAC 的预测结果进行直播。

1952 年 10 月，CBS 的记者到费城与雷明顿兰德公司商量直播计划，并把直播计划向公众做了宣传。在 10 月 14 日晚上 11 点的晚间新闻中，埃里克·塞瓦赖德（Eric Sevareid）如此报道："在费城，CBS 与雷明顿兰德公司已经宣布他们在大选之夜要做一个新的实验。一个被称为 UNIVAC 的 8 英尺（约 2.44 米）高机械大脑会被架设起来预测大选结果。"[2]

在 1952 年 11 月 4 日的大选之夜，位于费城的 UNIVAC 在工程师们的指挥下运行预测程序，CBS 记者查尔斯·科林伍德（Charles Collingwood）在位于纽约的 CBS 电视台进行直播。科林伍德的身边还特意摆放了 UNIVAC 的控制台（见图 34-4），让观众看到了 UNIVAC 的"真容"。

晚上 8 点 30 分，UNIVAC 输出了预测结果（见图 34-5）："虽然为时尚早，但我愿意担着风险说出来。根据已有的 3 398 745张投票，UNIVAC 预测——现在双方的'获

图 34-4　科林伍德在大选之夜的电视直播中介绍 UNIVAC

胜概率为00比1'，有利方是艾森豪威尔。"

UNIVAC 在预测报告中输出了用于预测的基本数据（见图 34-5）。

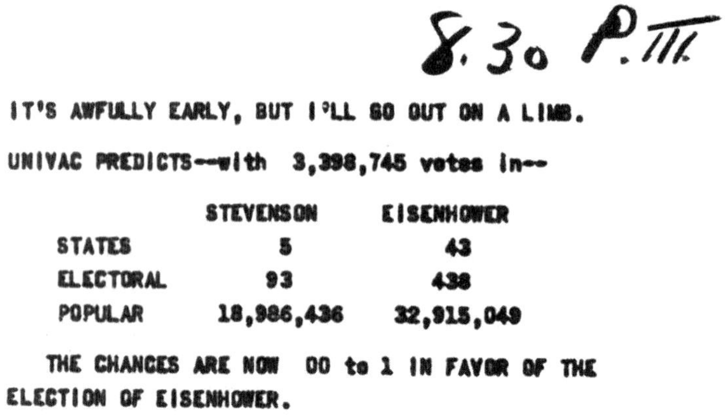

```
                    8.30 P.m.

IT'S AWFULLY EARLY, BUT I'LL GO OUT ON A LIMB.
UNIVAC PREDICTS--with 3,398,745 votes in--

              STEVENSON    EISENHOWER
STATES            5            43
ELECTORAL         93           438
POPULAR        18,986,436   32,915,049

THE CHANCES ARE NOW  00 to 1 IN FAVOR OF THE
ELECTION OF EISENHOWER.
```

图 34-5　UNIVAC 预测的选举结果

在报告的倒数第 2 行，代表获胜概率的数字 00 应该是 100，但因为工程师在设计程序时只输出了两位，所以 1 没有显示出来。

尽管有些专业人士对 UNIVAC 给出的预测结果不以为然，但无论如何，大选之夜的电视直播使 UNIVAC 进入公众视野，很多人第一次看到了电子计算机，认识了 UNIVAC，这对后来 UNIVAC 的销售推广非常有意义。

第 2 台 UNIVAC 是为美国五角大楼生产的，它在 1952 年被运送到位于弗吉尼亚州阿灵顿市的美国空军基地。

第 3 台 UNIVAC 的买主是美国的军事地图服务局，它在 1952 年测试通过后，于同年 4 月～9 月在雷明顿兰德公司的工厂运行 5 个月后，被运送到华盛顿特区。

第 4 台和第 5 台 UNIVAC 是为美国的原子能委员会制造的，它们分别被安装到纽约大学和加州的利弗莫尔。

位于美国马里兰州贝塞斯达市的戴维德·泰勒造船基地拥有世界上最大的船模测试水池（Model Basin），属于美国海军，由美国海军的著名建筑师戴维德·泰勒设计和监督建造。第 6 台 UNIVAC 便是为这个基地制造的。

第 7 台 UNIVAC 是为雷明顿兰德公司自己位于纽约市的销售部门制造的，既用来满足工作需要，又起到给客户做演示的目的。

第 8 台 UNIVAC 是为 GE 公司的设备部（Appliance Division）制造的，这让 GE 成为第一家购买 UNIVAC 的商业公司。

UNIVAC 的售价在 125 万美元和 150 万美元之间，第一代 UNIVAC 总共售出 46 台。这足以让 UNIVAC 拥有"第一款批量生产的计算机"（The First Mass-Produced Computer）的美名。

在 UNIVAC 的各个部件中，控制台（见图 34-6）最有特色。UNIVAC 的控制台上有大量的指示灯用于指示 UNIVAC 的内部状态，此外还有很多个不同形态的开关或按钮，用来控制 UNIVAC。例如，在控制台的左下方，有一个与汽车换挡器相似的开关，名叫 IOS（Interrupted Operation Switch）切换器（见见图 34-7）。

IOS 切换器共有中间和上、下、左、右 5 个"挡位"，它们分别代表 5 种运行模式。中间"挡位"代表正常模式，在这种模式下，计算机会连续执行内存中的指令，因此这种模式又称为连续（continuous）模式。其他 4 个"挡位"代表不同幅度的"单步"模式，分别为 ONE OPERATION（上）、ONE INSTRUCTION（下）、ONE STEP（左）和 ONE ADDITION（右），对应的操作分别是一次执行一个操作、一次执行一条指令、一次执行一步、一次执行一次加法运算。

图 34–6
UNIVAC 的控制台（由本书作者拍摄）

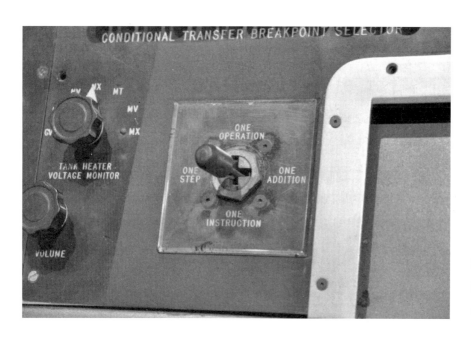

图 34-7　IOS 切换器（由本书作者拍摄）

UNIVAC 的面板上还有丰富的断点调试功能，比如可以对跳转指令设置断点。程序执行到跳转语句就会停下来，由工程师分析这次跳转是否正确。这些断点调试功能很可能是由热爱调试技术的琼设计的。早在 1946 年与冯·诺依曼设计 ENIAC 的改进方案时，琼就建议增加一条专门用于调试的断点指令。

1946 年秋，冯·诺依曼提议对 ENIAC 做改进，使其具有《第一草稿》中描述的"存储程序"特征，这样就可以让 ENIAC 上的编程变得简单一些。琼在改进项目中做了很多工作，包括与冯·诺依曼一起工作、定义 ENIAC 的操作码等。在这个过程中，琼发明了对软件调试具有重要意义的断点指令。琼在阅读冯·诺依曼定义的指令时，想到加入一条方便调试的停止指令，于是问冯·诺依曼："我们不需要一条停止指令吗？"冯·诺依曼回答说："不，不需要停止指令。我们有那么多的空闲插孔，这足以让机器停工睡觉。"但是琼不甘心，她和其他程序员不分昼夜地调试找问题，更了解实际情况。于是，琼带着调整过的指令再次找到冯·诺依曼，继续讨论停止指令的问题。冯·诺依曼仍然认为不需要。这一次，琼有点生气了，她觉得冯·诺依曼不懂一线程序员的辛苦。她缓和了一下情绪，大声说："但是，冯·诺依曼博士，我们是程序员，我们有时也会犯错误。"冯·诺依曼理解了琼的意图，点头同意了。于是停止指令被加到了 ENIAC 的指令列表中。停止指令的基本用法是在希望停下来诊断的地方暂停程序的执行，从容地分析，等找到问题后，再恢复执行。

《UNIVAC 编程手册》详细描述了如何为 UNIVAC 编写软件以及各种指令的用法。这本手册共 11 章，各章的主题如下：

- UNIVAC 的 FAC-TRONIC 编程系统简介；

- 信息表达；

- 寄存器；

- 数学运算；

- 信息的组织；

- 控制转移；

- 溢出；

- 输入输出；

- 计算机运算的初步描述；

- 流程图；

- 附录。

手册第 6 章的主题是 UNIVAC 控制逻辑，主要介绍用于控制程序执行逻辑的各种指令。第 6.2 节介绍的就是停止指令，第 6.9 节介绍的则是琼发明的断点指令。顾名思义，停止指令的作用就是停止执行程序，并把控制面板上的停止灯点亮。UNIVAC 是美洲大陆上第一款大规模生产的现代计算机，它的调试功能为后来的计算机树立了楷模。像断点指令这样的技术一直沿用至今，在现代 CPU 中，一般都有一条这样的软件断点指令。例如，在 x86 架构的 CPU 中，就有著名的 INT 3 指令；而在 ARMv8 中，则有一条名为 BRK（break）的指令。

1958 年，雷明顿兰德公司推出了第二代 UNIVAC。因此，本章介绍的第一代 UNIVAC 便被叫作 UNIVAC 一号（UNIVAC Ⅰ）。

值得说明的是，UNIVAC 一号使用的是延迟线内存（见图 34-8、图 34-9），其基本原理是把二进制的比特流转换为超声波，在装满水银的箱体中循环传输，实现记忆。在摩尔学院时，埃克特便提出这样的内存技术。在研发 UNIVAC 一号时，埃克特和他的硬件团队投入了很多时间来开发原型，提高容量和访问速度，并使其稳定工作，达到产品质量。

图 34-8
UNIVAC 一号
主机中的延迟
线内存（一共
有 5 个机柜，
中间打开门的
机柜中是内
存）

图 34-9　延
迟线内存（本
书作者拍摄
于计算机历
史博物馆）

　　UNIVAC 一号是美洲大陆上最早的商业化电子计算机产品，与欧洲的费
兰蒂马克一号共享最早商业计算机的荣誉。

　　1973 年，莫奇利在罗马的一次公开演讲中回忆了研发 UNIVAC 一号的
经过。他说很多人喜欢问他一个问题："你想到了计算机会发展成这个样子

吗？"他说："我承认，我的母亲从来没有告诉我会是这样，但是我的同事埃克特和我都找到了相同的答案，那就是——会。我们坚信，计算机会发展成一项大事业。不过让我们失望的是，花的时间有点太长了。但话说回来，要改变人们的思想，总是要花很长的时间，而改变一个机构，则要花更长的时间。"（I'll admit my mother never told me, but my colleague Mr. Eckert and I, independently I think, have developed about the same answer: that, yes, we felt it was going to turn out to be a big thing. It was just to our disappointment that it took so long. But then, it always takes a long time to change people's minds, and it takes even longer for us to change an institution.）

参考文献

[1] HEIDE L. Making Business of a Revolutionary New Technology:The Eckert- Mauchly Company, 1945—1951 [C]. Berlin:Springer, 2010.

[2] CHINOY I. Battle of the Brains:Election-Night Forecasting at the Dawn of the Computer Age [D]. Annapolis:University of Maryland College Park, 2010.

第 35 章　1951 年，旋风 1 号和磁核内存

1944 年，美国海军研究实验室（Naval Research Lab）找到麻省理工学院（MIT），询问是否能研制一种飞行模拟器用于训练轰炸机飞行员。MIT 的伺服实验室（Servomechanisms Lab）做了一番调查后，认为可行，于是双方签订了编号为 N5ori60 的合作合同。

MIT 的伺服实验室先是使用模拟计算机实现了一个模拟器，但是精度很低，满足不了美国海军的要求。正当项目陷入僵局时，项目组的海军代表佩里·奥森·克劳福德（Perry Orson Crawford，1917—2006）到摩尔学院观看了 ENIAC 的演示，时间是 1945 年[1]。

当佩里把摩尔学院讲座上介绍的存储程序数字计算机介绍给项目组后，大家一致觉得应该使用数字计算机。有了数字计算机后，就可以通过增加和改进代码来提高仿真的精度。于是项目组确定了新的目标，就是建造一台存储程序数字计算机，取名为旋风 1 号（Whirlwind 1），这个项目便称为旋风项目。

旋风 1 号的设计工作是从 1946 年开始的，整个系统被划分为 5 大部分，分别是控制单元、数学单元、存储（记忆）、输入设备和输出设备（见图 35-1）。

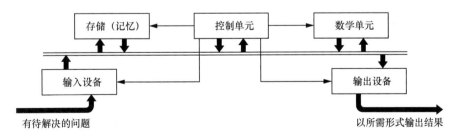

图 35-1　旋风 1 号的逻辑结构图

旋风1号的机柜被分成4排放置（见图35-2），第1排为输入和输出，第2排为静电内存，第3排为数学单元，第4排为控制单元。

图 35-2 旋风 1 号的机柜被分成 4 排放置

为了提高处理速度和保证仿真的实时性，旋风 1 号的数学单元使用了"位并行"（bit-parallel）模式。其他早期的大多数计算机使用的是"位串行"模式——将要处理的二进制位依次送入数学单元，每次处理 1 比特数据；而旋风 1 号能并行处理 16 位"字"的所有二进制位。在某种程度上，旋风 1 号的数学单元有 16 套，每套处理 1 个二进制位。图 35-3 展示了数学单元的第 8~15 位部分。

旋风 1 号开创的"位并行"模式被后来的计算机广泛采用，直到今天。

1947 年底，旋风 1 号的设计工作结束。建造工作从 1948 年开始。建造团队雇用了 175 人，包括 70 名工程师和技工，其中就有杰伊·赖特·福里斯特（Jay Wright Forrester,

图 35-3 数学单元的第 8~15 位部分

1918—2016）。

1918 年 7 月 14 日，福里斯特出生于美国内布拉斯加州卡斯特县的一个名叫安塞尔莫的乡村。福里斯特的父母都受过高等教育，都是老师，家里还有一个养牛的牧场，福里斯特就在这个牧场里长大。福里斯特小的时候，牧场还没有电，但他家是整个乡村里唯一有内部输水管道的[①]。

福里斯特每天都需要骑着马到当地一所很小的学校上学，他的父亲是那里的老师，教过他两年。

读中学时，福里斯特使用废旧的汽车零件制作了一台风力发电机，他搭建了一个 12 伏的电力系统，让家里的牧场第一次用上了电。

福里斯特非常喜欢学习与"电"有关的各种知识，读大学时，他选了电子工程专业。福里斯特就读于内布拉斯加大学林肯分校（University of Nebraska Lincoln，UNL）。

1939 年，在获得 UNL 的学士学位后，福里斯特来到麻省理工学院（MIT）继续学习。从此，他一直都在 MIT 学习和工作，直到退休。

福里斯特在开始读研究生后不久，便开始在 MIT 的伺服实验室工作。第二次世界大战期间，美国海军要求 MIT 设计一个雷达原型系统，想要用在可以供战斗机起飞的"列克星敦"号航母上。福里斯特设计了一个水力稳定装置，使得雷达可以始终指向地平线方向。1943 年，这个水力稳定装置出了故障，福里斯特被派到夏威夷进行维修。他还在维修时，"列克星敦"号航母接到命令，在吉尔伯特岛附近投入战斗，这让福里斯特亲身经历了一次海战，他亲眼看到鱼雷向航母射过来。12 月 4 日晚上，一枚鱼雷击中"列克星敦"号航母，导致 9 人死亡。

1945 年，福里斯特取得硕士学位后，继续留在 MIT 的伺服实验室工作。此时刚好美国海军的仿真项目开始，于是福里斯特全力投入这个项目中。

到了 1949 年的夏季，旋风 1 号的很多部件已经制造和安装完毕，可以执行一些计算任务了，计算的结果可以用示波器观察。旋风 1 号就安装在伺服实验室所在的巴尔塔大楼（Barta Building）里（见图 35-4、图 35-5）。这栋大楼建于 1904 年，最初是为 E&R 清洗厂（E&R Laundry）建造的。如今这栋大楼被改名为 N42[②]。

---

① 参考 Peter Dizikes 于 2015 年 6 月 23 日发表于《麻省理工科技评论》（MIT Technology Review）上的文章《The Many Careers of Jay Forrester》。

② 参考 Alice C. Waugh 于 1998 年 1 月 14 日发表在 MIT News 网站上的文章《Plenty of Computing History in N42》。

图 35-4　巴尔塔大楼（照片版权属于 MIT 博物馆）

图 35-5　安装在巴尔塔大楼里的旋风 1 号

（拍摄于 1950 年[①]，照片中的人物从左向右依次为 Stephen Dodd、Jay Forrester、Robert Everett 和 Ramona Ferenz）

---

① 参考 MIT 林肯实验室历史网站。

旋风 1 号最初使用的是 CRT 内存，在测试过程中，大家发现它无法满足军方的可靠性标准[2]。当时的两种内存技术，一种是延迟线内存，另一种是 CRT 内存，但是它们都不满足旋风 1 号的要求。延迟线内存的主要缺点是速度很慢，无法满足旋风 1 号的速度要求；而 CRT 内存不满足可靠性要求。

于是，旋风 1 号的项目团队迫切需要一种新的内存技术。项目团队中的福里斯特意识到这个问题的重要性，他开始积极寻找解决方法。福里斯特曾在 1947 年用辉光放电（glow-discharge）管实现过内存：先把电压升高到 70 伏，让管子发光，再使电压逐渐下降到 10 伏，光就会消失，这样便可以得到一个非线性的启停装置（start-stop arrangement），但因为发热厉害，对温度敏感，所以很快就放弃了①。

当福里斯特再次寻找实现"记忆"的方法时，他偶然在一本技术杂志上看到一种名叫镍铁磁性合金的磁性材料，这种材料具有极好的非线性特征，刚好是福里斯特所需要的，这为福里斯特开启了一个新的方向：使用磁场存储信息，而不是使用此前的电场。

有了这个想法后，福里斯特从实验室里清理出一个角落，在那里安营扎寨。他先是找了一些磁性材料的样品做实验。除参加项目团队的开发会议之外，福里斯特都待在实验室里。

经过几个月的努力，福里斯特做出一个原型，这个原型包含 32 个小的磁环，每个磁环被称为一个磁核（magnetic-core），可以记录 1 位信息。福里斯特向同事演示了这个原型，证明了它可以工作。

1949 年秋，福里斯特安排研究生威廉·N.帕皮安（William N. Papian）测试了十几种不同的磁核，然后从中选择了一种最适合用来做内存的磁核。

1951 年 4 月 20 日，旋风 1 号成功完成对一个空中拦截任务的仿真，这标志着用时大约 5 年的旋风 1 号终于建造完成。

1951 年 5 月 11 日，福里斯特提交了磁核内存专利，专利名为"多坐标数字信息存储设备"（Multicoordinate Digital Information Storage Device）。经过两年多不断研究和改进，福里斯特与他带的研究生终于制作出一种包含

---

① 参考 Jay W. Forrester 在 2009 年 1 月 26 日举办的麻省理工学院 150 周年庆祝活动上口述的历史项目（The MIT 150 Infinite Oral History Project），庆祝活动由 Toby A. Smith 主持。

1024 个磁核的内存，每个磁核可以存储 1 比特信息。福里斯特将这 1024 个磁核分为 32 行，每行 32 个磁核，然后用金属导线穿起来，组成一个平面。多个平面叠加在一起，便可以组成一个层叠（stack），这样就可以在较小的空间里实现很大的容量，这是此前的延迟线内存和 CRT 内存都不具备的特征。

旋风 1 号和磁核内存的成功有些太晚了。旋风 1 号项目的时间过长，而且每年的经费非常高，这让美国海军对它失去了耐心。好在美国空军对旋风 1 号很感兴趣，想用它来实现地面控制的拦截任务。当时，旋风 1 号是唯一能够胜任此类任务的计算机。于是美国空军接手了旋风 1 号项目，与 MIT 合作，启动了代号为"克劳德"的项目（Project Claude）。

1951 年年末，MIT 的数字计算机实验室（Digital Computer Laboratory）从伺服实验室的一个部门（division）变成独立的实验室，隶属电子工程系，福里斯特担任实验室的主任[①]。

1952 年，MIT 与美国空军合作的林肯实验室专门成立了数字计算机部门，部门编号为 6（division 6）。数字计算机实验室的一部分成员加入了林肯实验室，剩下的人则继续为旋风 1 号项目工作。福里斯特同时担任这两个实验室的主任，直到 1957 年计算中心（Computation Center）成立。

为了更好地测试磁核内存，1952 年 7 月，MIT 开始设计和制造一台专门的内存测试计算机（Memory Test Computer，MTC）。从 MIT 拿到硕士学位不久的肯·奥尔森（Ken Olsen）是 MTC 团队的一员。

1953 年 3 月，MTC 开始第一次运行。

1953 年 6 月，针对磁核内存的各项测试工作开始进行。6 月 19 日，奥尔森撰写了一份名为《测量磁性内存输出斜率》（Sensing The Slope of Magnetic Memory Output）的实验报告。

经过 MTC 测试后，磁核内存被安装到旋风 1 号上。在使用磁核内存后，旋风 1 号不仅极大地提升了稳定性，速度也提高了一倍（见图 35-6）。

旋风 1 号成功后，之后的旋风 2 号因为规模太大而没能够完成，但是基于旋风 2 号制造的 SAGE 系统非常成功，是美国空军在冷战时期的重要设施，

---

① 参考 ArchivesSpace 网站上公开的 1944～1955 年麻省理工学院数字计算机实验室记录（Massachusetts Institute of Technology, Digital Computer Laboratory Records）。

自 20 世纪 50 年代末投入使用，一直服务到 80 年代。

在完成军方的任务后，旋风 1 号被租借给项目组的成员，租期从 1959 年 6 月 3 日开始到 1974 年结束。

1974 年之后，奥尔森和罗伯特·埃弗里特（Robert Everett）收藏了旋风 1 号。1979 年，波士顿计算机博物馆成立时，旋风 1 号是最重要的展品。如今，旋风 1 号被收藏于加州山景城的美国计算机历史博物馆。

在计算机历史上，旋风 1 号具有非常重要的地位。首先是在研制旋风 1 号的过程中，项目团队完善了磁核内存技术，使其进入实用阶段。在此后的 20 多年里，磁核内存一直是计算机系统最主要的内存技术。这使得很多公司都向 MIT 请求磁核内存的授权，其中既有计算机厂商，如 IBM、Univac、RCA、GE（General Electric）、宝来（Burroughs）、NCR、Lockheed、DEC，也有专门的内存供应商，如 Ampex、Fabri-Tek、Electronic Memory & Magnetics、Data Products、General Ceramics、Ferroxcube 等。

图 35-6

福里斯特和

旋风计算机

磁核内存的广泛使用一直持续到 20 世纪 70 年代。1966 年，IBM 工程师罗伯特 •H.登纳德（Robert H. Dennard）发明了使用晶体管记忆比特的 DRAM 技术。1970 年 10 月，英特尔推出了使用集成电路技术实现的 DRAM 芯片——英特尔 1103，这是第一款商业化的 DRAM 芯片，从此集成电路形式的 DRAM 内存开始流行，磁核内存逐渐退出市场。如今，磁核内存虽然已经不再使用，但是 core 这个词汇仍在很多场合中出现。例如，Linux 系统仍使用 core 来称呼内存转储，而把转储后的文件称为 core 文件。

1998 年 3 月 24 日，福里斯特（见图 35-7）在接受美国国家历史博物馆的采访时，回忆起发明磁核内存的经历，他说："磁核内存的出现是切实需要的结果，绝对的必要性是发明之母。"（Well, the core memory came along as a strict necessity, that being the mother of invention.）

随着磁核内存被广泛使用，其商业价值越来越大，随之而来的是关于磁核内存知识产权的法律纠纷，并由此引发一场关于磁核内存发明者的争论，这场争论持续了很长时间。

从专利方面看，在福里斯特之前，确实已经有两个人提交了磁核内存专利，这两个人就是菲厄•弗雷德里克•W（Viehe Frederick W，1911—1960）和王安（1920—1990）。弗雷德里克是一位业余发明者，他的正式工作是洛杉矶的人行道检察员（负责巡视人行道的坚实性和破损程度）。

图 35-7　福里斯特与磁核内存（大约拍摄于 1954 年）

弗雷德里克提交过很多专利。1947 年，弗雷德里克开发了一个磁核系统并提交了专利。1956 年，IBM 购买了弗雷德里克的这个专利。

王安则是在哈佛大学的计算实验室工作时，与吴卫东一起研制了磁核内存系统。因为哈佛大学的计算实验室对提交专利不感兴趣，所以王安自己提交了专利，时间是 1949 年。

表 35-1 列出了有关磁核内存的美国专利。

表 35-1　有关磁核内存的美国专利

专利号	专利名称	专利作者	提交时间	发布时间
2970291	Electronic Relay Circuit	Viehe Frederick W	1947 年 5 月 29 日	1961 年 1 月 31 日
2708722	Pulse Transfer Controlling Devices	王安	1949 年 10 月	1955 年 5 月 17 日
2736880	Multi-Coordinate Digital Information Storage Device	杰伊·赖特·福里斯特	1951 年 5 月	1957 年 2 月 28 日

除了让磁核内存实用化之外，旋风 1 号也是第一个可以实时显示文字和图形的现代计算机。旋风 1 号的"显示器"是一个大的示波器屏幕。旋风 1 号的程序员们设计了一个程序，用一系列点在屏幕上画出马萨诸塞州的地图，当雷达检测到飞机后，一个用来代表飞机的符号就会被叠加到地图上（见图 35-8）。

图 35-8　旋风 1 号的显示屏

为了方便与程序交互，罗伯特·埃弗里特（Robert Everett）设计了一种非常轻巧、灵活的输入设备，外形有点像手枪，又称光枪或光笔。当操作员用光枪指向屏幕上的某架飞机时，这架飞机的标识、速度和方向等信息就会显示在屏幕上（见图 35-9）[3]。

图 35-9　旋风 1 号的显示屏和输入设备光枪（照片版权属于 MITRE）

在旋风 1 号之前，其他计算机大多以批处理方式工作。计算机从穿孔卡片或磁带等存储介质上成批读入任务，收到任务后，执行任务，任务完成后，输出结果。旋风 1 号开创了实时的人机交互模式，使用光枪输入信息，并使用显示器输出信息，这为现代计算机开创了人机实时交互的实用模式，这种模式对后来的小型机（特别是个人计算机）至关重要。

另外，旋风 1 号的字长较短（16 位）。旋风 1 号使用"位并行"模式处理每个字，这种设计思想也被后来的计算机所继承。

1956 年，MIT 的校长詹姆斯·基利安（James Killian）劝说福里斯特到新成立的管理学院工作。福里斯特认为计算机领域的重大问题都已经解决了，于是在这一年，福里斯特离开了工作多年的林肯实验室。

2016 年，福里斯特在位于马萨诸塞州康科德镇的家中去世，享年 98 岁。

"很多时候，人们只是系统（或公司）里的角色扮演者，大家不是在运营它，而是在其中活动。对于那些自认为管理者的人来说，他们一般不这么想。"这是福里斯特在管理学方面的名言。

参考文献

[1] REDMOND K C, SMITH T M. Project Whirlwind:The History of a Pioneer Computer [J]. Technology & Culture, 1981, 22(3):280.

[2] 张银奎.软件调试（第 2 版）[M].北京：人民邮电出版社，2018:8-11.

[3] CARLSON W E. Computer Graphics and Computer Animation:A Retrospective Overview [M]. Columbus:The Ohio State Universty Press, 2019.

第 36 章　1952 年，IAS 计算机

对于 ENIAC 和 EDVAC 中的发明和创新，参与的成员有两种意见，一种意见是申请专利，保护起来，另一种意见是让这样的基础技术造福全人类，不要申请专利。莫奇利和埃克特等人持第一种观点，而冯·诺伊曼和戈德斯坦持第二种。大约在 1946 年年初时，两种观点的人开始考虑各自的未来，并采取行动了。冯·诺依曼想在自己工作的 IAS（高等研究院）建造自己设计的计算机，他首先邀请戈德斯坦到 IAS 和他一起做这件事。自从在艾伯登火车站偶遇后，戈德斯坦和冯·诺伊曼二人就相互欣赏，彼此都视对方为知己。对于冯诺伊曼的邀请，戈德斯坦很快就答应了。戈德斯坦在美国陆军军训部工作多年，认识很多人。在他的推动下，美国陆军军械部与 IAS 签订了编号为 W-36-034-ORD-7481 的合同，双方一起构建 IAS 计算机。根据这份合同，美国陆军只接收机器的信息和报告，机器实物归 IAS 所有。

1946 年 3 月 8 日，ENIAC 项目的另一个设计者阿瑟·伯克斯（Arthur Burks）接受冯·诺依曼的邀请，加入 IAS 的电子计算机项目（Electronic Computer Project，ECP）。

另外，冯·诺依曼还招聘了刚从普林斯顿大学完成博士学业的拉尔夫·斯卢茨（Ralph Slutz，1917—2005）。斯卢茨在 1934 年进入 MIT 学习，他分别于 1938 年和 1939 年获得学士和硕士学位。

1946 年 5 月，毕业于 MIT 的朱利安·比奇洛（Julian Bigelow，1913—2003）加入 ECP，成为 ECP[①]的首席工程师。

比奇洛出生于新泽西州的纳特利，离普林斯顿只有 60 多公里。他 17 岁时进入 MIT 学习，于 1936 年获得电子工程专业的硕士学位。第二次世界大战期间，比奇洛与诺伯特·维纳（Norbert Wiener）一起研究防空火力控制系统，正是维纳向冯·诺依曼推荐了比奇洛。

比奇洛到 IAS 上任后的第一个任务是招聘更多的人手。1946 年 5 月 13

---

① 参考 George D 在 The Institute Letter Spring 2012 上发表的文章《Willis Ware: Last of the Original ECP Engineers》。

日，威利斯·韦尔（Willis Ware）与同事詹姆斯·波默林（James Pomerene）一同加入 ECP，他们之前都为黑兹尔坦电子（Hazeltine Electronics）公司工作。

1946 年 6 月，ECP 已有 6 位工程师，他们分别是比奇洛、波默林、拉尔夫·斯卢茨（Ralph Slutz）、罗伯特·肖（Robert Shaw）、约翰·戴维斯（John Davis）和威利斯·韦尔（Willis Ware）。肖和戴维斯都曾是 ENIAC 团队的成员。韦尔出生于 1920 年，本科时就读于宾夕法尼亚大学，是埃克特的同学。韦尔于 1941 年离开宾夕法尼亚大学，到 MIT 读硕士，后从普林斯顿大学获得博士学位。

1946 年 6 月 28 日，IAS 计算机的第一份设计报告（简称"第一报告"，见图 36-1）完成，名为《关于电子计算仪器逻辑设计的初步讨论》（Preliminary Discussion of the Logical Design of an Electronic Computing Instrument），署名的设计者为伯克斯、戈德斯坦和冯·诺依曼。

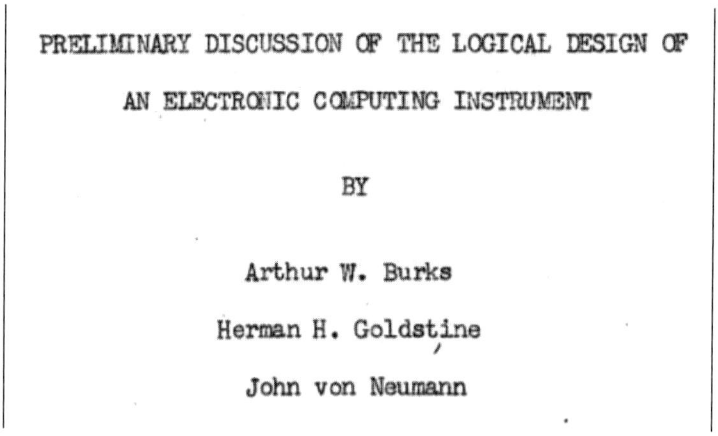

PRELIMINARY DISCUSSION OF THE LOGICAL DESIGN OF

AN ELECTRONIC COMPUTING INSTRUMENT

BY

Arthur W. Burks

Herman H. Goldstine

John von Neumann

图 36-1 "第一报告"的封面

"第一报告"一共 58 页，分为 6 章。其中，第 1 章介绍了机器的主要部分；第 2 章名为"关于内存的第一次说明"，该章初步介绍了内存的重要性；第 3 章名为"关于控制和机器码的第一次说明"，该章分类介绍了指令（又称命令码）；第 4 章详细介绍了内存；第 5 章详细介绍了数学单元以及用来实现各种数学计算指令的方法；第 6 章详细介绍了控制逻辑，包括内部控制以及输入输出指令的实现方法。

IAS 自成立以来，一共有两个学院：一个是包含物理的数学学院；另一个是包含社会学的历史学院。因为偏重基础理论，而且大多数研究员是临时的，所以 IAS 没有实验室。在某种程度上，IAS 里面的主要研究设施是黑板、纸和笔，没有物理仪器和其他实验设备。因此，当 6 位工程师带着示波器、电烙铁和各种电工设备来到 IAS 后，曾引起不小的轰动，他们改变了 IAS 的历史。

1946 年的夏天，计算机项目刚启动，计划安装计算机的 ECP 大楼还没有竣工。项目组只好临时使用位于富尔德大楼（Fuld Hall，见图 36-2）二层地下室的锅炉房。他们围着锅炉放了几个工作台，实验设备则放在角落里。

图 36-2 IAS 的
富尔德大楼

到了秋天时，条件有所改善，项目组搬进了一层地下室的空闲储物间。

1946 年圣诞节时，为 ECP 建造的大楼终于竣工了，项目组搬进了 ECP 大楼，有了自己的办公场所。戈德斯坦的办公室位于 ECP 大楼的一角，空间很大。当时，整个项目组只有 6 位工程师、3 名车间工人和 4 名布线技工。

1947 年 4 月 1 日，戈德斯坦和冯·诺依曼一起完成了 IAS 计算机的第二份报告（简称"第二报告"，见图 36-3），名为《电子计算机设备的规划和编码问题》（Planning and Coding of Problems for an Electronic Computing Instrument）。

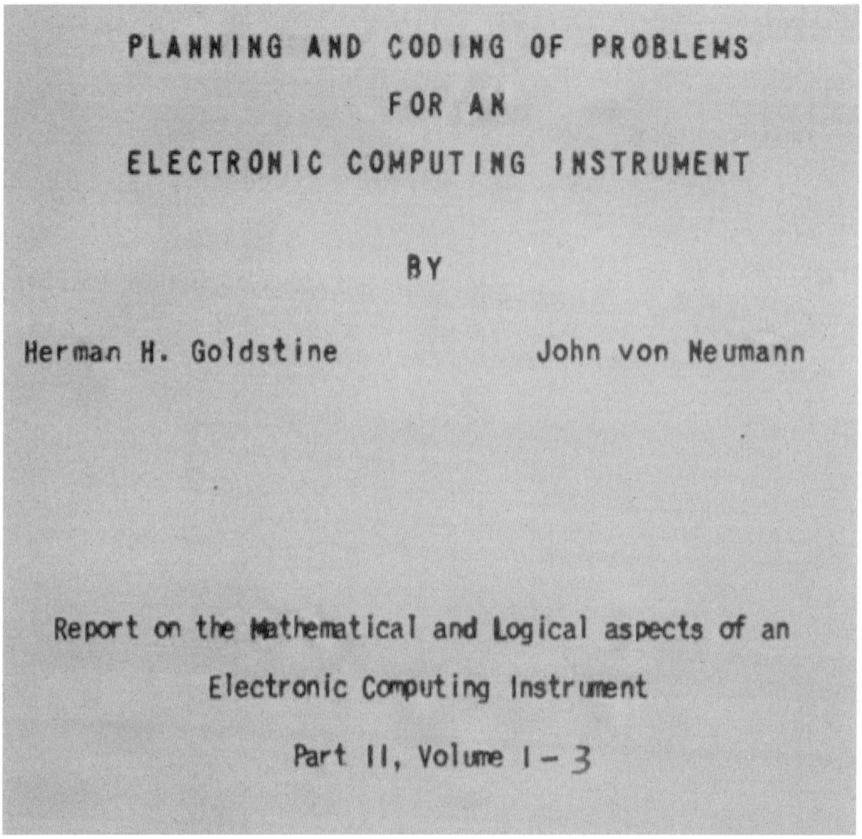

PLANNING AND CODING OF PROBLEMS
FOR AN
ELECTRONIC COMPUTING INSTRUMENT

BY

Herman H. Goldstine   John von Neumann

Report on the Mathematical and Logical aspects of an
Electronic Computing Instrument

Part II, Volume I - 3

图 36–3 “第二报告”的封面

“第二报告”是“第一报告”的延续。“第一报告”的重点是硬件设计。“第二报告”的重点是软件设计，正文共 69 页，分为 3 章。此时伯克斯已经离开 IAS，加入密歇根大学，从事教学工作。

“第二报告”是由 ECP 的秘书阿克丽沃·埃马努伊利兹（Akrevoe Emmanouilides，1928—2018）编辑并打字录入的。阿克丽沃是移民后代，她的父亲是希腊人，母亲是土耳其人。1945 年，阿克丽沃从费城的一所中学毕业，她的父亲明确告诉她无法供她读大学。这时，一位老师告诉阿克丽沃，摩尔学院要招聘一名秘书。她来到摩尔学院后，戈德斯坦面试并招聘了她。[①]ECP 启动后，冯·诺依曼将她招聘到 IAS，成为 ECP 团队的一员，当时阿克丽沃只有 18 岁。她在 IAS 见到了大名鼎鼎的爱因斯坦，还有当时担任 IAS 院长的“原子弹之父”奥本海默。

---

① 参考 Willis H. Ware 在 1953 年的演讲《The History and Development of the Electronic Computer Project at the Institute for Advanced Study》，以及 1981 年 1 月 19 日对 Willis H. Ware 的采访（An Interview with Willis H. Ware），采访由 Nancy Stern 主持。

从管理角度讲，冯·诺依曼是 ECP 的主任，戈德斯坦是副主任，他们两人也是 IAS 计算机的设计者，ECP 工程师的职责是把他们二人的设计实现出来。从技术角度看，IAS 计算机遵循的基本设计原则是冯·诺依曼的《第一草稿》，也就是存储程序计算机的基本设计思想。

工作之余，冯·诺依曼会邀请 ECP 的工程师参加他的家庭聚会。与学者云集的 IAS 学术聚会不同，冯·诺依曼的家庭聚会气氛活跃，冯·诺依曼夫妇随和热情，让工程师们感觉轻松愉快。在一次聚会结束后，波默林和物理学家尼古拉斯·C.梅特罗波利斯（Nicholas C. Metropolis）一起开车离开，可能是因为情绪还很高昂，他们"炫"起了车技，把车倒着开[①]。梅特罗波利斯后来在洛斯·阿拉莫斯按照 IAS 的设计建造了 MANIAC 计算机。他们二人后来分别于 1984 年和 1986 年获得 IEEE 颁发的计算机先驱奖（Computer Pioneer Award）[②]。

IAS 计算机的最初建造计划是两到三年，但在实际建造过程中，遇到很多困难，其中之一便是内存。内存是存储程序计算机的关键部件，但在当时，IAS 的工程师并没有好的技术来解决内存问题。

为了解决内存问题，ECP 的首席工程师比奇洛亲自到英国出差，访问了发明 CRT 内存的威廉姆斯。这次访问历时半年左右。比奇洛回到 IAS 后，决定使用 CRT 内存。

IAS 计算机的字长为 40 位，指令的长度为 20 位，一个字可以存放一对指令。

1950 年，IAS 计算机开始测试运行。一些人很快知道了这个消息，他们纷纷来到 IAS，希望能够使用 IAS 计算机来解决各自的问题。他们和戈德斯坦交谈后，都想到机房看一看。这些人有研究流体力学的，有研究核物理的，还有研究气象的。

1951 年的夏季，从洛斯·阿拉莫斯的美国国家实验室来了几位科学家，他们编写了一个热核（thermonuclear）计算程序，并放到 IAS 计算机上运行，IAS 计算机每天 24 小时不间断地运行这个程序，持续大约 60 天。

1952 年春，IAS 计算机已经基本完工，因为设计先进且使用了可以随机

---

① 参考 1981 年 1 月 19 日对 Willis H. Ware 的采访（An Interview with Willis H. Ware），采访由 Nancy Stern 主持。

② 参考 IEEE 官网文章《IEEE Computer Society Women of ENIAC Computer Pioneer Award》。

访问的 CRT 内存，所以运行速度比当时的其他计算机都快。

1952 年 6 月，IAS 计算机的建造和测试工作全部完成，比奇洛、戈德斯坦、奥本海默和冯·诺依曼在 IAS 计算机前合了一次影（见图 36-4），IAS 计算机的正式发布仪式于 6 月 10 日举行。

图 36-4 比奇洛、戈德斯坦、奥本海默和冯·诺依曼在 IAS 计算机前的合影（拍摄于大约 1952 年）

因为 IAS 计算机的设计资料是开放的，加上冯·诺依曼的名人效应，这些资料很快被传播到世界各地。一些大学和公司开始使用 IAS 的设计来建造计算机。于是，与 IAS 使用相同或相似设计的计算机陆续出现，包括 IBM 701、伊利诺伊大学的 ILLIAC I 以及莫斯科的 BESM、哥本哈根的 DASK、日本的 MUSASINO-1 等。

比奇洛在 1950 年成为 IAS 数学学院的永久成员，他一直留在 IAS，直到 2003 年 2 月去世。

1955 年，冯·诺依曼被诊断出癌症，原因可能与他在洛斯·阿拉莫斯的原子弹试验室受到过核辐射有关。

1957 年 2 月 8 日，冯·诺依曼在华盛顿特区的沃尔特里德陆军医疗中心去世，享年 53 岁。冯·诺依曼在病重接受医学治疗时，一直处于军事监控之下，军方担心他在药物和病痛的折磨下泄露重要的军事秘密。

IAS 计算机一直运行到 1958 年 7 月 15 日。

1990 年，IEEE 设立了冯·诺依曼奖。

2005 年 5 月 4 日，美国邮政局发行了"美国科学家纪念邮票"，一共 4 枚，其中一枚就是为了纪念冯·诺依曼（见图 36-5）。

图 36-5　约翰·冯·诺依曼纪念邮票

第 37 章　1952 年，A-0 编译器

自从埃达编写第一个计算机程序开始，女性便在软件世界里扮演着重要角色，很多具有划时代意义的工作都与她们有关。

在经历 20 世纪 40 年代的多次实践和冯·诺依曼的理论总结后，特别是在曼彻斯特马克一号、剑桥大学的 EDSAC、费兰蒂马克一号和 UNIAC 等存储程序计算机纷纷推出后，现代计算机的硬件资源和计算能力不断提高，这为运行更复杂的软件奠定了基础。但编程方法仍以汇编语言为主，编程速度慢，难以开发大型软件，这限制了软件的发展。历史创造了机遇，等待有人发明新的"软件生产"方法来扭转局面，这个人便是格蕾丝·布鲁斯特·默里（Grace Brewster Murray）。

1906 年 12 月 9 日，格蕾丝出生在美国纽约市一个富裕的家庭里。格蕾丝的母亲是一位学识出众的数学家，父亲是一位人寿保险主管。格蕾丝有一个妹妹和一个弟弟，她是家里 3 个孩子中的老大。这一年，发明电灯泡的爱迪生（1847—1931）已经 59 岁，图灵还没有出生。

格蕾丝在很小的时候就表现出对工程方面的兴趣，她经常把家庭用品拆开，几乎拆掉了家里所有的闹钟，然后把它们重新组装起来。

童年时，格蕾丝的父亲因为疾病失去双腿。病重的父亲教导子女们一定要自食其力，不管是男孩还是女孩。

格蕾丝的父母并不重男轻女，他们教育两个女儿要坚强、勇敢，经常鼓励她们参加户外运动。每当放暑假时，默里家的 3 个孩子就会到新罕布什尔州沃尔夫伯勒（Wolfeboro）的温特沃尔湖度假，他们在那里学习编织、耕种，有时到湖里划船，有时到湖边的山上徒步，有时还会爬到很高的树上。

小学时，格蕾丝在新泽西的一所预备学校上学。

1924 年，18 岁的格蕾丝被瓦萨学院录取，开始了大学生活。在校期间，格蕾丝是美国资优学生联谊会成员。

1928 年，格蕾丝从瓦萨学院毕业，获得数学与物理双学士学位。毕业后，格蕾丝进入耶鲁大学研究所深造，于 1930 年取得硕士学位。

1930 年 6 月，格蕾丝与文森·霍珀结婚，从此她一直使用夫姓霍珀。文森·霍珀当时在纽约大学担任讲师。

婚后，格蕾丝于 1931 年到瓦萨学院担任副教授。她一边教学，一边攻读博士学位，后于 1934 年完成博士论文，取得数学博士学位，成为耶鲁大学 233 年历史中第一位获得数学博士学位的女性。格蕾丝对数学的热爱源于她的外公，格蕾丝的外公是纽约市的高级土木工程师。格蕾丝小时候曾经跟着外公在城市的街道上做测绘工作，测绘时使用的一种常用工具便是红白相间的标杆。格蕾丝的外公鼓励格蕾丝的母亲学习数学，格蕾丝的母亲把自己数学方面的天赋和兴趣传给了格蕾丝。

博士毕业后，格蕾丝接受大学母校瓦萨学院的邀请，担任全职教师。

起初，格蕾丝主要承担一些其他人不愿意教的课程（包括基本的三角学和微积分）以及一些技术设计课程，比如机械制图和建筑绘图。格蕾丝对每一门课都充满兴趣，从不消极和抱怨。她努力创新，使这些沉闷的课程变得十分有趣。

瓦萨学院的教职工可以旁听学校里的课程，格蕾丝毫不犹豫地利用了这一福利。她陆续旁听了天文学、物理、化学、地质学、生物、动物学、经济、建筑、哲学和科学思想史等课程，并把学到的东西融入自己的教学。丰富的知识让她的课堂内容丰富，不仅有理论，也有应用。

1941 年 12 月 7 日，日本偷袭珍珠港，次日，美国对日宣战。由于战争需要，劳动力被大规模重组，女性也开始从事此前男性独享的职业。

当时的大多数已婚女性是不工作的，而格蕾丝不仅工作，而且事业心非常强，这对她的婚姻和家庭产生了负面影响。战争的到来没有让格蕾丝变得保守和退缩，她反而更加激昂，她甚至想参军为国出力。她十分喜欢美国开国元勋本杰明·富兰克林的一句话——"停泊在港口里的船最安全，但这不是造船的目的"。几个月后，格蕾丝与丈夫文森·霍珀离婚，彻底没有了家庭的包袱，她准备无忧无虑地远航，搏击风浪。格蕾丝之后没有再婚，她一直使用夫姓霍珀。

1942 年的夏天，格蕾丝的家人中除了姐姐要照顾孩子以外，其他人都参了军。因为不愿意回到瓦萨学院，格蕾丝接受了巴纳德学院的邀请，在那里负责教授暑假班，暑假班的任务是为战争培养人才。

1943 年 12 月 8 日，在 37 岁生日的前一天，格蕾丝放弃了瓦萨学院终身教授的职位，到位于马萨诸塞州诺桑普顿的美国海军后备军校报到。按照军方平时的标准，格蕾丝的年龄偏大，体重偏轻，不符合要求，但因为是战争时期，而且拥有数学教授头衔，军队对格蕾丝网开一面。她宣誓加入美国海军预备役，到军校接受训练。从此，格蕾丝的人生与美国海军结缘。

1944 年 7 月，格蕾丝以所在培训班第一名的优异成绩从美国海军后备军校毕业。她原以为毕业后会被派往美国海军通信支持中心，但命运却为她安排了另一个千载难逢的机会。本书第 14 章曾介绍过，霍华德·艾肯得到 IBM 公司的支持，基于巴贝奇的设想建造了哈佛大学马克一号计算机。当格蕾丝从美国海军后备军校毕业时，马克一号已经从纽约的 IBM 恩迪科特（Endicott）实验室运到了哈佛大学，为正在进行第二次世界大战的美军服务。此时，马克一号计算机正需要能编写软件的人。于是，格蕾丝以海军少尉的军衔加入哈佛大学的马克一号项目，在海军中校霍华德·艾肯手下工作，主要职责便是在马克一号上编写程序。这让格蕾丝成为软件历史上的第一位职业程序员——此前为数不多的一些编写过程序的人都不是专职的。

1944 年 7 月 2 日，格蕾丝正式到新的工作岗位报到。马克一号项目的指挥部设在哈佛大学克鲁福特实验室（Cruft Lab）的地下室，格蕾丝在那里见到了马克一号项目的指挥官——海军中校霍华德·艾肯。在艾肯看来，让一位女数学家来海军计算实验室没有什么意义，他感到非常失望。艾肯带着格蕾丝（见图 37-1）参观了马克一号，然后给格蕾丝布置了第一个任务：编写一个程序，用来计算正切函数的插值系数，要求精确到小数点后 23 位并在一周内完成。

图 37-1　格蕾丝在克鲁福特实验室附近（大约拍摄于 1945～1947 年，照片版权属于美国国家历史博物馆[①]）

对于拥有数学博士学位的格蕾丝来说，这个问题的计算方法并不复杂，难度在于精度要求很高——小数点后 23 位。对于任何人来说，单纯靠人力完成这个计算需要付出非常艰辛的劳动，而这正是这个任务的关键所在，就是编写程序来让不知疲倦的计算机完成这种辛苦的工作。于是，格蕾丝不得不学习如何让马克一号工作。

格蕾丝成名后，曾在《The David Letterman Show》电视节目中接受采访，谈到当年到哈佛大学使用"第一台计算机"编程的经历。

主持人问格蕾丝："您以前是怎么学习到那么多计算机知识的？"

格蕾丝回答说："从没有学过，（因为）这是第一台。"

这样的回答让主持人的提问变得很滑稽，引起台上台下一片笑声。

诚然，马克一号是美洲大陆上第一台投入实际应用的计算机，作为这台计算机的第一位专业程序员，格蕾丝不仅从没接受过培训，也没有可以利用的前人经验，当时的马克一号甚至还没有一份完整的操作手册。格蕾丝很快就意识到，快速上手的最佳途径就是向曾在马克一号上写过程序的同事寻求帮助，他们是 37 岁的罗伯特·坎贝尔（Robert Campbell）和 23 岁的恩赛因·理查德·布洛赫（Ensign Richard Bloch）。

霍华德·艾肯从哈佛大学的研究生毕业名单中选择了坎贝尔，邀请这位聪明的物理学家加入马克一号项目。而布洛赫则是 1944 年 1 月在美国海军实验室结识霍华德·艾肯，他欣然接受艾肯的邀请，于 1944 年 3 月报到上班，他的编程经验只比格蕾丝多 3 个月。

在同事的帮助下，格蕾丝艰难地完成了艾肯交给她的第一个任务。

完成第一个任务后，格蕾丝开始自学电子学，目的是理解马克一号的硬件结构和工作原理，进而编写出更好的程序。在瓦萨学院工作时，格蕾丝曾旁听过电子学，这让她有了学好电子学的信心。

为了弥补马克一号缺少操作手册的不足，格蕾丝发起了编写马克一号操作手册的项目，她牵头编写了篇幅巨大的"马克一号操作手册"。

格蕾丝还与坎贝尔和布洛赫一起探讨更好的编程方法，包括如何更高效地编写和运行代码。他们一起制定了一套操作流程和编码规范。

格蕾丝与布洛赫对子程序、分支技术和调试技术进行了深入的研究，他们还应用这些技术来解决科技和工程问题。

渊博的学识、务实的工作，再加上优雅的举止和美丽的外表，格蕾丝很快赢得同事的认可和尊重，包括上司艾肯在内。艾肯是"典型的大男子主义者"，但他却与格蕾丝关系很好。首先，格蕾丝是一位天赋极高的数学家和编程师。其次，格蕾丝接受过美国海军后备军校的正规训练，对上司忠诚，有很强的组织和控制能力。最后，格蕾丝通过着装、语言、饮食习惯和幽默发挥出女性的独特优势。因此，格蕾丝不仅赢得了艾肯和其他同事的信任，而且成为哈佛大学计算实验室里的"二号"人物，她的声誉和地位仅排在暴躁的艾肯之后。格蕾丝是艾肯最信任的助手，她经常在艾肯不方便出席的场合代表艾肯发言，以及代表哈佛大学计算实验室参观其他大规模的计算项目。

图 37-2 是哈佛大学计算实验室成员的合影，合影中后排左起第二位是德洛·卡尔文（Delo Calvin），中间一排从左到右依次是少尉恩赛因·理查德·布洛赫（Ensign Richard Bloch）、少校休伯特·安德鲁·阿诺德（Lieutenant Commander Hubert Andrew Arnold）、中校霍华德·艾肯（Commander Howard Aiken）、上尉格蕾丝·霍珀（Lieutenant Grace Hopper）和少尉罗伯特·坎贝尔（Ensign Robert Campbell）。后排左一是技术员罗伯特·霍金斯（Robert Hawkins），左三是秘书露丝·诺尔顿，后排右一是哈佛大学克鲁福特实验室的助理主任（Assistant Director）大卫·惠特兰（David Wheatland），这 3 人都是哈佛大学员工，其中的露丝后来成为马克一号上的操作员（operator）。这张合影中还有 5 名海军士兵，他们分别是利文斯顿（Livingston）、比斯尔（Bissell）、加尔文（Calvin）、怀特（White）

和韦尔东克（Verdonck）[1]。

图 37-2　哈佛大学计算实验室成员的合影（大约拍摄于 1945 年年初，照片版权属于美国国家历史博物馆）

1944 年 8 月，冯·诺依曼到哈佛大学计算实验室访问，格蕾丝和布洛赫接待了他，向他展示了马克一号。参观后，他们讨论了如何使用马克一号为曼哈顿项目执行计算任务，并由此开始了合作。

1944 年冬，坎贝尔将绝大多数时间放在了马克二号（Mark II）的设计上，这样编码任务就几乎落在了格蕾丝和布洛赫的肩上。为了满足不断增加的计算需求，格蕾丝和布洛赫研发出一种成批处理数据的方法，这种方法极大提高了工作效率。实践推动技术革新，哈佛大学计算实验室在第二次世界大战期间承担的压力在无形中成为推动软件技术革新的动力。

第二次世界大战结束后，格蕾丝请求转为美国海军的正规军人（regular navy），但因为年龄原因没有得到批准。于是，格蕾丝继续以美国海军预备役（navy reserve）军官的身份留在哈佛大学计算实验室，服务于美国海军委托给哈佛大学的项目，与艾肯一起研制马克二号（纸带排序计算机）和马克三号（使用磁鼓存储的电子计算机）。

---

[1]　参考哈佛大学科学仪器历史收集网站上的文章《Harvard IBM Mark I - Crew》。

1947 年 9 月 9 日下午，测试运行的马克二号突然停止工作。经过一番检查后，工作人员发现一只飞蛾死在面板 F 的第 70 号继电器里。取出这只飞蛾后，计算机恢复了正常。格蕾丝将这只飞蛾粘到了当天的工作手册中（见图 37-3），并在上面加了一行注释——"First actual case of bug being found"，当天的时间是 15 点 45 分。

随着这个故事被广为流传，越来越多的人开始使用 bug 一词指代计算机中的设计错误，并把格蕾丝登记的那只飞蛾看作计算机历史上第一个记录于文档中的 bug（虫子）。

从图 37-3 所示的工作日志中可以看出，当天的测试从早上 8 点开始，到下午 5 点结束，上午 11 点时开始执行余弦程序。格蕾丝的这一珍贵记录目前保存于华盛顿的美国国家历史博物馆。

1947 年，在哈佛大学举行的两次标志性的计算机会议就是由格蕾丝协助艾肯组织的。

1949 年年初，美国海军项目结束，考虑到自己是女性，哈佛大学当时不会晋升自己，格蕾丝开始寻找新的人生方向。

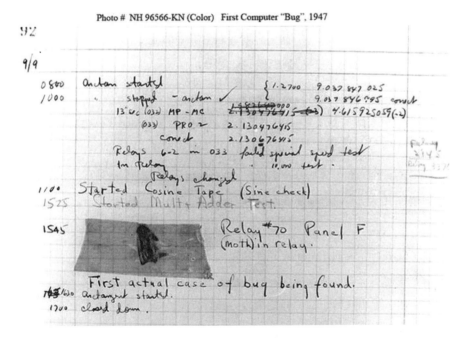

图 37-3 格蕾丝的手迹和计算机历史上第一个记录于文档中的 bug（虫子）

1949 年 6 月，格蕾丝离开工作了近 5 年的哈佛大学，加入埃克特和莫奇利创办的埃克特-莫奇利计算机公司（EMCC）。

格蕾丝加入 EMCC 时，EMCC 还没有程序员和软件工程师这样的职位，所以格蕾丝的职位是高级数学家，但她的实际工作就是如今我们所说的软件工作。EMCC 软件团队的办公场所在以前的一个编织工厂里，团队的任务是为 EMCC 正在研制的 UNIVAC（Universal Automatic Computer，通用自动计算机）一号设计软件，包括设计指令集和编写程序。UNIVAC 一号推出后，成为美洲大陆上最早商业化的电子计算机产品，与欧洲的费兰蒂马克一号共享最早商业计算机的美誉。

凭借在美国海军计算实验室练就的本领，格蕾丝没过多久就在 EMCC 赢得信任，建立起影响力。她十分擅长理解机构及其不成文的规定，总能很快适应环境，并通过自己的实际行动影响和改变环境。她积极参与公司的各种活动，包括技术和非技术讨论，帮助 EMCC 塑造自己的企业文化。

在战争结束后的一段时间里，因为就业紧张，女性被鼓励退出公共领域。但格蕾丝凭借自己的编程知识、专业才能和合作能力，赢得几乎所有男同事的认可和尊重，这些特质让她在以男性主导的军事和科技领域游刃有余。

在 EMCC，格蕾丝结识了曾在 ENIAC 上编程的贝蒂。贝蒂比格蕾丝更早加入 EMCC。共同的职业兴趣很快让她们成为好朋友和事业上的伙伴。在莫奇利的领导下，她们一起为 UNIVAC 一号设计机器指令。

1950 年，雷明顿兰德公司收购了 EMCC，但这并没有对格蕾丝产生大的影响，她继续为 UNIVAC 一号做软件工作。

从 1944 年在马克一号上开始编程，到 1949 年加入 EMCC 继续从事编程工作，历经 5 年多的实践磨练，格蕾丝已是一名经验丰富的程序员。她对软件和编程工作的理解超过很多同事，包括那些从事计算机硬件设计工作的设计师。

格蕾丝还乐于思考，努力寻求创新。随着硬件的发展，软件程序也在不断变大，使用机器指令编程不仅变得越发困难，而且更容易出错。格蕾丝意识到了这个问题的严重性，她想找到一种更好的编程方法。

有一个想法在格蕾丝的脑海中日益清晰，那就是使用一种易于让人类理解的语言来编写程序。就需要有一种方法来把易于理解的源程序翻译为可以让机器理解的二进制程序。

1951 年，贝蒂开发了一个特殊的程序，名叫"排序合并生成器"（Sort Merge Generator，SMG）。与其他程序的执行结果是输出一个数值不同，SMG 输出的是另一个程序。用户在使用 SMG 时，需要首先指定一系列输入文件，然后定义想要执行的排序和合并操作，SMG 将产生一个新的程序，运行这个新程序，就可以完成定义的操作。

受贝蒂的启发，格蕾丝想到了开发一个"可以产生程序"的程序。

为了实现这个目标，格蕾丝不仅需要设计一种新的编程语言，还需要设计和开发一个编译器程序。经过大量的辛苦工作，1952 年年初，格蕾丝的编译器开始工作了，她把这个编译器命名为 A-0。

1952 年 5 月，美国计算机协会（Association for Computing Machinery，ACM）在梅隆工业研究所（Mellon Institute of Industrial Research，今天属于卡内基·梅隆大学）召开会议，格蕾丝在会议上介绍了自己的 A-0 编译器。一些人听后持怀疑态度，觉得不可行，因为在当时很多人眼里，计算机能做的只是数学计算。

1955 年，格蕾丝带领自己的团队完成了 A-2 编译器，这个编译器随着 UNIVAC 传到了很多用户手中，成为第一个投入商业应用的编译器。

1953 年，格蕾丝和莫奇利共同发表了一篇有关"编程对未来计算机发展影响"的论文，提出了硬件设计应该充分考虑到软件编程需要的观点。

1954 年，格蕾丝被任命为自动程序部门的经理，她领导部门成员开发出了编程语言 MATH-MATIC 和 FLOW-MATIC。美国海军采用了 FLOW-MATIC，但由于美国海军旗下的各个公司自行开发编译器，而且相互不兼容，导致相同的源程序在用一个编译器编译通过后，再用另一个编译器编译时出现错误。针对这个问题，格蕾丝开发了一套验证方法，用于检查某个程序是不是使用同一套编译器编译的。

1959 年春，美国军方代表与民间的一些专家聚集在一起，召开了一次为期两周的会议，这次会议的目标是开发针对商业应用的通用编程语言，从而解决编译器不一致的问题。这次会议名叫数据系统语言会议（Conference on Data Systems Languages），数据系统语言委员会（Committee on Data Systems Languages，CODASYL）在这次会议上成立，由格蕾丝担任首席技术顾问。此次会议之后，CODASYL 开发出一种新的通用编程语言，这便是著名的 COBOL。

COBOL 的英文全称是 Common Business-Oriented Language（公共的面向商业语言），它是最早的标准化计算机语言。由于 COBOL 是建立在 FLOW-MATIC 基础上的，大量借用了格蕾丝的原始设计，因此格蕾丝享有 "COBOL 之母" 的美誉。

20 世纪 50 年代，格蕾丝对大型机和大型机操作系统的日益复杂感到厌烦，她开始提倡使用小型计算机和分布式计算。

1966 年，格蕾丝以指挥官军衔从美国海军后备队退役。但很快，格蕾丝就被召回美国海军工作，被派往美国海军信息系统计划办公室，担任美国海军编程语言组主任，时间是 1967 年。

在接下来的时间里，直到 1976 年，格蕾丝一直为美国海军信息系统计划办公室工作，担任美国海军编程语言组的主任。格蕾丝领导开发了 COBOL 程序验证软件和 COBOL 编译器，这些已成为美国海军 COBOL 标准软件库的一部分。

1973 年，格蕾丝被提升为上校（Captain），这在美国海军预备役人员中是很罕见的。同年，格蕾丝被英国计算机协会选为 "杰出院士"（Distinguished Fellow），她是第一位获得这个头衔的美国人，也是第一位女性得主。

从 1976 年到 1986 年，格蕾丝担任美国海军数据自动化司令部指挥官的特别顾问，领导美国海军的 "培训和技术局"。

1978 年 6 月 1 日至 3 日，美国计算机协会的第一届 "编程语言历史" 会议在洛杉矶举行，格蕾丝出席会议并做了演讲。

1983 年 3 月，哥伦比亚广播电视秀的《60 分钟》节目对邀请的格蕾丝做了访谈。在访谈中，格蕾丝讲述了自己的经历，介绍了她在第二次世界大战期间放弃数学教授工作，参军报国，并特别提到自己在计算机软件方面的工作。

此次访谈的观众中有一位美国共和党议员——菲利普·克雷恩，他发起议案，希望格蕾丝做出的贡献能得到认可。议案通过后，格蕾丝被任命为美国海军准将。

1985 年，格蕾丝晋升为美国海军少将，成为第一位获得这一军衔的女性。

1986 年 8 月 14 日，格蕾丝少将作为最年长的现役军官正式从美国海军退役。她的退役仪式在美国海军"宪法"号上举行，包括美国海军部长（Navy Secretary）约翰·莱曼（John Lehman）在内的 250 位嘉宾参加了这场仪式，在这场仪式上，格蕾丝被授予美国"国防杰出服务勋章"，这是美国国防部可以授予给没有参加过战斗人员的最高勋章。

退役后，格蕾丝受邀成为 DEC 的全职顾问。

1992 年 1 月 1 日，格蕾丝在位于美国弗吉尼亚州阿灵顿的家中，在睡梦中安详地离世。美国海军以最高的军事礼仪将格蕾丝安葬在阿灵顿国家公墓。

1997 年，美国海军当时最新、最先进的导弹驱逐舰被命名为"USS 格蕾丝·霍珀"。

2016 年，格蕾丝被追授"美国总统自由勋章"。

如今，格蕾丝开发的 A-0 编译器被普遍认为是计算机历史上第一个编译器。格蕾丝开创了通过程序产生程序的"软件生产"模式，并证明了这种模式的可行性。有了编译器之后，人们便可以使用易于理解的编程语言来编写程序，这极大提高了软件开发效率。直到今天，编译器仍是软件生产的核心工具。

格蕾丝的发明打破了人与机器交流的障碍，使得计算机编程变得简单和高效。

更重要的是，格蕾丝通过发表论文和演讲等方式积极宣传基于编译器的"自动编程"技术，并积极推动自动编程技术的发展，她后来还积极参与高级编程语言的设计和研发，引导和开启了 20 世纪 60 年代兴起的编程语言热潮。

因为发明第一个编译器，格蕾丝赢得很多人的认可，获得很多荣誉，但她并没有忘记对自己有过很多帮助和启发的贝蒂，在她发表的多篇论文中，她都提到了贝蒂。多年后，当她回忆起贝蒂时，仍为贝蒂没有得到应有的社会认可而惋惜。

格蕾丝的人生是不平凡的，在 1979 年的一次采访中，她坦率地分享了自己成功的经验，她说："我从没有做出过任何超乎平常智力的成绩。我所做的一切都依赖常理。""我做的所有事情基本上靠的是常理，根本不是靠数学天赋，也不是靠高深的理论。"

格蕾丝在第二次世界大战爆发前离婚参军，此后没有再婚，也没有子女。她的遗物中有很多布娃娃，它们很可能是格蕾丝在各地旅行时购买的。

2015 年 3 月，吉莉安·雅各布斯（Gillian Jacobs）导演的纪录片《代码女王》（Queen of Code）上映，让更多人知道了格蕾丝对计算机和软件做出的贡献。

参考文献

[1] MAUREEN H. Kathleen Broome Williams, Improbable Warriors: Women Scientists and the U.S. Navy in World War II [J]. American Historical Review, 2002(4):1246-1248.

第 38 章　1953 年，IBM 701

1952 年 4 月 29 日，IBM 的年度股东大会在 IBM 纽约总部召开。在这次会议上，刚上任的总裁托马斯·约翰·沃森（Thomas John Watson，1914—1993）向股东公开了一个新的产品，名叫"国防计算器"（Defense Calculator），即后来的 IBM 701。

在 IBM 的历史中，有两位托马斯·约翰·沃森，他们是父子，名字相同。父子二人都做过 IBM 总裁，父亲把 IBM 打造成了一家销售穿孔卡片设备的国际公司，儿子则将 IBM 发展成大型机行业的领军者（"蓝色巨人"）。为了便于行文，我们将父子二人分别称为老沃森和小沃森。

1874 年 2 月 17 日，老沃森出生于美国纽约州斯托本县的坎贝尔（Campbell），他是家中的第 5 个孩子，也是家里唯一的儿子。老沃森的父亲在纽约州南部地区科宁（Corning）以西的佩恩蒂德镇（Painted Post）附近务农，经营规模不大的木材生意。

十几岁时，老沃森到纽约的艾迪生学院（Addison Academy）读书，他毕业后的第一份工作是教师，但只做了一天便放弃了。老沃森花了一年时间到米勒商业学校学习会计和商务，于 1891 年毕业。

换了几次工作后，1896 年 11 月，老沃森因为在使用 NCR（National Cash Register）公司的收银机时遇到问题，便来到 NCR 公司，认识了销售经理约翰·J.朗格（John J. Range）。此后，老沃森很想加入 NCR 公司工作，在多次失败后，他终于在 1896 年 11 月被雇用，成为朗格的徒弟。

NCR 公司的创立者是约翰·帕特森（John Patterson），在帕特森的领导下，NCR 公司的销售能力很强，业绩很好。朗格是 NCR 公司布法罗（Buffalo）分公司的经理，老沃森从朗格那里学到了很多销售和管理方法。

1913 年 4 月 17 日，老沃森与珍妮特·M.基特里奇（Jeanette M. Kittredge）结婚。

1914 年 1 月 14 日，小沃森出生。不久之后，老沃森被 NCR 公司解雇。但在同年的 5 月 1 日，老沃森被 CTR 公司的老板查尔斯·拉莱特·弗林特（Charles Ranlett Flint）看中，被聘请为 CTR 公司的经理。

CTR 公司成立于 1911 年，是弗林特通过股票收购合并 4 家公司后成立的，名字 CTR 来自公司的 3 个主要业务——计算（Computing）、制表（Tabulating）和记录（Recording）。当时 CTR 公司有大约 1300 名员工。

1915 年 4 月，老沃森被任命为 CTR 公司的总裁。

在 1915 年的一次销售会议上，老沃森介绍了当时的销售情况并分析了面临的种种困难，会议的气氛很沉闷。忽然，老沃森中断了讲话。等大家回过神来，才发现老沃森在黑板上写下了一个很大的单词——"THINK"。老沃森对大家说："我们共同缺少的是——思考，对每一个问题的思考。别忘了，我们都是靠打工赚钱的，我们必须把公司的问题当成自己的问题来思考。"从此，"思考"成了 CTR 公司员工的座右铭[1]。

在老沃森加入 CTR 公司的前 4 年，CTR 公司的收入翻了一番，达到 900 万美元（大约相当于今天的 1.34 亿美元），CTR 公司的业务也扩展到欧洲、南美、亚洲和澳大利亚。

1924 年 2 月 14 日，老沃森将 CTR 公司更名为国际商业机器（IBM）公司，这个名字和 THINK 标志一直沿用至今[1]。

小沃森儿时的大多数时光是在新泽西州米尔本（Millburn）的肖特山（Short Hills）度过的[2]。

小沃森和弟弟从小经常被带到父亲的公司。5 岁时，小沃森就被带去视察俄亥俄州的代顿工厂，他还去欧洲做过商务旅行，并在 CRT 公司的精英销售代表的年度聚会上露面，此时的小沃森甚至还没有到上学的年龄。

小沃森就读于新泽西州普林斯顿的普林斯顿翰中学（Hun School of Princeton）[3]。小时候，小沃森有奇怪的视力缺陷，他阅读时，书上的文字仿佛从书上掉下来，难以看清。为此，小沃森的学习很吃力。

在家里，老沃森对小沃森的管教非常严格，要求很多，复杂多变，教育方法严厉粗暴。可能与此有关，小沃森在 7 岁左右时，就患上了一种心理疾

---

① 参考豆瑞星发表在 DoNews 网站上的文章《IBM 的 'THINK'：思想者引领未来》。

病，这种疾病用今天的话来讲就是抑郁症（Clinical Depression）[4]。

1933 年，小沃森被布朗大学（Brown University）商学院录取。

1937 年，老沃森当选国际商会（ICC）主席，他于当年在柏林举行的两年一度的大会上做了讲话，倡导"通过世界贸易实现世界和平"（World Peace Through World Trade），这句话至今仍广为流传。

同年，小沃森获得布朗大学的商业学位。小沃森随后加入 IBM，成为 IBM 的一名销售员，但他对这份工作没有兴趣。

第二次世界大战爆发后，小沃森加入美国陆军航空队服役，他很快就学会了各种飞行知识，成为飞行员。驾驶飞机对他来说很容易，他在执行任务时表现出色，第一次对自己的能力有了信心，他想将来到航空公司做一名飞行员。

小沃森的才能被美国第一空军的首长福利特·布拉德利（Follett Bradley，1890—1952）少将看中，布拉德利询问小沃森是否愿意做他的侍从武官。小沃森接受了这个职位。不久之后，布拉德利将小沃森提拔为空军上尉（Captain），并亲自为他佩戴新的肩章。

在第二次世界大战中，为了支持盟友，美国设立了很多"租借项目"（lend-lease program），为盟友提供武器和粮食物资。布拉德利负责对苏联的租借项目，小沃森经常跟着他一起飞往莫斯科。小沃森借此学会了俄语，这为他后来担任美国驻苏联大使奠定了基础。

布拉德利经常表扬小沃森，给他鼓励。他建议小沃森在战争结束后回到 IBM 工作。多年后，小沃森出版了自己的传记，他在扉页上特别写上"献给福利特·布拉德利少将，是他给了我信心"[1]。

第二次世界大战期间，IBM 将自己所有的工厂都交由美国政府支配，并扩大产品线，生产军事设备，IBM 还大力支持霍华德·艾肯研发哈佛大学马克一号（Mark I）计算机。马克一号计算机也被称为 IBM 自动序列控制计算器（ASCC），由艾肯设计、IBM 制造，于 1944 年完成，安装在哈佛大学，为美国海军服役。IBM 对曼哈顿项目做出了重要贡献[1]。

战争结束后的 1946 年年初，小沃森回到了 IBM。4 个月后，他成为董事会成员。又过了两个月，小沃森被晋升为副总裁。

1949 年，小沃森被晋升为执行副总裁。

1952 年，小沃森成为 IBM 总裁。直到那时，IBM 的最主要产品还是各种机电式穿孔卡片（punched card）设备。对于进入新兴的电子计算机方向，老沃森多次表示反对，他认为电子计算机价格过高，而且不可靠。IBM 的许多技术专家也不看好计算机产品，认为当时整个世界只需要大约十几台计算机。即使是新技术的支持者，也低估了计算机的发展潜力[4]。

但小沃森不这么认为，他试着将 IBM 带入新的发展方向。小沃森雇用了数百名电气工程师，让他们设计大型计算机。在成为 IBM 总裁和正式宣布"国防计算器"项目之前，小沃森就已经做了很多准备工作。

1950 年 12 月，小沃森领导成立了执行委员会来定义"国防计算器"的设计方案[1]。

1951 年 1 月 1 日，"国防计算器"项目的规划工作正式开始，小沃森向 10 个工程部门安排了任务。

1951 年 2 月 1 日，设计工作正式开始并开始采购零件。

1951 年 3 月，小沃森在 IBM 的应用科学部组建了数学委员会，这是特别为"国防计算器"项目成立的委员会。

应用科学部的主任是卡思伯特·科温·赫德（Cuthbert Corwin Hurd（1911—1996）。赫德（见图 38-1）出生于 1911 年，他 1932 年从德雷克大学（Drake University）获得数学学士学位，1934 年从艾奥瓦州立大学获得数学硕士学位，1936 年从伊利诺伊大学获得博士学位。第二次世界大战期间，赫德以少校军衔在美国海岸警卫队学院任教。1947 年，赫德到美国原子能委员会（Atomic Energy Commission）的橡树岭国家实验室（Oak Ridge National Laboratory）工作，在那里，他使用 IBM 的穿孔卡片机 IBM 602 自动记录实验数据。1948 年，IBM 邀请赫德参加"选择序列电子计算器"（Selective Sequence Electronic Calculator，SSEC）的庆典仪式。SSEC 是 IBM 制造的大型机，从 1944 年开始设计，1948 年开始运行。SSEC 包含了一些机械部件，它是现代计算机历史上最后一台电子机械式大型机。1949 年，赫德加入 IBM，他创立了应用科学部并担任主任。

图 38-1 卡思伯特·科温·赫德
（照片来自 IBM）

赫德很早就在美国数学学会的会议上认识了冯·诺依曼，他们是亲密的朋友。赫德加入 IBM 后，便邀请冯·诺依曼到 IBM 做顾问。冯·诺依曼经常从普林斯顿驾车到 IBM 的波基普西园区。冯·诺依曼的驾驶技术不佳，开车时总是注意力不集中，喜欢聊天，不聊天就唱歌，而且还喜欢把车开得很快，他经常收到警察的罚单。每次收到罚单，他就把罚单交给赫德，让赫德安排 IBM 的人去交罚金。

赫德也经常去冯·诺依曼工作的普林斯顿高等研究院（IAS），看那里正在进行的 IAS 计算机项目。IAS 计算机项目的主任是冯·诺依曼，副主任是戈德斯坦。因此，IAS 计算机对 IBM 701 的影响非常大，IBM 701 继承了 IAS 计算机的很多设计。

到了 1951 年 9 月，为"国防计算器"项目工作的员工已有 155 名。

1952 年 2 月，设计工作结束，产品计划通过审批。

1952 年 3 月，零件采购任务完成。

1952 年 4 月，用于内部开发的实验室模型机组装完毕。4 月 29 日，小沃森在股东大会上宣布了"国防计算器"项目。

1952 年 5 月 21 日，新项目的名字从"国防计算器"改为"IBM 电子数据处理机"（IBM Electronic Data Processing Machine），IBM 正式对外宣布产品的主要部件和功能，其中的每个部件都被赋予一个以 7 开始的编号，分别如下。

- IBM 701：电子分析控制单元，即中央处理器（CPU）。
- IBM 706：静电式存储单元，即 CRT 形式的内存。
- IBM 711：穿孔卡片阅读器。
- IBM 716：打印机。
- IBM 721：穿孔卡片录制机。
- IBM 726：磁带机，具有阅读和录制功能。
- IBM 731：磁鼓阅读和录制器。
- IBM 736：1 号电源机柜。
- IBM 737：磁核存储单元（后来增加的部件），即使用磁核技术的内存。
- IBM 740：CRT 输出记录器。
- IBM 741：2 号电源机柜。
- IBM 746：电能分发单元。

- IBM 753：磁带控制单元。

IBM 701 最初使用的是与 IAS 计算机相同的 CRT 内存，72 个阴极射线管分 12 行整齐排列在一个机柜里，称为 IBM 706（见图 38-2）。

1952 年 6 月，模型机开始执行测试任务。工作人员测试各个功能单元并开始组装第一台产品机器，参见图 38-3。

1952 年 11 月，第一台产品机器基本完成，客户可以在它上面编程。

1952 年 12 月 31 日，第一台产品机器从波基普西市运往 IBM 纽约总部的科技计算局（Technical Computing Bureau）。

图 38-2　IBM 706（照片中的每个圆孔对应一个 CRT，照片来自 IBM）

图 38-3　组装中的 IBM 701（照片来自 IBM）

从开始设计到第一台产品机器发货，IBM 701 的开发和生产时间总共不到两年，这在很大程度上得益于借鉴用了 IAS 计算机的很多成果。

1953 年 3 月 31 日，第二台产品机器到达第二次世界大战期间研发原子弹的洛斯·阿拉莫斯科学实验室，于 3 天后安装并开始运行。

1953 年 4 月 7 日，IBM 向公众展示了 IBM 701。

1954 年 10 月 1 日，使用磁核内存技术的 IBM 737 对外发布，容量为 4096 个字，每个字的长度为 36 位。

从 1952 年第一台产品机器发货，到 1955 年 2 月最后一个订单发货，IBM 公司一共制造了 19 台 IBM 701（见表 38-1）。

表 38-1　IBM 701 的发货记录

机器编号	运往	日期	备注
1	纽约市的 IBM 国际总部	1952 年 12 月 20 日	—
2	新墨西哥州洛斯·阿拉莫斯的加利福尼亚大学	1953 年 3 月 23 日	用于流体力学计算
3	加利福尼亚州格兰岱尔的洛克希德飞机公司	1953 年 4 月 24 日	飞机设计
4	华盛顿特区的美国国家安全局	1953 年 4 月 28 日	—
5	加利福尼亚州圣莫尼卡的道格拉斯飞行器公司	1953 年 5 月 20 日	商用飞机的工程和科学问题
6	俄亥俄州洛克兰的美国通用电气公司	1953 年 5 月 27 日	—
7	得克萨斯州沃斯堡的康瓦尔公司	1953 年 7 月 22 日	—
8	加利福尼亚州因约肯的美国海军	1953 年 8 月 27 日	计算火箭和导弹的性能
9	康涅狄格州东哈特福德的联合飞机公司	1953 年 9 月 18 日	—
10	加利福尼亚州圣莫尼卡的美国北美人航空公司	1953 年 10 月 9 日	空气动力学和结构设计，飞行测试数据分析
11	加利福尼亚州圣莫尼卡的美国兰德公司	1953 年 10 月 30 日	解决经济、数学、飞机、导弹、电子、核能和社会科学方面的各种问题，后来搬到了西洛杉矶

机器编号	运往	日期	备注
12	华盛顿州西雅图的波音公司	1953 年 11 月 20 日	空气动力学、应力、结构开发、超音速飞行试验、喷气式飞机以及制导导弹
13	新墨西哥州洛斯·阿拉莫斯的加利福尼亚大学	1953 年 12 月 19 日	—
14	加利福尼亚州埃尔塞贡多的道格拉斯飞行器公司	1954 年 1 月 8 日	美国海军的"A3D 天兵""A4D 天鹰""F4D 天雷"项目以及美国空军的 C-133 和 RB-66 项目
15	宾夕法尼亚州费城的美国海军航空供应部	1954 年 2 月 19 日	—
16	加利福尼亚州利弗莫尔的加利福尼亚大学	1954 年 4 月 9 日	—
17	密歇根州底特律的美国通用汽车公司	1954 年 4 月 23 日	—
18	加利福尼亚州格兰岱尔的洛克希德飞机公司	1954 年 6 月 30 日	飞机设计
19	华盛顿特区的美国气象局	1955 年 2 月 28 日	—

为了减轻用户一次性购买的资金压力，IBM 701 的很多部件是可以租用的。例如，使用 CRT 内存技术的 IBM 706 的月租费为 2600 美元（型号 1）和 3100 美元（型号 2），使用磁核内存技术的 IBM 737 的月租费为 6100 美元[①]。

IBM 701 是 IBM 生产的第一款商业化的科学计算机，是 IBM 700 系列计算机的"鼻祖"，IBM 后来又推出了 IBM 702、IBM 704、IBM 705 和 IBM 709。

IBM 701 代表着 IBM 在电子计算机方面的起步，IBM 开始了走向"蓝色巨人"的征程。1973 年，小沃森回忆 IBM 701 时说："公司有点像赌博般地创造了这台机器，正是这台机器把我们带入了电子（计算机）业务。"（The corporation took a kind of bet. We created the machine that carried us into the electronics business.）

---

① 参考 IBM 档案网站上有关 IBM 706 的介绍。

参考文献

[1] REGAN G O. Giants of Computing [M]. London:Springer, 2013.

[2] WATSON T J. Led IBM Into Computer Age [N]. Los Angeles Times, 1994-01-01.

[3] LIEUT T J. Watson Jr. Weds Olive Cawley in the Post Chapel at Fort McClellan [N]. The New York Times, 1941-12-16.

[4] WATSON T J. Father, Son & Co:My Life at IBM and Beyond [M]. Bantam Books, 1990.

第 39 章 1954 年，IBM 704 和 IBM 705

1952 年年末，当时在林肯实验室工作的福里斯特接到美国空军的指示，要他为美国空军的 SAGE（半自动地面防空系统）项目挑选一家制造商，生产 50 台大型机。

1953 年初，福里斯特带领自己的团队考察了 3 家候选公司，分别是雷明顿兰德公司、雷松电子公司和 IBM。

IBM 总裁小沃森非常重视这个机会，这是 IBM 与雷明顿兰德公司第一次正面比拼。如果能争取到这个项目，则不仅能为 IBM 赢得计算机领域的声望，而且可以大批量生产计算机，走在竞争对手的前面。但 IBM 的工程师和高管们都很清楚，雷明顿兰德公司是 SAGE 项目的首要候选制造商。

结果，IBM 波基普西园区的研究和生产设施打动了福里斯特。虽然雷明顿兰德公司的计算机技术最强，但雷明顿兰德公司的生产能力不如 IBM。因此，福里斯特在 1953 年 4 月做出决定，将这个合同给了 IBM。

对于 IBM 来说，赢得 SAGE 项目为 IBM 赶超雷明顿兰德公司提供了机会。

为了完成 SAGE 项目，IBM 派遣多达 300 名工程师和科学家到波基普西园区。MIT 和林肯实验室也对 IBM 给予大力支持，把旋风 1 号和 TX-0 计算机的很多技术文件给了 IBM，同时允许 IBM 的工程师到林肯实验室学习。在此过程中，IBM 的工程师从林肯实验室学到了很多关键技术，包括对性能和稳定性都极其重要的磁核内存技术。

IBM 为 SAGE 项目设计和生产的大型机有个特别的名字——AN/FSQ-7，全称为 Army-Navy / Fixed Special eQuipment - 7（海军/固定特殊设备-7）。

与 IBM 701 使用威廉姆斯管做内存不同，AN/FSQ-7 使用的是经过 MIT 和林肯实验室验证过的磁核内存。

AN/FSQ-7 的字长为 32 位，外加 1 个校验位，时钟周期为 6 微秒。

SAGE 项目不仅让 IBM 获得超过 5 亿美元的收入，而且让 IBM 的工程师从 MIT 和林肯实验室学到很多关键技术。体验到磁核内存的优点后，IBM 不仅立刻把磁核内存应用到下一代商业计算机产品中，而且对销售中的 IBM 701 做了升级，使其也支持磁核内存。

1954 年 5 月 7 日，IBM 704（见图 39-1）问世。

图 39-1 工作
中的 IBM 704
（照片来自 IBM）

因为使用了磁核内存和重新设计的电路，IBM 704 比 IBM 701 的速度快两倍，并且更加可靠。IBM 704 的另一个特点是具有用硬件实现的浮点数学单元。

同年 10 月 1 日，IBM 705 也问世了。与 IBM 704 面向科学计算不同，IBM 705 主要面向商业用途。

IBM 704 和 IBM 705 的共同特点是都使用磁核内存，它们是最早使用磁核内存的商业化计算机。从此，磁核内存成为内存的主流技术，直到基于晶体管的 DRAM 出现为止。

因为 IBM 701[①] 和 IBM 702 都使用威廉姆斯管做内存，可靠性不高，所以在 IBM 704 和 IBM 705 推出后，IBM 便用它们来交付 IBM 701 和 IBM 702 余下的订单。这使得市场上很快就出现了很多 IBM 704 和 IBM 705 计算机，而且仍不断有新的订单在增加。

这立刻影响到雷明顿兰德公司的 UNIVAC 的销路。IBM 后来居上，到了 1957 年年初，IBM 已经有 87 台计算机在运行，并且有 190 台计算机订单；而 UNIVAC 的销量是 41 台，订单只有 40 多台。

因为成功带领 IBM 走上新兴的电子计算机之路，小沃森成为 1955 年 3 月 28 日《时代》杂志的封面人物（见图 39-2），头像的后面有一只机械手在拨动计算机上的按钮，这只机械手的下方写着 "Clink, Clank, Think"，前两个词象征着计算机运行时发出的声音，后一个词象征着 IBM 的 "Think"（思考）文化。

图 39-2　1955 年 3 月 28 日《时代》杂志的封面

---

① 参考 IBM 网站上的文章《701 Chronlogy》。

第 40 章　1954 年，高级编码暑假班

在成功研发旋风 1 号后，MIT 的数字计算机实验室成为现代计算机新的圣地。

为了传播计算机技术和培养人才，从 1952 年的夏季起，MIT 开始举办计算机方面的暑假班。

1952 年暑假班的主题是"数字计算机及其应用"（Digital Computers and Their Applications），举办时间是 7 月 21 日至 8 月 1 日，为期两周。此次暑假班的主要讲师包括旋风 1 号项目的领导人，同时也是数字计算机实验室的主任杰伊·福里斯特，以及为旋风 1 号开发应用程序的计算机应用组组长查尔斯·亚当斯（Charles Adams）。

1953 年暑假班的举办时间是 8 月 24 日至 9 月 4 日，仍为期两周，主题与 1952 年暑假班的相同。

与前两年的暑假班相比，1954 年的暑假班则有很大不同。首先，课程的内容由一般性介绍改为调研和讨论高级技术，主题是"数字计算机高级编码技术"（Digital Computer Advanced Coding Techniques），时间缩短为 1 周，举办时间是 8 月 2 日至 8 月 6 日。其次，1954 年的课程讲师除了数字计算机实验室的人之外，MIT 还邀请了多位外部讲师，包括雷明顿兰德公司的格蕾丝·霍珀、IBM 的约翰·瓦尔纳·巴克斯以及英国剑桥大学的杰弗里·查尔斯·珀西·米勒。参加 1954 年暑假班的 MIT 讲师有查尔斯·亚当斯、康比里克（Combelic）、波特（Porter）和吉尔（Gill）。此次暑假班的议题如表 40-1 所示。

表 40-1　1954 年暑假班的议题

序号	议题	讲师
1	高级编码思想：课程大纲	亚当斯
2	自动编码的历史、目标和困难	吉尔
3	执行子函数前的编码过程	康比里克
4	执行子函数时的编码过程	吉尔
5	自动定位错误和后处理	康比里克
6	计算机中心运营	波特
7	A-2 编译器和 UNIVAC 使用的关联函数	格蕾丝
8	IBM 701 高速编码系统	巴克斯
9	计算方法的选择	米勒
10	现有自动编码方法的有效性	吉尔
11	自动编码用词的讨论	亚当斯
12	自动编码用词的进一步讨论	亚当斯
13	代数编码	康比里克
14	数学分析过程的自动化	米勒
15	子程序库：内容、形式和组织	吉尔
16	自动编码对硬件设计的影响	康比里克
17	编码的未来发展：统一代码	亚当斯
18	讨论	—
19	业务需求：自动编辑业务数据	亚当斯
20	业务需求：自动准备、维护和搜索业务文件	亚当斯
21	参考文献	—

从议题上看，此次暑假班讨论最多的是自动编码技术，就是今天的编译器技术，这是当时最热门的软件技术。因为在编译器出现之前，需要人工产生机器码，所以当时把使用编译器产生机器码称为自动编码。格蕾丝

是编译器的发明者,当时正在雷明顿兰德公司领导编译器团队工作。巴克斯则在 IBM 的编译器团队工作。

除了编译器之外,议题中还包含业务需求和计算中心运营等。

此次暑假班结束后,MIT 专门整理了一份详细的会议记录,其中不仅包含议题的提纲和插图(见图 40-1),更可贵的是还记录了大家的发言和讨论细节。

在表 40-1 所示的第 16 个议题中,大家对未来计算机的发展方向展开了激励辩论,格蕾丝等人认为小型计算机会越来越多,成为主流;而代表 IBM 出席的巴克斯则坚持认为发展大型机才是更合理的选择。正是在此次争论中,巴克斯提出了分时的想法,也就是把一台大型机当作很多台小型机使用。因此,这份会议记录成为最早出现分时(time sharing)术语的书面文档。对于现代计算机来说,如果说 20 世纪 50 年代的热门话题是编译器技术的话,那么 20 世纪 60 年代的热门话题便是分时技术。从这个角度看,MIT 举办的 1954 年暑假班不仅讨论了当时热门的编译器技术,而且预告了下一个十年的技术方向。本书后面会专门介绍分时系统。

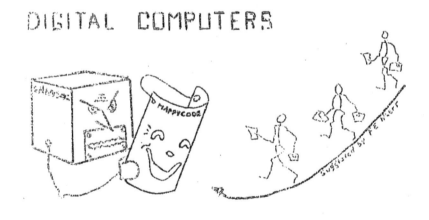

图 40-1 1954 年暑假班会议记录中的插图

另外,来自剑桥大学的米勒提出了微指令的想法(见图 40-2):让每条指令只实现很简单的功能,并通过执行用微指令编写的程序来实现"更大"的指令。这进一步提高了 1954 年暑假班的意义,这样的微指令思想在后来有很多重大的应用。例如,后来的 x86 处理器普遍使用微指令技术把不等长的 x86 指令翻译为等长的微指令，20 世纪 70 年代兴起的精简指令集计算机（RISC）和如今的 ARM 架构也采用了这种思想。

1954 年暑假班会议记录的第 7 部分包含多幅有趣的插图，用于解释编译器的工作过程，这部分的主讲人是格蕾丝，这些插图很可能是格蕾丝本人绘制的。图 40-3 生动地解释了编译器的核心功能和工作方法，名为 A-2 的"超人"长了很多只手：上面的左手中是易于人类书写的 X 语言程序，右手中是容易被计算机理解的 A 语言程序（汇编语言），分别代表编译器的输入和输出；下面的两只手捧着一本字典，代表编译器的主要任务就是像字典那样做翻译工作。

Dr. J. C. P. Miller pursued the idea of a machine with a very simple instruction code. Most machine operations are made of a number of small units; these can each be made to correspond to a 'micro-instruction', and bigger instructions can result from the execution of a 'microprogram'. Such a scheme, using a microprogram of 256 micro-instructions, will be used in the new machine at Cambridge University. One might arrange to be able to change the microprogram for different applications, and even to program this change. Donn Combelic remarked that the latter idea had also been put forward by Dr. Perlis at Purdue University. Prof. Adams pointed out that the plugboard of the CPC could be regarded as a changeable microprogram. Mr. R. D. Smith said that a mchine with a drum-stored microprogram had been built for military applications.

图 40-2　1954 年暑假班上关于微指令的讨论

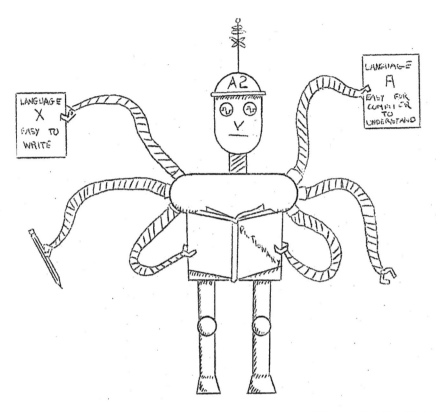

图 40-3　A-2 编译器的功能（来自 1954 年暑假班会议记录）

1954 年暑假班的会议记录中没有包含听众名单，但是发言记录中有一些听众的名字，他们是 J. H. Brown、P. F. Williams、H. Freeman、G. Clotar、Charles G. Lincoln 和 Walter A. Ramshaw。

参考文献

[1]　MIT Summer Session 1954 [C]. Cambridge:the MIT Press, 1954.

第 41 章　1956 年，TX-0

1950 年，美国空中防御系统工程委员会（Air Defense Systems Engineering Committee）在一份研究报告中指出，美国需要加强防御空中打击的能力。因为麻省理工学院（MIT）的雷达实验室在第二次世界大战中表现出色，而且当时 MIT 正在为美国海军研制旋风 1 号计算机，所以该委员会希望与 MIT 一起建立一个新的实验室，目的是研发空中防御技术，以检测、定位和拦截空中威胁。起初，MIT 的校长詹姆斯·R.基利安（James R. Killian）并不愿意参与美国空军的这个项目，而建议先调查清楚建立这个实验室的必要性和研发范围。

1951 年 2 月到 8 月，美国空军与 MIT 一起开展了代号为"查尔斯"（以 MIT 临近的查尔斯河命名）的调研项目。调研项目得出的结论肯定了之前的设想。于是，建设新实验室的工程便开始了。因为 MIT 校园位于波士顿市区，已经非常拥挤，所以新实验室选址在距离 MIT 大约 16 英里的列克星敦，列克星敦位于林肯镇和贝德福德镇交汇的地方（见图 41-1）。这个项目也因为林肯镇而被命名为"林肯项目"，实验室建成后，被称为林肯实验室。

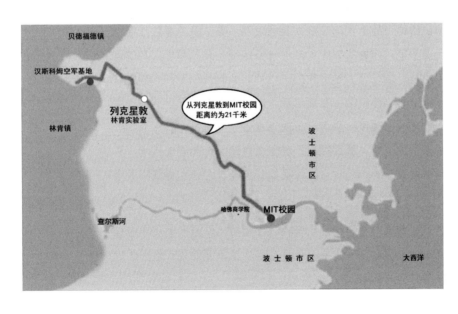

图 41-1　林肯实验室的位置(右下角为 MIT 校园和波士顿市区,左上角为林肯实验室）

林肯实验室建成后开展的第一个大型项目是名为"半自动地面环境"（Semi-Automatic Ground Environment，SAGE）的空军防御系统。SAGE 的设计者是 MIT 的两位教授，其中之一便是领导研发旋风 1 号的杰伊·福里斯特，另一位是乔治·瓦利（George Valley）。整个 SAGE 系统包含 23 个制导中心（Direction Center），每个制导中心配置一台计算机，这台计算机要能够同时追踪多达 400 架飞机。

IBM 公司是 SAGE 系统的制造商。起初，福里斯特提议按照旋风 1 号的设计来制造 SAGE 计算机，但是完全使用旋风 1 号的设计肯定是不够的。另外，旋风 1 号是使用电子管制造的。与当时出现不久的晶体管相比，电子管的故障率比较高，体积也大。

林肯实验室决定把旋风 1 号晶体管化，也就是基于旋风 1 号的设计，制造一台使用晶体管的新计算机，取名为"晶体管化的试验计算机 0 号"（Transistorized Experimental Computer Zero），简称 TX-0，时间是 1955 年。

在 TX-0 计算机的建造团队中，就有后来创建 DEC 的肯尼思·奥尔森（Kenneth Olsen），又名肯·奥尔森（Ken Olsen）。

1926 年 2 月 20 日，奥尔森出生在美国康涅狄格州的布里奇波特（Bridgeport）。奥尔森的父亲名叫奥斯瓦尔德，是挪威人；母亲名叫伊丽莎白·斯维亚·奥尔森，是瑞典移民的后代。奥尔森的家里一共有 4 个孩子，长女是艾琳娜，奥尔森是次子，两个弟弟名叫斯坦和大卫。

奥尔森的童年是在小城斯特拉福德（Stratford）度过的，这个小城与布里奇波特相距不远。当时正处于美国经济大萧条时期，奥尔森一家住在斯特拉福德的一座白色房子里，四周的邻居大多中来自挪威、波兰和意大利的蓝领阶层。奥斯瓦尔德是一位没有大学文凭的工程师，他有几项专利，当时从事机床设计工作，奥斯瓦尔德经常带着奥尔森、斯坦和大卫在家里的地下室拆装各种机械零件，有时也制作一些小设备或者维修收音机等电器，他们经常在地下室里一待就是几小时。从那时起，奥尔森就迷上了无线电技术。有一次，奥尔森捡到别人丢弃的一台收音机，他如获至宝，拿回家将其中的零件拆下来做实验。

奥斯瓦尔德是一名虔诚的清教徒，他曾做过推销员，作为推销员本应推销自己的商品，他却劝告顾客——如果不是真正需要就不要购买，他因此远近闻名。奥尔森深受父亲的影响。

1944 年，18 岁的奥尔森中学毕业，他参军入伍，成为美国海军的一员。在海军服役期间，奥尔森进入电子学校学习了一年。他先在五大湖的军营学习了两个月，然后又到位于芝加哥的一所高中学习。在那里，奥尔森找回了自己少年时就有的对电子技术的兴趣，并全身心投入电子技术中。奥尔森很快学会了雷达、声呐和导航系统的维护方法。

第二次世界大战结束后，奥尔森希望到大学里继续学习电子技术。1946 年，奥尔森精心准备大学的入学考试，他只申请了一所大学，就是麻省理工学院（MIT）。他参加了 MIT 的考试，而后被录取[1]。

1947 年 2 月，奥尔森进入 MIT 开始了自己的大学生活。在完成两年的公共课程后，很多人都希望选学电子工程专业，因为第二次世界大战让很多人意识到电子技术的重要性。于是 MIT 不得不通过面试来挑选适合学习电子工程专业的学生。奥尔森顺利通过了面试，开始学习电子工程专业的课程。

在 MIT 就读期间，奥尔森加入旋风 1 号的制造团队，认识了杰伊·弗雷斯特及其领导的旋风计算机研发团队。

1950 年，奥尔森从 MIT 毕业，获得电子工程学士学位。同年，奥尔森为了追求爱情，中断了自己学业，同时放弃了参加旋风工程小组的机会，匆忙赶去欧洲。

1950 年 12 月，奥尔森与丽莎·奥丽基·瓦尔芙结婚，丽莎是芬兰人。他们的婚礼在芬兰的拉蒂举行。婚后，他们回到美国的马萨诸塞州，安顿好以后，奥尔森进入林肯实验室，一边读研，一边为 SAGE 项目工作。

1952 年，奥尔森获得 MIT 的电子工程硕士学位。获得硕士学位后，奥尔森继续在林肯实验室工作。奥尔森的主要职责是负责与 IBM 联络，IBM 是 SAGE 项目的制造商。在与 IBM 合作的过程中，奥尔森发现 IBM 很保守，不愿意透露任何技术细节。

1955 年，奥尔森投身于 TX-0 项目，领导一支小的工程团队承担 TX-0 的建造工作，团队成员有鲍勃·赫德森（Bob Hudson）和查克·诺曼（Chuck Norman）。

领导 TX-0 设计团队的是韦斯利·克拉克（Wesley Clark），设计团队的最初成员有菲尔·彼得森（Phil Peterson）、杰克·吉尔摩（Jack Gilmore）、约翰·弗兰科维奇（John Frankovich）和吉姆·福尔杰（Jim Forgie）。

林肯实验室建造 TX-0 的目的有两个：一是测试大容量的磁核内存；二是尝试晶体管技术。

TX-0 使用 256×256 的磁核内存，最初配备的容量为 8192 字，每个字的长度为 18 位。按照如今的计算方法，容量大约为 16KB（8192×18/8 = 18 432(B)）。现在看来，16KB 是很小的内存容量，但在当时，这个容量已经相当大。

1947 年，贝尔实验室的约翰·巴丁（John Bardeen）、威廉·肖克利（William Shockley）和沃尔特·布拉顿（Walter Brattain）一起发明了点接触晶体管（point-contact transistor）。1953 年，菲克公司发明了面垒晶体管（surface-barrier transistor）。菲克公司成立于 1892 年，自 20 世纪 20 年代就开始生产收音机等电器。

TX-0 使用了 3600 个来自菲克公司的高频率面垒晶体管（见图 41-2），每个售价 80 美元。

1956 年 4 月，TX-0 开始运行。根据菲尔·彼得森的回忆，最初开机时，既没有其他计算机可以与 TX-0 通信，也缺少软件，大家只能通过面板上的切换开关来输入启动命令，然后执行某个功能，比如读入磁带[①]。

韦斯利·克拉克编写了一个名为 Hark 的汇编器，他想了一些办法让汇编程序支持任意长度的英文字符串，这样程序就有了更好的可读性。

TX-0 在顺利完成林肯实验室赋予的使命（验证大规模磁核内存和晶体管）后，便被搬到了 MIT。搬到 MIT 后，杰克·丹尼斯（Jack Dennis）和约翰·麦肯齐（John McKenzie）成为 TX-0 的监护人，承担维护和管理 TX-0 的职责。

图 41-2　菲克公司高频率面垒晶体管的广告

1931 年 10 月 13 日，丹尼斯出生于美国新泽西州的伊丽莎白市。

1949 年，丹尼斯考入 MIT，从此与 MIT 结缘。丹尼斯在 4 年后获得 MIT 的学士学位。之后，丹尼斯继续留在 MIT 读研究生。读研期间，丹尼斯参加了 MIT 与美国空军的合作项目，涉足语音处理和新型雷达研究，当时美国空军在

---

① 参考 1984 年春季的计算机博物馆报告（Computer Museum Report）第 8 卷。

MIT 设有实验室，名为美国空军剑桥研究实验室。

1958 年 8 月，丹尼斯完成博士论文，加入 MIT 电子工程系，成为 MIT 电子工程系的讲师。丹尼斯的新办公室在康普顿实验室（Compton Laboratories）26 号楼的二楼。有一天，那里发生的一件事引起了丹尼斯的注意，人们正在一个大屋子里安装一台计算机，这个屋子就在放置 IBM 704 计算机的屋子的正上面[2]。这台计算机就是从林肯实验室搬来的 TX-0。接收 TX-0 的是 MIT 电子研究实验室（Research Laboratory of Electronics，RLE）。TX-0 的安装位置是 26 号楼的 248 房间。

MIT 专门安排麦肯齐做 TX-0 的技术员，麦肯齐和丹尼斯花了大约 100 天时间才终于让 TX-0 重新开始运行。从此，他们二人成为 TX-0 的"主人"。不过这个职责与其说是负担，不如说是权力和荣誉，因为很多人都想使用 TX-0，争相预定 TX-0 的机时，这些人包括后来开创 Small Talk 系统的艾伦·科托克（Alan Kotok），还有大卫·格罗斯（David Gross）、彼得·萨姆森（Peter Samson）、罗伯特·A.桑德斯（Robert A. Saunders）、罗伯特·A.瓦格纳（Robert A. Wagner）等，这些人大多是 MIT TMRC 俱乐部的成员。TMRC 俱乐部（见图 41-3）成立于 1946～1947 年，是 MIT 十分著名的学生社团之一。

图 41-3 MIT TMRC 俱乐部的图标

TX-0 的时钟周期为 6 微秒，一般的指令需要两个时钟，也就是 12 微秒。

TX-0 的输入设备有两种：一种是直接的电传打字机（typewriter）；另一种是光电磁带阅读器（photo-electric tape reader）。

TX-0 的输出设备有电传打字机、穿孔纸带和 CRT 显示器。使用 CRT 来专门进行计算机系统的显示是 TX-0 的一大创新。这一做法一直持续到 PC 时代。

TX-0 的控制台有很多输入开关和指示灯，用来实现控制和输出 TX-0

的内部状态。

TX-0 有以下 8 个寄存器。

- 内存缓存寄存器（Memory Buffer Register，MBR），18 位。
- AC 累加器（Accumulator），18 位。
- 内存地址寄存器（Memory Address Register，MAR），16 位。
- 程序指针（Program Counter，PC），16 位。
- 指令寄存器（Instruction Register，IR），2 位。
- 实时寄存器（Live Register，LR），18 位。
- 切换开关缓存寄存器（Toggle switch Buffer Register，TBR），包含 18 个切换开关。
- 切换开关累加器（Toggle Switch Accumulator，TAC），包含 18 个切换开关。

与大型机时代的批处理运行方式不同，用户是把 TX-0 当作个人计算机使用的。在自己分到的机时里，TX-0 的用户独占这台计算机。在这种使用模式下，人与计算机直接对话，人输入命令后，可以立刻在 CRT 显示器上看到反馈，这种实时的人机对话方式此前几乎是没有的，这开创了一种新的计算机使用模式，为后来的小型机和个人计算机时代打下了基础。

TX-0 在被移交给 MIT 的电子研究实验室（RLE）时，上面只有两个软件工具：一个是简单的汇编程序；另一个是名为 UT-3（Utility Tape-3）的辅助调试工具。通过 UT-3，用户可以向指定的内存地址输入数据或指定某个地址范围，并让系统输出到 CRT 显示器上。从调试器的角度看，UT-3 提供了观察和修改内存的功能，但根据调试器的标准，UT-3 还不能算作真正的调试器。

为了弥补 TX-0 软件的不足，RLE 开始为 TX-0 编写各种软件工具，其中最为著名的就是丹尼斯编写的 MACRO 汇编器以及由丹尼斯与托马斯·G. 斯托克姆（Thomas G. Stockham，1933—2004）共同编写的 FLIT 调试器。

MACRO 汇编器引入的宏的概念直到今天仍被广泛使用，利用宏，程序员可以把一系列指令集中定义在一起，这极大节约了录入程序所需的时间。MACRO 汇编器的另一个重要特征就是不仅可以产生程序代码，而且可以生成供调试和分析用的调试符号。

FLIT 的英文全称是 FLexowriter Interrogation Tape，这个名字源于当时的一种杀虫喷雾剂。FLIT 调试器比较全面地提供了各种调试功能，包括设置断点、观察和编辑内存、控制程序执行、读取符号等。特别值得一提的是，FLIT调试器支持符号化调试（Symbolic Debugging），调试人员既可以通过符号名指定想要观察的变量，也可以在表达式中包含符号。另外，FLIT调试器提供的断点功能和如今的断点功能已经非常相似。用户可以使用 break 命令设置和清除断点。当设置断点时，FLIT调试器先将指定位置的指令保存起来，再向这个位置写入跳转指令，当程序执行到这个位置时，就会跳转到 FLIT调试器的断点处理代码。断点处理代码先将程序状态保存起来，再将控制权交给用户，用户可以使用其他调试器命令观察和分析被调试程序，观察结束后，即可发出命令让程序继续执行。

FLIT调试器将各种调试功能集中在了一个单独的程序中，从而同时实现了控制被调试程序的执行和观察分析被调试程序的功能，因此 FLIT调试器是真正意义上的调试器。

TX-0 在 MIT 服役多年，一直工作到 20 世纪 60 年代中期。

1984 年，数字计算机博物馆在波士顿成立，TX-0 成为最早的一批展品之一。在麦肯齐和丹尼斯等人的努力下，大家恢复了 TX-0 并使其第 3 次上电运行，这吸引了 TX-0 的众多老用户赶来团聚（见图 41-4）。

在现代计算机的历史上，TX-0 具有重要的地位。首先，TX-0 是第一台全晶体管的现代计算机，从此晶体管成为构建现代计算机的基本材料。其次，作为旋风计算机的延续，TX-0 进一步拓展了人机实时交互的使用模式，TX-0使用 CRT 显示器作为输出设备，使用光笔作为输入设备，用户输入命令后，就可以立刻得到反馈，这彻底改变了当时很多大型机采用的批处理方式，为后来小型机和 PC 的出现奠定了基础。最后，TX-0 搬到 MIT 后，很多师生和学者成为 TX-0 的用户，他们使用 TX-0 开发各种软件，包括图形程序、汇编器、调试器等。因此，基于 TX-0 诞生了很多新的软件，这在软件历史上树立了很多里程碑。在这个意义上，TX-0 不仅直接为软件发展做出了贡献，而且培养了大量的人才，包括面向对象编程的先驱艾伦·科托克、并行计算领域的著名教授杰克·丹尼斯，当然还有 DEC 的创始人肯·奥尔森和哈兰·安德森。

图 41-4
TX-0 的恢复工作小组（照片大约拍摄于 1984 年，从左到右依次为丹尼斯、艾伦·科托克、马丁·格雷茨、戴夫·格罗斯和麦肯齐，照片来自美国计算机历史博物馆）

参考文献

[1] ALLISON D. Ken Olsen Interview [C]. Digital Historical Collection Exhibit, 1988.

[2] 张银奎. 软件调试（第 2 版）[M]. 北京：人民邮电出版社，2018:8-11.

第 42 章　1956 年，UNIVAC 1103A

UNIVAC 一号取得成功后，雷明顿兰德公司继续研发和销售新的计算机，它后来推出的基于 ERA 1103 改进的 UNIVAC 1103A 在现代计算机的历史上具有非常重大的意义。

ERA 是雷明顿兰德公司于 1952 年收购的一家企业，全名为 Engineering Research Associates，源于第二次世界大战期间为美国海军执行密码破译任务的 CSAW（Communications Supplementary Activity Washington）。战争结束后，CSAW 团队的威廉·诺里斯（William Norris）和霍华德·恩斯特龙（Howard Engstrom）一起成立了 ERA，时间是 1946 年。

ERA 的最初产品是用于破译密码的专用机器，但因为缺乏灵活性，用途很窄。

1947 年，美国海军与 ERA 签订合同，合同的代号为 Task 13。ERA 于是根据合同为美国海军建造存储程序计算机，这台计算机名为阿特拉斯（Atlas）。

1950 年，ERA 向美国海军交付阿特拉斯并得到许可，ERA 可以销售阿特拉斯的商业化版本，这就是 ERA 1101。

在完成阿特拉斯前，美国海军就希望 ERA 研制使用威廉姆斯管的更强大计算机，并取名为阿特拉斯 2 号，建造这台计算机的项目代号是 Task 29。

正当 ERA 快速发展时，公司陷入法律纠纷，ERA 的两位创始人被指控使用战时建立的政府关系牟取私利。法律纠纷既影响了 ERA 的销售，也破坏了员工的情绪，公司陷入危机。

1952 年，雷明顿兰德公司收购了 ERA。但收购后，ERA 仍独立运作，继续研发和销售 ERA 系列计算机，客户主要是科研机构和美国军方。雷明顿兰德公司原来在费城的计算机部门则面向商业客户。

ERA 于 1953 年向美国海军交付了阿特拉斯 2 号。ERA 在取得美国军方同意后，对设计稍微做了修改，在删除一些特殊指令后，便开始生产对应的商业化版本，并取名为 ERA 1103。

1954 年，ERA 1103 开始陆续交付给客户，ERA 1103 的客户有联合伏尔提飞机公司（Consolidated Vultee Aircraft）、埃尔金空军基地（Elgin Air Force Base）、白沙试验场（White Sands Proving Ground）、拉莫·沃尔德里奇公司（Ramo Wooldrige）和西屋电气公司（Westinghouse Electric）。

1955 年，雷明顿兰德公司与斯佩里公司（Sperry Corporation）合并，合并后的公司名叫斯佩里·兰德（Sperry Rand）。合并后，新公司决定把原来两个公司的计算机部门合并在一起，并把原来的 ERA 产品线并入 UNIVAC 产品线，于是原来的 ERA 1103 被改名为 UNIVAC 1103。

UNIX 操作系统的设计者之一拉德·卡纳迪（Rudd Canaday）在回忆文章中说，他第一次编程时使用的计算机就是 UNIVAC 1103[①]。

1955 年，合并后的计算机部门为 ERA 1103 引入了磁核内存，用以取代原来使用的静电内存（CRT 内存的别名），容量为 1024 个字。这些改进使得 ERA 1103 成为最早使用高速磁核内存的商业计算机。新版 ERA 1103 的客户有美国军队设置在约翰斯·霍珀金斯大学的运筹学研究办公室（Operations Research Office）、赖特航空开发中心（Wright Air Development Center）、美国航空咨询委员会（NACA，NASA 的前身）的刘易斯飞行推进实验室（Lewis Flight Propulsion Laboratory）。

刘易斯飞行推进实验室（以下简称刘易斯实验室）创建于 1942 年，1947 年时改名为飞行推进研究实验室，1948 年时为了纪念当年去世的乔治·威廉·刘易斯（George William Lewis，1882—1948）而改名为刘易斯飞行推进实验室，1999 年时为了纪念约翰·格兰而再次改名为 NASA 约翰·格兰研究中心。

1954 年 6 月 15 日，刘易斯实验室订购了具有磁核内存的 ERA 1103。1954 年 11 月，斯佩里公司开始向客户交付 ERA 1103。1955 年 9 月，刘易斯实验室收到的 ERA 1103 通过验收测试[1]，这是第 17 台 ERA 1103，而且很可能是第 1 个具有磁核内存的 ERA 1103 版本。

图 42-1 是 ERA 1103 在刘易斯实验室工作时的照片，照片的左前方是 ERA 1103 的控制台，上面写着 ERA 1103，代表着这台计算机源自雷明顿兰德公司收购过来的 ERA 产品线。

---

① 参考拉德·卡纳迪 2014 年 1 月 5 日发表在 Rudd Canaday 网站上的文章《My Adventures in Software》。

图 42–1 正在刘易斯实验室工作的 ERA 1103（照片来自 BRL 的 1961 年调查报告）

刘易斯实验室使用 ERA 1103 是为了接收、处理和分析实验数据。来自风洞、测试架、火箭架的实验数据需要先经过消减和预处理，才能保存到磁带、纸带等外部存储器（简称外存）中。在对实验数据进行分析时，再把数据从外存读取到内存中。

根据 ERA 1103 的参考手册，ERA 1103 的时钟周期大约为 2 微秒[2]。根据美国陆军弹道研究实验室（BRL）的调查报告，访问磁核内存的时间为 6 微秒，而访问磁鼓的平均时间为 17 000 微秒，后者约是前者的 2833 倍。这意味着如果 CPU 总是访问磁核内存中的数据，计算机就可以保持非常快的速度运行，而一旦 CPU 访问磁鼓中的数据，计算机就可能因为等待缓慢的磁鼓而进入失速（stall）状态。

表 42-1 展示了 NASA Lewis 计算机中的存储部件。

表 42-1　NASA Lewis 计算机中的存储部件

存储部件	容量	平均访问时间
磁核内存	4096B	6 微秒
磁鼓	16 384B	17 000 微秒

为了缓解这种速度上的矛盾，刘易斯实验室的特纳（Turner）和罗林斯（Rawlings）设计了一种技术，名为"刘易斯实验室版本的中断"（Lewis Laboratory's version of Interrupt）。利用这种技术，CPU 在读取外存前，可以首先给外存下发命令，比如"把磁鼓中的××数据块读到内存地址××"，然后就可以继续执行其他指令了。在磁鼓中的数据被传输到内存之后，便可以向 CPU 发送中断请求，报告 CPU "所需的数据准备好了"。CPU 收到中断请求后，执行专门用来处理中断的指令，中断处理完毕后，CPU 回到刚才的位置，继续执行被中断的任务。

特纳和罗林斯的中断技术在 1956 年 2 月被投入使用，CPU 的执行效率得到极大提高，整个系统的处理能力也随之明显提升。

特纳和罗林斯把它们的想法告诉了斯佩里公司，斯佩里公司采纳了他们的建议，对 ERA 1103 做了改进——加入了中断机制，改进后的版本被称为 ERA 1103A。

图 42-2 是《ERA 1103A 参考手册》的封面，封面上的"UNIVAC SCIENTIFIC"字样代表 ERA 系列计算机针对的是"科技用户"。

《ERA 1103A 参考手册》的简介部分列出了 ERA 1103A 和 ERA 1103 的关键差异，本书对这些关键差异做了总结，如表 42-2 所示。

从表 42-2 可以看出，ERA 1103 是从静电内存到磁核内存的过渡版本。ERA 1103A 彻底放弃了静电内存，只支持磁核内存。ERA 1103A 和 ERA 1103 的另一个关键差异是：ERA 1103A 具有程序中断（Program Interrupt）功能，而 ERA 1103 没有。

ERA 1103A 不仅采用磁核内存技术，而且具备先进的中断机制，这使得 CPU 可以更高效地运行，正因为如此，ERA 1103A 成为斯佩里公司后续计

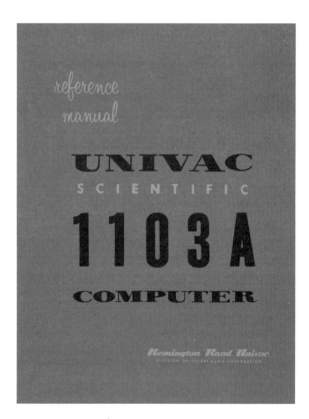

图 42-2 《ERA 1103A 参考手册》的封面

机产品的"标准样本"，其中既包括 UNIVAC 系列，也包括从 1960 年开始推出的
CDC 系列。

表 42-2　ERA 1103A 和 ERA 1103 的关键差异

ERA 1103	ERA 1103A
快速访问存储：1024 字的静电或磁核内存	快速访问存储：4096 字的磁核内存（8192 字或 12 288 字，可选）
磁带存储：4 个雷神公司或 Potter 公司的单元	磁带存储：最大 10 个 UNISERVO 单元
没有等价功能	程序中断
没有等价功能	Left Transmit 指令
没有等价功能	浮点算术单元（可选）

1957 年 3 月 21 日，特纳和罗林斯在纽约举行的"计算机在仿真、数据消减和控制领域的应用"学术报告会上介绍了他们设计的中断机制。1958 年，特纳和罗林斯又在《IRE 电子计算机技术》（IRE Transactions on Electronic Computers[①]）专刊上以论文的形式发表了他们的设计成果，名为"通过中断机制实现随机时序的计算机输入/输出"（Realization of Randomly Timed Computer Input and Output by Means of an Interrupt Feature）。

从此，中断机制逐渐成为现代计算机的一种基本功能，直到今天。

中断机制赋予计算机系统一种飞越的能力——CPU 可以随时从当前的程序中飞走，转去执行另一段程序，之后再飞回来。有了中断机制后，CPU 就可以更专注于执行内存中的指令，从而始终高速运转，保持较高的执行效率。

另外，因为编写中断处理代码需要深入理解计算机硬件结构，所以对于编写应用程序的用户来说，编写这样的程序显然难度太大，这便要求有人专门负责编写处理中断处理程序的"系统代码"。随着系统代码逐步增多，"系统软件"的功能越来越多，地位越来越重要，这催生了操作系统的出现。

1978 年，斯佩里·兰德公司改名为斯佩里公司。

---

① IRE Transactions on Electronic Computers1962 年停刊，改名为 IEEE Transactions on Computers。

1986 年，斯佩里公司与宝来公司合并，合并后的公司名叫 Unisys，其中的 "Uni" 便源于著名的 UNIVAC 产品线。EMCC 和雷明顿兰德公司的演变过程如图 42-3 所示。

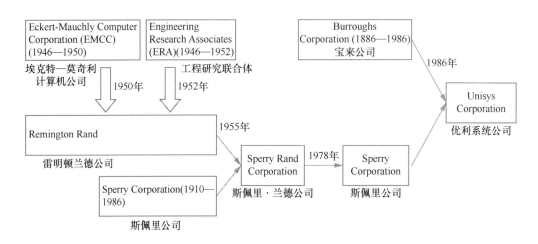

图 42-3　EMCC 和雷明顿兰德公司的演变过程

莫奇利于 1959 年离开斯佩里·兰德公司，他在离开前是 UNIVAC 应用研究部的主任。莫奇利一直从事软件工作，他在这个岗位上工作了 10 年。后来，莫奇利创办过咨询公司和建筑软件开发公司。1973 年，莫奇利受聘为斯佩里·兰德公司的顾问，后于 1980 年去世。

埃克特一直留在雷明顿兰德公司，见证了 UNIVAC 产品线的发展（图 42-4 是埃克特在斯德里·兰德公司工作时的胸牌）。斯佩里公司和宝来公司合并成立 Unisys 公司后，埃克特继续在 Unisys 公司工作，直到 1989 年退休。退休后，埃克特继续担任 Unisys 公司的顾问。1995 年 6 月 3 日，埃克特在宾夕法尼亚的布林马尔去世。

ENIAC 上的"最初六人组"中的琼认为，今天普遍使用的冯·诺依曼架构应该叫埃克特架构，理由是在冯·诺依曼第一次到摩尔学院之前，埃克特就已经在设计存储程序计算机。

图 42-4　埃克特的胸牌（时间大约是 1960 年，胸牌顶部的文字表示斯佩里·兰德公司 UNIVAC 应用研究部）

参考文献

[1] A Third Survey of Domestic Electronic Digital Computing Systems Report No. 1115 [R/OL]. [1961-03]. http://ed-thelen.org.

[2] SMOTHERMAN M. Interrupts [EB/OL]. [2017-07]. https://people.cs. clemson. edu/～mark/interrupts.html.

第43章 1957年，FORTRAN 语言

1953 年 12 月，约翰 • 瓦尔纳 • 巴克斯（John Warner Backus，见图 43-1）写邮件给卡斯伯特 • 赫德（Cuthbert Herd），建议开发一种自动编程系统，让编程变得更简单。

巴克斯 1924 年 12 月 3 日出生于美国特拉华州的威尔明顿市①。他的父亲本来是化学家，第一次世界大战期间在军队里管理军火，战争结束后到杜邦公司工作，后来因为做股票经纪人而很富有。巴克斯 8 岁半时，失去了母亲。童年时，巴克斯到威尔明顿市的塔山学校（Tower Hill Scholl）读书[2]，读到 8 年级时，他的父亲再婚，娶了一个喜欢喝酒而且有神经质的女人。巴克斯不想继续待在这样的家里，于是转到费城波茨顿的冈山学校（The Hill School）读书，从此他再也没有回威尔明顿。

图 43-1 约翰 • 瓦尔纳 • 巴克斯（照片来自 IBM）

1942 年，中学毕业的巴克斯进入弗吉尼亚大学学习化学，但是他对化学并不感兴趣，经常缺课，不到一年就被学校开除。第二次世界大战时，巴克斯参军，成为防空炮兵队的大兵，守卫佐治亚州的斯图尔特堡（Fort Stewart）军事基地。

在一次体检中，巴克斯被查出颅骨肿瘤。他接受手术，切除了部分颅骨，换用金属板替代。1945 年 3 月，巴克斯到医学院学医，但是学了 9 个月就放弃了，因为"每天要做的就是背诵和记忆"。1946 年年初，巴克斯再次做了外科手术——用他自己设计的金属板把原来的替换掉。在这次手术后不久，巴克斯从军队退役。

---

① 参考 ACM 官网有关 1977 年图灵奖得主约翰 • 瓦尔纳 • 巴克斯的介绍。

离开军队后，巴克斯进入一家无线电技术学校学习如何制作无线电接收器。在学无线电时，巴克斯感觉需要掌握很多数学知识。于是，他报名哥伦比亚大学的数学课程，开始学习数学。在获得哥伦比亚大学的学士学位后，巴克斯又继续读硕士。1949 年春，还有一年就硕士毕业时，巴克斯碰巧经过麦迪逊大街的 IBM 总部，看到里面正在展示 SSEC 计算机，于是便走进去参观，在场的一位 IBM 员工向他解释了这台机器的强大功能。巴克斯对眼前的机器很着迷，心里想着要是能在这样的计算机上工作该多好，他将自己的想法说了出来。出乎意料的是，IBM 的工作人员听了他的话后立刻说："好啊，我带你去见老板。"巴克斯听了紧张起来："不不不，我今天穿着带窟窿的外套，等我改天换了体面的衣服再来……"但巴克斯还是被带上楼，见到了SSEC 项目的主任罗伯特·雷克斯·西伯（Robert Rex Seeber Jr., 1910—1969）。西伯在了解了巴克斯的基本情况后，给他出了一道题，巴克斯回答后，对方竟然立即给了工作邀约（offer），职位是程序员[①]。

在 1950 年获得硕士学位后，巴克斯便正式到 IBM 工作。巴克斯的工作是为 SSEC 编写软件，他的第一个编程任务是计算月亮的位置。当时他只能用机器指令来写程序，不仅速度慢，而且容易出错。

在 SSEC 上工作了大约 3 年后，1953 年，巴克斯转到新的 IBM 701 上工作。当巴克斯编写弹道曲线程序时，他开始思考如何寻找一种更简单的编程方法。此时，巴克斯找到了格蕾丝的论文，受 A-0 编译器的启发，他设计了一种名为 Speedcoding 的编程语言，以支持使用符号化的伪指令编写代码、提高编程速度[1]。

Speedcoding 得到很多好评，但是巴克斯对它并不满意，此时 IBM 正好在研发更强大的 IBM 704，于是巴克斯有了一个更大胆的想法，就是在 IBM 704 上开发一种更强大的自动编码系统。巴克斯向自己的上司赫德提出了建议。

1954 年 1 月，赫德采纳了巴克斯的建议，并把巴克斯调到自己所在的应用科学部。自此，在软件历史上具有里程碑意义的 FORTRAN 项目开始了。

赫德安排给巴克斯的第一个帮手是欧文·齐勒尔（Irving Ziller）。1952 年，齐勒尔从布鲁克林学院毕业后便加入 IBM。

---

① 参考美国计算机历史博物馆 2006 年对约翰·瓦尔纳·巴克斯的采访。

1954 年 5 月，哈兰·赫里克（Harlan Herrick）也加入了 FORTRAN 团队。赫里克在 1948 年加入 IBM，此前他在耶鲁大学做了 8 年的数学老师。继赫里克之后，加入 FORTRAN 团队的是新员工罗伯特·A.纳尔逊（Robert A. Nelson）。纳尔逊在加入 IBM 前是美国国务院驻维也纳的密码翻译员。IBM 本来招聘他做技术编辑和帮助写文档，但纳尔逊很快就成为一名杰出的程序员。他与齐勒尔密切合作，一起设计出处理数组、下标（subscript）和循环的方法。纳尔逊后来成为 IBM 的院士。

随着人数的增加，FORTRAN 团队搬到了麦迪逊大街 590 号的 19 楼，FORTRAN 语言的大部分设计工作是在这里完成的。从联合飞机公司借调过来的罗伊·纳特（Roy Nutt）设计了 FORTRAN 的输入输出系统，除此之外的其他大部分设计工作是由巴克斯、赫里克和齐勒尔完成的。

巴克斯在 1978 年回忆 FORTRAN 的设计历史时说："我们没有把设计语言当成一个困难的问题，这只是前奏，真正的难题是设计一种能够产生高效程序的编译器。"（We did not regard language design as a difficult problem, merely a simple prelude to the real problem: designing a compiler which could produce efficient programs.）

1954 年秋，FORTRAN 团队发展为"编程研究组"，巴克斯是"编程研究组"的经理。

1954 年 11 月，"编程研究组"发布了《IBM 数学公式翻译系统规范》的初步报告（Preliminary Report），封面如图 43-2 所示。

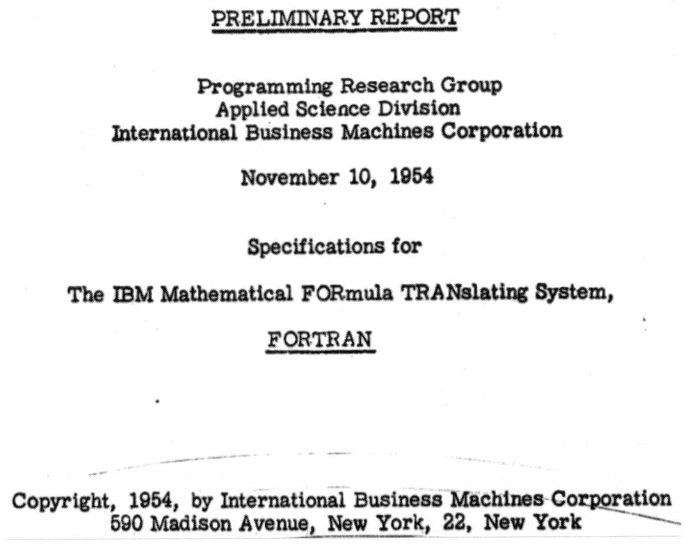

PRELIMINARY REPORT

Programming Research Group
Applied Science Division
International Business Machines Corporation

November 10, 1954

Specifications for

The IBM Mathematical FORmula TRANslating System,

FORTRAN

Copyright, 1954, by International Business Machines Corporation
590 Madison Avenue, New York, 22, New York

图 43-2 《IBM 数学公式翻译系统规范》的初步报告封面

这份初步报告一共有 29 页，分 15 章。

发布了初步报告后，1954 年年底和 1955 年年初，巴克斯、赫里克和齐勒尔走访了一些已经订购 IBM 704 的客户，向他们介绍 FORTRAN 语言。

1955 年年初，构建 FORTRAN 编译器的工作开始了，地点是在东 56 街 15 号的 5 楼。

1955 年 2 月中旬，有 3 条开发线在同时进行，两条开发线集中于编译器的模块 1 和模块 2（sections 1 and 2），另一条开发线集中于输入输出和汇编程序。

模块 1 的任务是把整个源程序读进来，并把所有信息填写到合适的表中。赫里克负责创建大多数表，新加入团队的彼得·谢里登（Peter Sheridan）负责编译数学表达式，纳特负责编译和提交输入输出语句。

1955 年秋，刚从瓦萨学院毕业的洛伊丝·米切尔·海特（Lois Mitchell Haibt）加入团队。洛伊丝于 1934 年出生在芝加哥，1955 年从瓦萨学院获得数学专业的学士学位，在加入 IBM 前，她曾在贝尔实验室实习。洛伊丝负责设计和编写模块 4，核心任务是分析模块 1 和模块 2 产生的程序流程，然后将其划分成不包含分支的基础块。

从 MIT 借调过来的谢尔登·F.贝斯特（Sheldon F. Best）负责模块 5。

1955 年年底，巴克斯意识到还需要开发一个新的模块，把前面模块的输出融合到一起，形成一个统一的程序。巴克斯把这个模块交给了 1955 年 11 月加入团队的数学家理查德·戈德堡（Richard Goldberg）设计和实现。

最后一个模块是要把整个程序汇集成一个可以重定位的二进制程序，巴克斯把最后这个模块交给了纳特设计和实现。

1956 年的夏季，整个系统的大部分工作已完成。

在从 1956 年春到 1957 年年初的这段时间里，调试任务非常重。为了能在夜间上机调试，巴克特经常带着团队住在 56 街的兰登酒店，白天找机会睡一会儿，然后整晚工作。

1956 年的夏季，当大家都感觉项目即将结束时，文档的编写工作还差很多，这让巴克斯很着急。还好，刚加入团队不久的大卫·塞尔（David Sayre）接过了这个任务，短短几个月后，他就交出一份非常完美的《FORTRAN 程序员手册》——雅致的封面（见图 43-3）、精心的排版加上流畅的语言。这本手册完成的日期是 1956 年 10 月 15 日。

1957 年 2 月，FORTRAN 团队向美国西部联合计算机大会（Western Joint Computer Conference）提交了名为《FORTRAN 自动编码系统》（FORTRAN Automatic Coding System）的论文，系统介绍了 FORTRAN 语言和编译器。这篇论文还列出了当时 FORTRAN 团队的 10 位成员：理查德·戈德堡（Richard Goldberg）、谢尔登·F.贝斯特（Sheldon F. Best）、哈兰·赫里克（Harlan Herrick）、彼得·谢尔登（Peter Sheridan）、罗伊·纳特（Roy Nutt）、罗伯特·A.纳尔逊（Robert A. Nelson）、欧文·齐勒尔（Irving Ziller）、哈罗德·斯坦恩（Harold Stern）、洛伊丝·米切尔·海特（Lois Mitchell Haibt）、大卫·塞尔（David Sayre）和约翰·瓦尔纳·巴克斯。

图 43-3
《FORTRAN 程
序员手册》封面

1957 年 4 月，第一个版本的 FORTRAN 编译器发布，在发布前 FORTRAN 团队已经做了大量的测试和精心的优化。因为当时很多人没有使用过编译器，如果编译器产生的代码速度不够快，那么他们根本不会用。

使用新方法可以让程序的语句极大减少，不用再写那么多语句，这让很多人接受了这种新方法。

在 FORTRAN 的最初用户中，编写数据计算程序的科学家占大多数。首先，使用 FORTRAN 可以很自然地表达数组、变量和各种数学运算。其次，FORTRAN 中特别定义了丰富的输入输出语句，使用 READ TAPE、READ DRUM、WRITE TAPE、WRITE DRUM 这样的语句就可以读写磁带和磁鼓。最后，对于这些非计算机专业的科学家来说，学习使用汇编语言进行编程的难度太大了。

虽然 FORTRAN 最初是针对 IBM 704 设计的，但是它很快就被移植到 IBM 的其他机器上。到了 1960 年，IBM 709、IBM 650、IBM 1620 和 IBM 7090 都已经支持 FORTRAN。FORTRAN 成为这些大型机上的标准软件。

1958 年，FORTRAN 的改进版本 FORTRAN II 和 FORTRAN III 发布。FORTRAN II 的主要变化是增加了对子程序（subroutine）的支持。之后，FORTRAN 随着计算机硬件和信息时代一起发展，陆续推出 FORTRAN IV、FORTRAN 66、FORTRAN 77、FORTRAN 90、FORTRAN 95、FORTRAN 2003、FORTRAN 2008、FORTRAN 2018。

1966 年 3 月，美国国家标准委员会（ANSI）批准了两个 FORTRAN 语言标准，从此 FORTRAN 被移植到更多的计算机硬件上，得以广泛流传。

FORTRAN 是第一种被广泛使用的高级编程语言。FORTRAN 的流行，让更多人实现了使用计算机进行编程。

1963 年，小沃森在 IBM 设立院士机制，巴克斯成为 IBM 的首批院士之一。

1977 年，巴克斯被授予图灵奖。

1982 年 6 月，为了纪念 FORTRAN 编译器发布 25 周年，FORTRAN 团队的成员重聚到一起，回顾一起工作的时光（见图 43-4）。

图 43-4　FORTRAN 编译器发布 25 年后团队成员重聚的合影

（照片拍摄于 1982 年，左一是巴克斯，照片来自 IBM）

巴克斯一直在 IBM 工作到 1991 年退休。

2004 年，巴克斯的妻子芭芭拉（Barbara）去世。在妻子去世前的 30 多年里，他们一直住在旧金山。妻子去世后，巴克斯搬到俄勒冈州的阿什兰市（Ashland City），在他的一个女儿家附近居住。

2006 年，巴克斯接受了美国计算机历史博物馆的采访（见图 43-5）。

图 43-5　约翰·瓦尔纳·巴克斯接受美国计算机历史博物馆的采访

2007 年 3 月 17 日，巴克斯在美国俄勒冈州阿什兰城去世。他留给这个世界的除了对现代计算机和软件的贡献之外，还有他乐观坚毅的精神。他说："一个人需要愿意接受失败。有了想法后，你需要努力尝试，也有可能发现它们都行不通。如果你这样坚持、坚持、再坚持，那么总有一天你会找到一个真正能行得通的想法。"（"You need the willingness to fail all the time," he said. "You have to generate many ideas and then you have to work very hard only to discover that they don't work. And you keep doing that over and over until you find one that does work."）

参考文献

[1] BACKUS J. The History of Fortran I, II, and III [J]. ACM Sigplan Notices, 1978, 13(1):165-180.

第 44 章　1958 年，ALGOL 58

回顾软件的发展历程，20 世纪 50 年代可以说是"大步向前"的 10 年，缓慢的孕育阶段结束，来全球各地的精英各显神通、开山铺路，创造出一个崭新且充满希望的软件世界。

首先是格蕾丝·霍珀（1906—1992）在 1951 年发明了编译器，实现了将源程序自动翻译成机器码，把程序员从手动编码的繁重劳动中解放出来，解决了"软件大生产"最基本的工具问题。然后是约翰·瓦尔纳·巴克斯（John Warner Backus，1924—2007）在 1953 年提出了 FORTRAN 语言的伟大构想，他在 IBM 公司带领团队经过持续努力，于 1954 年发表了 FORTRAN 语言的规范草稿，并于 1957 年 4 月发布第一款 FORTRAN 编译器。FORTRAN 是第一种被广泛使用的高级编程语言，一经推出就得到迅速传播，20 世纪 60 年代的计算机中大多安装了 FORTRAN。用汤普森的话来说："没有 FORTRAN 的计算机是卖不掉的"。

高级编程语言的出现进一步丰富了软件生产的"劳动工具"，极大提高了生产率。有了这些基础后，软件公司的出现便成为很自然的事情。1955 年，一家名为 Computer Usage Corporation（CUC）的公司成立，这是世界上第一家专门从事软件开发和服务的公司。软件公司的出现代表着软件产业的起步。

除此之外，不容忽视的还有自 20 世纪 50 年代中期开始的"ALGOL 运动"，这一运动波及全球，持续数十年。"ALGOL 运动"的直接结果是产生了一种与硬件平台无关的通用编程语言，间接结果是在科研和学术领域造就了一门新兴的学科——计算机科学。

"ALGOL 运动"是从欧洲发起的，源于 1955 年 10 月在德国南部城市达姆施塔特（Darmstadt）举行的以自动计算（automatic computing）为主题的国际学术会议。自动计算和自动编程是当时数学和计算机领域十分热门的技术。

值得说明的是，自动编程在当时的含义是通过编程语言和编译器自动生成计算机可以执行的机器码，与如今所说的利用工具自动产生源代码有根本的不同。

在这场会议上，海因茨·鲁蒂绍泽（Heinz Rutishauser，1918—1970）提出了统一编程语言的倡议。鲁蒂绍泽来自瑞士，他当时在苏黎世理工学院（ETH Zurich，简称苏黎世理工）的应用数学系工作。苏黎世理工成立于1855年，这所大学培养出了包括爱因斯坦在内的一大批精英，享有"欧陆第一名校"的美誉。

鲁蒂绍泽的倡议得到很多参会者的赞成，大家认为，应该集中力量设计一种统一的、机器无关的算法语言（one universal, machine-independent algorithmic language），供大家一起使用，而不应该相互竞争，设计出很多种不同的算法语言。鲁蒂绍泽的倡议也得到德国应用数学和力学学会（Gesellschaft für angewandte Mathematik und Mechanik，GaMM）的支持，GaMM还专门成立了一个编程语言分会来实现这个目标。这个分会的8名成员分别来自苏黎世（Zurich）、慕尼黑（Munich）和达姆施塔特（Darmstadt）3座城市，因此他们又自称ZMD小组（ZMD Group）。

1957年秋，ZMD小组在瑞士南部的小城卢加诺举行了一次会议，这次会议是由鲁蒂绍泽组织的。在这次会议上，大家讨论并通过了新编程语言的第1版草案。另外，大家觉得应该让更多的国家参与进来，扩大范围，以便可以制定出一种国际性的通用编程语言。会后，ZMD小组以GaMM的名义向英国计算机学会（British Computer Society，BCS）和美国计算机协会（Association of Computing Machinery，ACM）发出提议，建议召开一次联合会议，共同设计一种用于科学计算的国际化编程语言。虽然BCS没有回应，但是ACM在收到提议时非常高兴，认为喜从天降。因为ACM刚好也有同样的需求，ACM在1957年6月也成立了一个目标与ZMD小组类似的分会，这个分会有15名成员，分别来自企业、大学、政府和计算机用户，FORTRAN语言的主要设计者约翰·瓦尔纳·巴克斯（John Warner Backus）也在其中。

1958年5月27日到6月2日，为期一周的ACM-GaMM联合会议在苏黎世理工举行。来自ACM和GaMM的8名成员参加了此次会议。这8名成员来自美国、德国和瑞士3个国家，他们分别是：

- 来自GaMM的弗里德里希·L.鲍尔（Friedrich L. Bauer）、赫尔曼·博滕布鲁赫（Hermann Bottenbruch）、海因茨·鲁蒂绍泽（Heinz

Rutishauser）和克劳斯·扎梅尔松（Klaus Samelson）；

- 来自 ACM 的约翰·瓦尔纳·巴克斯（John Warner Backus）、查尔斯·卡茨（Charles Katz）、艾伦·佩利（Alan Perlis）和约瑟夫·亨利·韦格斯坦（Joseph Henry Wegstein）。

值得一提的是，在上述 4 名 ACM 成员中，有两人后来都因为在编程语言方面做出的贡献而获得图灵奖，艾伦·佩利（Alan Perlis）拿到的是 1966年的第 1 届图灵奖，约翰·瓦尔纳·巴克斯拿到的是 1977 年的图灵奖。

ACM-GaMM 联合会议的最重要成果就是会后发布的"算法语言 ALGOL报告"（Report on the Algorithmic Language ALGOL）。这份报告介绍了此次联合会议的始末，并详细描述了会后讨论产生的 ALGOL 编程语言。为了与后来版本的 ALGOL 编程语言做区别，这个最初版本的 ALGOL 编程语言通常被称为 ALGOL 58，这份报告也被称为"ALGOL 58 报告"。"ALGOL 58 报告"由艾伦·佩利和克劳斯·扎梅尔松（Klaus Samelson）共同编辑，发表在 1959 年第 1 期的《数值数学》（*Numerische Mathematik*）杂志上，"ALGOL 58 报告"也是这一著名数学杂志的创刊号。

关于这一新编程语言的名字，曾有人使用 IAL 以代表国际代数语言（International Algebraic Language），但也有人觉得 IAL 这个名字不容易读，华而不实。后来，博滕布鲁赫建议改名为 ALGOL，取自 Algorithmic 和Language 这两个单词。1959 年前后，这两个名字曾同时使用过一段时间，直到一年多以后，大家才统一使用 ALGOL 这个名字。

因为时间关系，在 ACM-GaMM 联合会议上，大家并没有仔细讨论像如何把编程语言翻译为机器码这样的技术问题，编译器的实现问题留到了会议之后。不过，ZMD 小组在此次联合会议上演示了一个完整的编译器原型，用以支持他们提出的编程语言提议。这个编译器原型使用的编译方法看起来比美国代表们当时使用的方法更加精巧（elaborated）。用 ZMD 小组核心成员弗里德里希·L.鲍尔（Friedrich L. Bauer）的话来说，"ZMD 小组不仅展示了新语言的草案，而且还有一份完整的编译器设计"。事实上，ZMD 小组的编程语言提议和他们所演示的编译器都建立在一种"神奇"的技术之上，这种神奇的技术有一个很漂亮的名字——酒窖原理（Cellar Principle），由鲍尔和 ZMD 小组的另一位成员克劳斯·扎梅尔松（Klaus Samelson）共同发明。

鲍尔和扎梅尔松所说的酒窖其实就是我们今天所说的栈。但当时还没有"栈"的说法，也很少有人知道这种数据结构。图灵在设计 ACE 试验机时就设计了栈，但因为信息交流的问题，在 20 世纪 50 年代，很少有人知道图灵的这一发明。于是，多位计算机先驱各自独立发明了栈，他们分别使用不同的名字来称呼各自的发明。鲍尔和扎梅尔松便是其中的两位。

鲍尔和扎梅尔松都是从慕尼黑大学（全称是路德维希-马克西米利安-慕尼黑大学）毕业的，他们是同学，在同一导师的指导下读博士。他们曾利用业余时间一起制作了一台名为 STANISLAUS 的计算器，并且是使用继电器实现的，可以用来演算命题表达式（prepositional formula），也就是判断一个表达式是否为合式公式（Well-Formed Formula，WFF）。STANISLAUS 最多支持包含 11 个符号的公式，可以通过面板上的按钮键入公式。有一次，鲍尔为了向扎梅尔松解释 STANISLAUS 的线路，在一张纸上画了线路的草图。因为有些基本单元需要重复画很多次，于是一张纸很快便画到了底部，扎梅尔松拿鲍尔开玩笑说："看你把剩下的线往哪里放？"鲍尔答道："放到酒窖里。"从此，他们就喜欢上了"酒窖"这个名字。也有可能鲍尔的回答早有"预谋"，因为在 2001 年于德国波恩举行的"软件先驱者"（Software Pioneers：Contributions to Software Engineering）大会上，鲍尔曾说自己在设计 STANISLAUS 的线路（见图 44-1）时，那些楼梯形状的线路让他想起了酒窖。

当操作者在 STANISLAUS 上输入公式时，按下按钮可以使继电器之间的相应连线接通，继电器于是产生动作，推动其中的线路上下变动。这相当于把中间结果存放到内部的存储器中，当使用这些中间结果时，后放进去的总是被先取出来，这就是所谓的"后进先出"。这个存储器便被称为"酒窖"，这种存储方式便被称为"酒窖原理"。

1955 年，鲍尔和扎梅尔松进一步丰富了他们的酒窖原理，"不仅可以把中间结果压下去，而且可以把需要延迟评估的符号也压下去"。他们把用来存放数字的"酒窖"称为数字酒窖（Numbers Cellar，NC），而把用来存放运算符号的"酒窖"称为运算酒窖（Operations Cellar，OC）。这相当于扩大了"酒窖"的存储内容和应用范围。举个例子，图 44-2 显示了使用 OC 和 NC 评估表达式 $(a \times b + c \times d)/(a - d) + b \times c$ 的过程，$k_1 \sim k_7$ 代表中间结果，NC 和 OC 的起初状态都为空，参见图 44-2 中的第 1 列，里面是代表可以用来检测酒窖边界的特殊符号（栈底）。对于图 44-2 中的最右列，NC 顶部的值就是表达式的最终值。图 44-2 来自鲍尔在"软件先驱者"大会上发表的演讲《从栈原理到 ALGOL》（From the Stack Principle to ALGOL），演讲的内容源于扎梅尔松和鲍尔在 1960 年发表的著名论文《串行公式翻译》（Sequential Formula

Translation）。

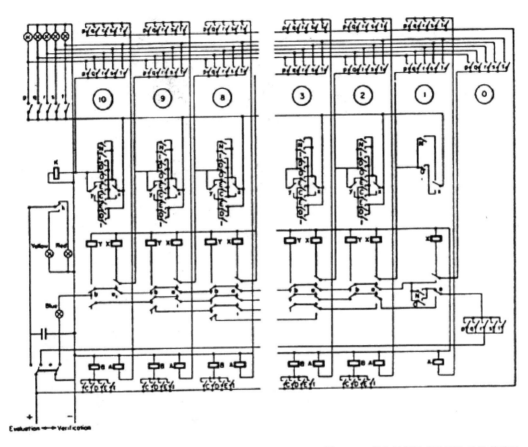

图 44-1　鲍尔绘制的 STANISLAUS 线路图

	1	2	3	4	5	6	7	8	9	10	11	12	13	14	15	16	17	18	19	20	21	22	23	24	25	
表达式	(	a	×	b	+	c	×	d	)			/	(	a	−	d	)		+	b	×	c				表达式
OC	⊗	(	(	×	×	+	+	×	×	+	(	⊗	/	(	(	−	−	(	/	+	+	×	×	+	⊗	OC
		⊗	⊗	(	(	(	(	+	+	(	⊗		⊗	/	/	(	(	/	⊗	⊗	⊗	+	+	⊗		
			⊗	⊗	⊗	(	(	⊗					⊗	⊗	/	/	⊗					⊗	⊗			
					⊗	(	⊗								⊗	⊗										
NC	⊗	⊗	a	a	b	k_1	c	c	d	k_2	k_3	k_3	k_3	k_3	a	a	d	k_4	k_4	k_5	b	b	c	k_6	k_7	NC
			a	⊗	k_1	k_1	c	k_1	⊗	⊗	⊗	⊗	k_3	k_3	a	k_3	k_3	⊗	k_5	k_5	b	k_5	⊗			
			⊗		k_1	⊗	⊗	k_1					⊗	⊗	k_3	⊗	⊗			k_5	⊗					
					⊗										⊗											

图 44-2　表达式评估示例

在朋友的建议下，鲍尔和扎梅尔松为他们的研究成果申请了专利，首先是在德国申请，而后又在美国申请，提交的日期是分别是 1957 年 3 月 30 和 1958 年 3 月 28 日。他们在德国申请的专利因为受到 IBM 德国分公司的反对，直到 1971 年才获得专利权；而他们在美国申请的专利相对更顺利一些，1962 年便获得专利权。这两个专利的内容相似，以下介绍大多源于他们的美国专利。首先值得注意的是，尽管酒窖原理是专利中描述的核心技术，但鲍尔和扎梅尔松并不是单纯申请酒窖原理或相关算法的专利权，而是描述了一种基于酒窖原理设计的计算机，这一点从专利的名字"自动计算机和运算方法"（Automatic Computing Machines and Method of Operation）也可以看出。用今天的话来讲，鲍尔和扎梅尔松的专利描述的是一种基于硬件栈（hardware stack）的计算机，也许叫计算器更恰当些。他们在专利中并没有给这种计算器取一个特别的名字，为了描述简便，我们不妨称其为"酒窖计算器"。在图 44-3 中，是专利中的第 1 幅插图，这幅图描绘了酒窖计算器的总体结构。图 44-3 右下方的两个柱体代表的便是两个"酒窖"，靠右边的是数字酒窖（Numbers Cellar，NC），靠左边的是运算酒窖（Operations Cellar，OC），标号分别是 11 和 12。标号为 7 和 8 的两个部件分别是数字转换器（Numbers Converter）和运算转换器（Operations Converter），标号为 5 的部件是预解码器（Predecoder），标号为 10 的部件是运算器（Computer）。

图 44-3 展示了这种计算器的基本工作原理。用户可以通过键盘（部件 1）输入想要计算的表达式，可以是自然顺序，也可以包含括号和各种混合运算。预解码器会做初步解码，判断输入的是数字还是运算符（括号将被看作特殊的运算符），然后将数字送给数字转换器，而将符号送给运算转换器。数字转换器在对数字做必要处理后，便将结果压入数字酒窖。对于出现的每个符号，运算转换器都会做判断，对于可以立即评估（evaluate）的符号，运算转换器会把这个符号提交给运算器计算结果；对于不能立即评估的符号，运算转换器会把这个符号压入运算酒窖。还有一种特殊情况就是遇到结束括号（右括号），这时运算转换器就会从运算酒窖中弹出以前压入的一个符号，然后发送给运算器计算。

下面再举个简单的例子来帮助大家理解这种计算器的基本工作原理。假设要计算表达式(3 + 5) × (−2 + 4)的值，表 44-1 显示了计算步骤，请特别注意每个步骤中 OC 和 NC 的状态。

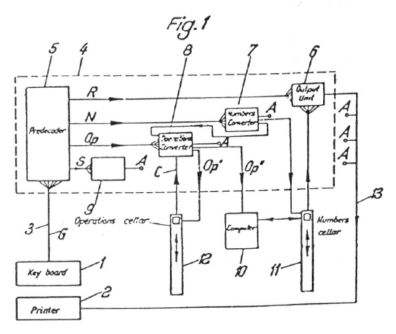

图 44-3　鲍尔和扎梅尔松所申请专利中计算器的架构图

　　鲍尔（见图 44-4）和扎梅尔松发明的基于酒窖原理（栈）的表达式评估方法与此前的多次扫描方法相比，复杂度从原来的平方关系降低至线性关系。从编译角度看，这可以极大提高编译速度。更重要的是，这种方法的价值远远没有局限于公式翻译方面，利用酒窖原理可以很容易解决使用其他方法难以解决或根本无法解决的问题，比如递归调用以及程序中的块（block）结构等。事实上，鲍尔和扎梅尔松所做的工作不仅推动了编程语言和编译器的发展，而且对于整个计算机软硬件的设计产生了深远的影响。

表44-1　计算表达式(3 + 5) × (-2 + 4)的值

步骤	S1	S2	S3	S4	S5	S6	S7	S8	S9	S10	S11	S12	S13	S14	S15	S16
表达式	(	3	+	5	)		×	(		2	+	4	)			
OC		((	+ (	+ (	+	(		×	(× ×	(×	(×	+ (×	+ (×	(×	×	
NC	0	0	3	3	5 3	8	8	8	0 8	0 8	2 0 8	2 8	4 2 8	2 8	2 8	16

图44-4　弗里德里希·L.鲍尔

　　1959 年 6 月 15 日至 20 日，联合国教科文组织（UNESCO）的信息处理国际会议（ICIP）在法国巴黎举行，苏黎世会议的多位参加者也参加了此次会议，ALGOL 是此次会议上的一个热门话题。正是在这次会议上，约翰·瓦尔纳·巴克斯介绍了著名的巴克斯范式（Backus Normal Form，BNF）。在次年发布的"ALGOL 60 报告"中，巴克斯范式便被普遍用来描述 ALGOL 60 的语法。巴克斯演讲的主题是《苏黎世 ACM-GaMM 会议提出的国际代数语言的语法和语义》（The Syntax and Semantics of the Proposed International Algebraic Language of the Zurich ACM-GaMM Conference），可以看出，此时还没有使用 ALGOL 这个名字，否则演讲的主题就可以简化为 The Syntax and Semantics of ALGOL 58，简洁多了。会议期间，UNESCO 还举行了一个关于自动编程（Automatic Programming，AP）的座谈会，由艾伦·佩利主持。在这个座谈会上，鲍尔和扎梅尔松详细介绍了如何利用酒窖原理解决编译 ALGOL 语言时难以解决的公式翻译问题。在艾伦·佩利编辑的关于这次座谈会的会议摘要中，可以看到鲍尔和扎梅尔松的简短论文，名为《算式翻译的酒窖原理》（The Cellar Principle for Formula Translation）。这里的算式翻译属于表达式评估的一部分，论文刚开始两段的大意如下。

在把 ALGOL 这样的算法语言编译成机器码时，不同语句的复杂度可能有非常大的差异。一方面，有些语句几乎可以直接翻译成一条机器指令，不需要我们担心；而另一方面，那些包含括号结构且不能按简单顺序评估的语句则是摆在我们面前的实际难题，其中的算术表达式是很重要的一种情况。Rutishauser 提出了一种从最内层括号开始翻译的方法，不过需要多次读取公式，至少要先向后、再向前地迭代一轮。

由于被括号和加号分隔的项可以分别单独评估，因此我们可以使用一种名为"酒窖"的辅助存储空间来帮忙，以符号为单位顺序评估算式，并采用这种方法取代多次扫描。对于出现的每个符号，有的可以立即评估；对于不能立即评估的符号，可以保存在酒窖中，酒窖需要严格按照"后进先出"的规律工作。在翻译过程的每个阶段，只需要使用最近放入酒窖的那个符号，由这个符号与算式中的下一个符号一起决定编译器采取的动作。

——弗里德里希·L.鲍尔和克劳斯·扎梅尔松

1960 年 1 月 11 日至 16 日，来自美国和欧洲的 13 位代表在巴黎开会，目的是讨论新的 ALGOL 语言标准（见图 44-5）。来自欧洲的 7 位代表是弗里德里希·L.鲍尔（Friedrich L. Bauer）、彼得·诺尔（Peter Naur）、海因茨·鲁蒂绍泽（Heinz Rutishauser）、克劳斯·扎梅尔松（Klaus Samelson）、伯纳德·沃夸（Bernard Vauquois）、阿德里安·威加登（Adriaan van Wijngaarden）和迈克尔·伍杰（Michael Woodger）。来自美国的 6 位代表是约翰·瓦尔纳·巴克斯（John Warner Backus）、朱利安·格林（Julien Green）、查尔斯·卡茨（Charles Katz）、约翰·麦卡锡（John McCarthy）、艾伦·佩利（Alan Perlis）和约瑟夫·亨利·韦格斯坦（Joseph Henry Wegstein）。

图 44-5　ALGOL 60 巴黎会议（从左到右依次为朱利安·格林、克劳斯·扎梅尔松、查尔斯·卡茨、彼得·诺尔、迈克尔·伍杰、约瑟夫·亨利·韦格斯坦、伯纳德·沃夸、阿德里安·威加登、艾伦·佩利、海因茨·鲁蒂绍泽、弗里德里希·L.鲍尔、约翰·瓦尔纳·巴克斯）

在此次会议之前，彼得·诺尔已经完成一份报告的草稿，这份报告里包含了准备会议的讨论意见。正式会议的主要任务便是讨论草稿中的每个条目，并综合大家的意见形成最终报告。用参加这次会议的艾伦·佩利的话来讲："会议漫长，累人，也很刺激。当一个人的好主意被连同其他人的坏主意一起抛弃时，这个人会暴跳如雷。13 个人的智慧相互激发，好戏连台。"（The meetings were exhausting, interminable, and exhilarating. One became aggravated when one's good ideas were discarded along with the bad ones of others. Nevertheless, diligence persisted during the entire period. The chemistry of the 13 was excellent.）

在这 13 位代表中，有 4 位后来成为图灵奖得主，他们分别是佩利（1966 年）、约翰·麦卡锡（1971 年）、巴克斯（1977 年）和彼得·诺尔（2005 年），阿德里安的学生迪杰斯特拉则在 1972 年获得图灵奖。

ALGOL 60 巴黎会议后，彼得·诺尔将大家讨论的结果整理成了一份书面报告，这便是著名的"ALGOL 60 算法语言报告"，简称"ALGOL 60 报告"（见图 44-6）。

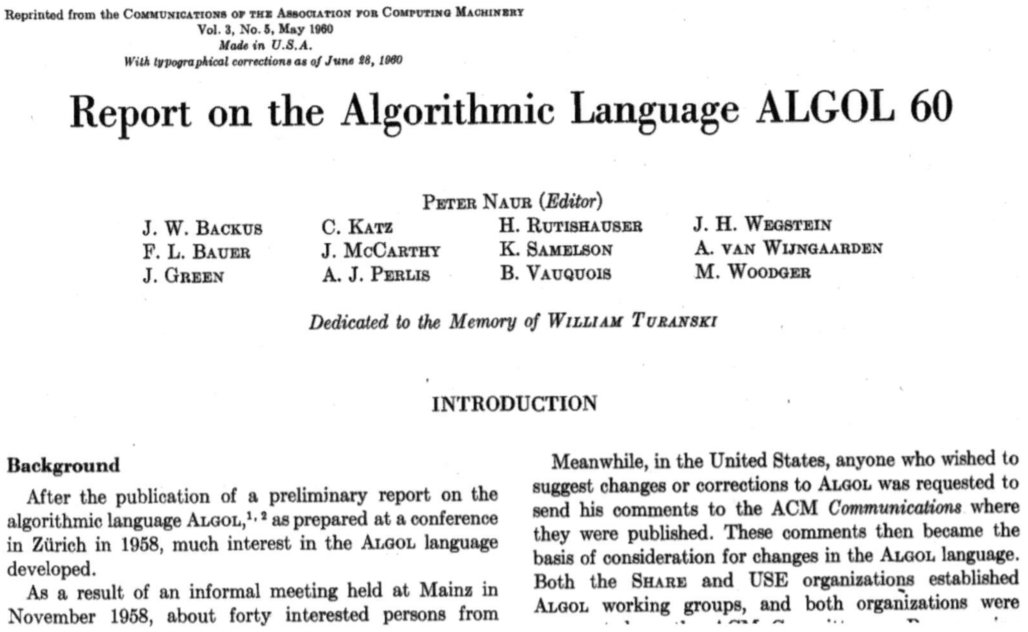

Reprinted from the COMMUNICATIONS OF THE ASSOCIATION FOR COMPUTING MACHINERY
Vol. 3, No. 5, May 1960
Made in U.S.A.
With typographical corrections as of June 28, 1960

Report on the Algorithmic Language ALGOL 60

PETER NAUR (*Editor*)

J. W. BACKUS	C. KATZ	H. RUTISHAUSER	J. H. WEGSTEIN
F. L. BAUER	J. MCCARTHY	K. SAMELSON	A. VAN WIJNGAARDEN
J. GREEN	A. J. PERLIS	B. VAUQUOIS	M. WOODGER

Dedicated to the Memory of WILLIAM TURANSKI

INTRODUCTION

Background

After the publication of a preliminary report on the algorithmic language ALGOL,[1,2] as prepared at a conference in Zürich in 1958, much interest in the ALGOL language developed.

As a result of an informal meeting held at Mainz in November 1958, about forty interested persons from

Meanwhile, in the United States, anyone who wished to suggest changes or corrections to ALGOL was requested to send his comments to the ACM *Communications* where they were published. These comments then became the basis of consideration for changes in the ALGOL language. Both the SHARE and USE organizations established ALGOL working groups, and both organizations were

图 44-6 "ALGOL 60 报告"

1960 年 8 月，ALGOL 60 的第一个编译器在阿姆斯特丹数学中心诞生，它是由在那里工作的迪杰斯特拉与其同事 Jaap A. Zonneveld 一起实现的。阿姆斯特丹数学中心是荷兰的国家研究机构，成立于 1946 年，后于 1985 年改名为数学和计算机科学研究院（Centrum Wiskunde & Informatica），简称 CWI。当前流行的 Python 语言也是在 CWI 诞生的。

ALGOL 是第一种结构化的高级编程语言，它集成了欧洲和美国众多计算机先驱者的智慧，并对后来的几乎所有编程语言产生了深远的影响。用托尼·霍尔（Tony Hoare）的话来讲："ALGOL 远远超前于它所处的时代，它不仅在前辈的基础上有所改进，而且对几乎所有后继者大有启发。"（Here is a language so far ahead of its time that it was not only an improvement on its predecessors but also on nearly all its successors.）

霍尔出生于 1934 年，他在 1960 年加入艾略特兄弟（Elliott Brothers）公司。霍尔不仅实现了 ALGOL 60 的编译器，而且开发出"快速排序"（Quicksort）等很多算法。1965 年，霍尔在 ALGOL 60 中引入了空引用，也就是后来很多编程语言采用的空指针。1980 年，霍尔因为在编程语言方面做出的贡献而获得图灵奖。在 2009 年举办的一次软件大会上，霍尔回忆了当年自己发明空指针的经过，并幽默地将其称为"价值 10 亿美元的错误"，因为空指针是导致软件崩溃的常见原因之一。

1970 年 11 月 10 日，最早发起公共编程语言倡议并为 ALGOL 做出重大贡献的海因茨·鲁蒂绍泽因急性心脏病离世，他当时还坐在书桌旁[①]。

因为在栈和 ALGOL 方面做出的开创性贡献，IEEE 将 1988 年的计算机先驱奖授予鲍尔，而扎梅尔松已于 1980 年去世。

在软件的发展历史上，ALGOL 58 具有重大意义。ALGOL 58 激起了一股关于编程语言和编译器技术的潮流，长久不衰。正如鲍尔在接受巴贝奇学院的采访时所言："ALGOL 58 在欧洲激起广泛的兴趣。就像一股热浪，很多人加入进来。既有来自荷兰的阿德里安和年轻的迪杰斯特拉，也有来自丹麦的诺尔（Naur）以及来自英国的伍杰，此外还有不少法国同行。"

参考文献

[1] BROY M. Friedrich L. Bauer (1924-2015) [J]. Informatik-Spektrum, 2015, 38(4):314, 318-320.

[2] BAUER F L, SAMELSON K. The Cellar Principle for Formula Translation: US3047228 [P].1958-03-28.

[①] 参考鲍尔为怀念鲁蒂绍泽于 1952 年 2 月 19 日发表的文章《My Years with Rutishauser》。

第 45 章 1959 年，命名栈

1930 年 5 月 11 日，埃兹格·怀伯·迪杰斯特拉（Edsger Wybe Dijkstra，1930—2002）出生于荷兰西南部的港口城市鹿特丹（Rotterdam）。迪杰斯特拉的父亲是高中化学老师，母亲则很有数学天赋，擅长求解数学问题。

高中毕业后，迪杰斯特拉于 1948 年考入荷兰的莱顿（Leiden）大学，专业是物理学，当时还没有哪所大学有计算机专业。

1951 年，迪杰斯特拉的父亲看到剑桥大学计算机编程培训的广告，鼓励儿子参加了培训。此次培训的讲师就是 EDSAC 的设计者以及第一本编程书籍《为数字电子计算机准备程序》的 3 位作者——莫里斯、惠勒和吉尔。这 3 位讲师既有极高的学术造诣又有工程实践经验，他们通过亲自讲解，把计算机和软件世界描述得生机盎然、充满魅力，这深深打动了满怀求知欲的迪杰斯特拉。这次为期 3 周的培训让迪杰斯特拉喜欢上编程并为之奋斗了一生。

回到荷兰后，迪杰斯特拉找到一份非常符合自己兴趣的实习工作。阿姆斯特丹数学中心（Mathematisch Centrum，MC）计算部的主任阿德里安·威加登（Aad van Wijngaarden，1916—1987）邀请迪杰斯特拉到阿姆斯特丹数学中心兼职。阿姆斯特丹数学中心在 1983 年改名为 CWI（Centrum Wiskunde & Informatica），本书统称为 CWI。阿德里安是 GaMM 会员，他多次参加 ALGOL 会议，是 ALGOL 的最初设计者之一。迪杰斯特拉接受了邀请，从 1952 年 3 月开始在 CWI 工作，每周工作两天，其余时间在莱顿大学继续学习物理。这份工作让迪杰斯特拉成为荷兰计算机历史上的第一位程序员。

在 CWI 兼职工作 3 年后，迪杰斯特拉觉得编程和理论物理有根本的不同，二者无法结合到一起，他必须选择其中之一。要么停止编程，成为理论物理学家；要么尽快完成学业，然后成为一名程序员。但程序员工作的前途到底怎么样呢？带着疑惑，迪杰斯特拉走进阿德里安的办公室，想听听上司的意见。耐心听完迪杰斯特拉的困惑之后，阿德里安说："我同意，在我们谈话的今天，还没有什么编程学科。不过，计算机进入这个世界已成定局，现在只是开始。"

阿德里安继续说："难道你不想在接下来的若干年使编程变成一门受尊敬的学科，成为创造编程学科的人吗？"这句话让迪杰斯特拉豁然开朗，当他走出阿德里安的办公室时，他仿佛变成另一个人。他毅然决定放弃自己所学的物理学专业，改行做程序员。这一天成为迪杰斯特拉人生中的一个重要转折点。这次谈话令他终生难忘，阿德里安（见图45-1）也成为迪杰斯特拉一生心存感激的人。

图45-1　阿德里安·威加登（拍摄于CWI办公室，时间大约是1951年，版权属于CWI）

1972年，迪杰斯特拉获得图灵奖时，特别在获奖演说中讲了这个故事。故事的末尾，他还很幽默地提醒大家，给年轻人出主意时要特别慎重，因为有时他们真的会按你给的主意去做。

两年之后，也就是1957年，迪杰斯特拉准备和CWI的同事里亚·德贝茨（Ria Debets）结婚。里亚（见图45-2）是CWI的十几名"计算女孩"（computing girl）之一，她在1949年加入CWI。这些"计算女孩"都有很好的数学基础，她们在CWI一边继续学习数学，一边学习计算机编程，迪杰斯特拉是教她们编程的老师之一。招聘这些女孩是阿德里安提出的。阿德里安很重视这些"计算女孩"，不仅给她们提供非常好的学习条件，还给她们很高的工资，工资的数额大约是秘书的两倍[①]。

图 45-2　阿姆斯特丹数学中心（CWI）（拍摄于 1954 年，左起依次为迪杰斯特拉、
Bram Loopstra 和迪杰斯特拉未来的妻子里亚，版权属于 CWI）

在做婚姻登记时，迪杰斯特拉遇到一个小麻烦。根据荷兰的传统，婚姻
证书上需要登记职业，迪杰斯特拉说自己是程序员，但是当时根本没有这个
职业。最终，他的结婚证书上登记的职业仍然是"理论物理学家"。这也是
迪杰斯特拉在图灵奖的获奖演说中讲述的一个小故事。

在《数值数学》（Numerische Mathematik）杂志 1959 年 1 月的创刊号上，
迪杰斯特拉发表了著名的最短路径算法（Shortest Path First Algorithm），文章
名为"对图连接中两个问题的讨论"（A Note on Two Problems in Connexion
with Graphs），这一算法让很多人知道了迪杰斯特拉。后来，人们把这一算法
称为迪杰斯特拉算法，该算法至今仍广为使用。《数值数学》杂志在同一期
还登载了我们前面介绍过的"ALGOL 58 报告"，这自然引起迪杰斯特拉的高
度兴趣，他看到了新的奋斗目标。

如何实现 ALGOL 中的递归调用是当时的一个难题。因为美国方面的反
对，"ALGOL 58 报告"中没有包含递归调用，但这更激发起喜爱破解技术难
题的迪杰斯特拉的钻研兴趣。他想到被图灵称作自动链表、被鲍尔称作酒窖、
被汉布林称作螺旋存储器的数据装置。至于迪杰斯特拉从哪里看到这种装置

---

① 参考埃因霍温理工大学网站上的文章《Unsung Heroes in Dutch Computing History》。

的介绍，今天已经很难考证。但可以肯定的是，他想为这种方法起个更好的名字。

　　1959 年初夏，迪杰斯特拉在荷兰北部一个名叫帕特斯沃尔德（Paterswolde）的小镇度假时，想到一个漂亮的名字。迪杰斯特拉习惯用德语工作，他脑海中闪现的名字也是德文，名词形式是 stapel，动词形式是 stapelen。迪杰斯特拉把这两个词翻译成英文后，名词形式是 "a stack"，动词形式是 "to stack"。度假地点是帕特斯沃尔德小镇的一个家庭旅馆，名叫帕特斯沃尔德家庭旅馆（Familiehotel Paterswolde）。这家旅馆如今还在营业，笔者特意通过荷兰的朋友找到了这家旅馆。旅馆毗邻美丽的帕特斯沃尔德湖，旅馆四周绿树环绕，环境清幽，是放松心情和产生灵感的好地方（见图 45-3）。

图 45-3　位于荷兰北部的帕特斯沃尔德家庭旅馆

　　28 年后的 1987 年，当迪杰斯特拉写自己的第 1000 号 EWD 系列手稿（EWD 1000）时，他曾回忆 28 年前的这段经历[1]。这份手稿的主题就是 "二十八年"。在这份手稿中，迪杰斯特拉首先介绍了 EWD 系列手稿的起源。他说，28 年前他写了 EWD 0，从那时起为每份手稿编写序号，他在序号前加上了自己名字的缩写 EWD，比如 EWD 1、EWD 2、EWD 3 等。最早的几份手稿已经找不到了，他也记不起写的是什么。"但我清楚地记得 EWD 6 手稿是我在帕特斯沃尔德家庭旅馆写的，当时正值初夏，我带着新婚妻子在那里度假。我当时发现了实现递归的方法。我绞尽脑汁为这种方法寻找名字，希望既有名词形式，又有动词形式，当时的情景仍历历在目。"

　　我们不妨体味一下迪杰斯特拉绞尽脑汁想到的这个名字。首先，stack 这个词在英文中是一个常用词，其基本含义是将东西有序地堆起来，比如《剑桥词典》给出的解释是 "a pile of things arranged one on top of another（按照一个位于另一个的上方这种方式放置的一堆东西）"。《牛津词典》给出的第一个解释是 "a pile, heap or group of things, esp. such a pile or heap with its constituents arranged in an orderly fashion（一叠、一堆或一组东西，特指每个组成部分以有序的方式组织在一起）"。

　　迪杰斯特拉选了日常生活中的一个常用语，用它的形象意义，生动地表达了栈的基本特征：数据一个个叠放在一起，并且是按照一定的顺序组织的，就像生活中一摞摞的书那样，只不过栈中存放的是"一摞摞的数据"。这里的重点是：数据是以单一序列组织的，而不是散放的，也不是两列或多列。栈暗含了数据"先进后出"的特征，因为当我们从一大摞书中取书时，总是先从最上面拿起。

　　stack 的中文翻译是栈，栈是一个具有类似英文原意且具有形象意味的词。从字形看，栈既是形声字，也是会意字。左侧为木，表示与竹或木有关，比如栈道就是于山岩绝险处架木而成的道路，饲养牲畜的栅栏也叫栈。栈的右侧是戔字，读作 jiān，表示两个戈字摞在一起。戈上又有戈，形容东西一层一层地堆积起来。戔戔，意为委积之貌。东汉张衡的《东京赋》中有一句"聘丘园之耿絜，旅束帛之戔戔"，意即，为了聘用丘园中的隐士，需要准备很多束帛（织品）。"束帛之戔戔"表示一捆捆待染色的布帛堆积如山。将 stack 翻译为栈，与迪杰斯特拉的原意非常贴切，有异曲同工之妙。

　　言归正传，迪杰斯特拉将自己发明的递归方法发表在了 1960 年的《数值数学》杂志的第 2 期上，论文名为《递归编程》（Recursive Programming）。在这篇具有划时代意义的著名论文中，迪杰斯特拉正式使用了栈这个名字。他先是介绍了为每个子过程分配固定空间的两个不足之处：首先，浪费内存资源，不管某个子过程是否正在被调用，都需要为其分配空间（用于存放参数、局部变量和返回地址等）；其次，一次调用结束前不能再次调用，也就是无法支持递归调用。随后，迪杰斯特拉给出了自己的新方法。新方法的基本概念就是栈，他以栈为小标题开始深入介绍。迪杰斯特拉详细描述了栈的用法，包括如何存放参数、局部变量、中间结果和函数的返回地址等，此外他还介绍了如何将这些方法应用到 ALGOL 60 编译器中。

事实上，当时迪杰斯特拉正与合作伙伴亚普·扎诺维尔德（Jaap Zonneveld）开发 ALGOL 60 编译器，他们的工作从 1959 年 12 月开始，目标是为阿姆斯特丹数学中心的 X1 计算机编写 ALGOL 60 编译器。这两个年轻人紧密合作，干劲十足，他们约定，把项目做完才刮胡子。他们非常爱惜自己每天的工作成果，每天晚上，他们都会把编译器的手稿带回家，担心万一办公室着火受损。他们的工作进展非常顺利，到了 1960 年 8 月，他们的 ALGOL 60 编译器终于可以工作了。这是世界上最早的 ALGOL 60 编译器，比最接近的竞争对手（丹麦的彼得·诺尔）足足早了一年。因为使用了栈，并且可以非常自然地支持递归调用，所以迪杰斯特拉和扎诺维尔德开发的 ALGOL 60 编译器是最早支持递归调用的编译器。

1962 年，迪杰斯特拉离开工作了 10 年的 CWI，成为埃因霍温理工大学（Eindhoven University of Technology）的教授。埃因霍温位于荷兰南部，距离阿姆斯特丹 100 多公里。为此，迪杰斯特拉先是从阿姆斯特丹搬到埃因霍温市区，后来又搬到距离学校大约 7 公里的尼嫩（Nuenen）小镇。尼嫩小镇位于埃因霍温理工大学的东北方向，镇中心坐落着建于 1871 年的圣克莱门斯克大教堂（Heilige Clemenskerk），小镇周围有很多农场，一年四季呈现出不同的田园风光，这美景曾吸引画家文森特·梵高在这里生活和工作。迪杰斯特拉很喜欢这个小镇，在他的 EWD 笔记中，小镇的名字出现了 700 多次。他还邀请一些朋友到小镇来做客，包括来自国外的计算机科学家。为了方便欣赏小镇附近的风景，他收购了一辆双人自行车，天气好时，便与妻子里亚一起骑车漫游小镇。有国外的客人来访时，他也会邀请客人体验单车之旅。在 EWD 1057 中，他以幽默的笔法，生动地描述了自己邀请苏联计算机科学家安德烈·P.叶尔绍夫（Andrei P. Ershov, 1931—1988）骑车漫游小镇的故事：迪杰斯特拉坐在前面，叶尔绍夫坐在后面，一直向前时没有问题，但是转弯时很有难度，因为担心把客人摔伤，迪杰斯特拉的神经绷得紧紧的。

1968 年，高德纳的名著《计算机编程艺术》（The Art of Computer Programming）出版，这本书成为几乎所有计算机科学专业选用的教材。在这本书中，高德纳将栈作为一种基本的数据结构进行了详细介绍。从此，栈成为所有学过计算机科学的人都知道的一个术语。但是，仅仅将栈理解到数据结构层面是远远不够的。如今，主流的处理器都是栈架构的，栈空间是 CPU 运行时不可或缺的临时空间，是 CPU 在代码中驰骋时背负的行囊，就如同人们旅行时的背包[①]。

在 1968 年 3 月刊的《CACM》(Communications of the ACM) 上，有一封写给编辑的信，标题是"被认为有害的 Go To 语句"(Go To Statement Considered Harmful)，作者便是迪杰斯特拉。这封信发表后，引起了很多人的注意，成为之后一段时间软件领域里的一个讨论热点，甚至题目的写法（X Considered Harmful) 也被很多人模仿。在 EWD 1308 中，迪杰斯特拉幽默地描述了这一现象，并且举了个有趣的例子——"Dijkstra Considered Harmful"（被认为有害的迪杰斯特拉）。同时，迪杰斯特拉也澄清这个标题不是他取的。他原本给《CACM》发了一篇论文，标题为《反对 Go To 语句的一个案例》(A Case Against the Go To Statement)，论述了 Go To 语句的灾难性危害。《CACM》的一位编辑很喜欢这篇论文，为了尽快将其发表，便将论文改成了"写给编辑的信"这种形式，并且换了个标题。这位编辑就是后来发明 Pascal 语言的尼克劳斯·沃思（Niklaus Wirth)。

随着对编程方式的思考不断深入，迪杰斯特拉越来越意识到组织代码的重要性，他把自己的想法汇总到一起，以 EWD 笔记的形式写成文档，于 1969 年 8 月完成一篇长达 88 页的笔记，编号为 EWD 249，标题是《关于结构化编程的笔记》(Notes on Structured Programming)。从此，结构化编程成为软件领域的一个基本课题。迪杰斯特拉也成了"结构化编程"的开创者。

1972 年 8 月 14 日，ACM 的年会在波士顿举行，在这次年会上，ACM 图灵奖委员会的主席道格·麦基尔罗伊（Doug McIlroy）向迪杰斯特拉颁发了图灵奖。麦基尔罗伊在颁奖辞中说："我们已经开始采用与评价优秀文学几乎相同的方式评价优秀程序，而站在这场主张美丽和有用一样重要的文学运动中心的就是迪杰斯特拉。"迪杰斯特拉发表的获奖演说的主题为《谦卑的程序员》(The Humble Programmer)，在获奖演说的末尾，迪杰斯特拉说："我们应该把编程工作做得更好，这不仅需要我们在面对编程任务时充分认识到这项工作的复杂性，也需要我们坚持使用端庄优雅的编程语言，还需要我们尊重人类大脑所固有的局限性，在做这项工作时，我们总是应把自己看作非常谦卑的程序员。"在迪杰斯特拉之前，图灵奖的得主都是美国人或英国人。

1973 年 7 月 25 日，为期两周的"马克托贝尔多夫夏令营"(Summer School Marktoberdorf) 在德国慕尼黑附近的马克托贝尔多夫小镇举行。这个夏令营从

---

① ACM 11, 3（March 1968），147-148.

1970 年开始，每年举办一次，来自世界各地的 100 多名学生和十几位讲师从四面八方赶到这里。讲师的阵容非常强大，除鲍尔和布莱恩·兰德尔等著名大学的教授之外，还有多位图灵奖得主，包括首届获奖者艾伦·佩利和 1972 年的获奖者迪杰斯特拉。在欢迎仪式上，作为会议主席的鲍尔为每个讲师戴上了一个大大的牛铃铛，这让会场的气氛立刻变得非常轻松热烈（见图 45-4）。保罗·麦克琼斯作为伯克利大学的学生参加了这次夏令营。将近 50 年后，他与笔者聊起当年的经历时，仍然兴致盎然。

图 45-4　迪杰斯特拉在 1973 年的"马克托贝尔多夫夏令营"上（照片由保罗·麦克琼斯提供）

1973 年 8 月，迪杰斯特拉加入宝来公司，职务是研究院士，他大多数时间在家里远程办公。同时，迪杰斯特拉继续担任埃因霍温理工大学的教授，每周二是他到学校讲课的固定时间。

在 1976 年 5 月 24 日的 EWD 568 中，迪杰斯特拉回忆了自己的成长经历，标题是《一个程序员的早期回忆》（A Programmer's Early Memories）。这份手稿是迪杰斯特拉为 1976 年 6 月 10 日至 15 日举行的计算机历史国际研究会议（International Research Conference on the History of Computing）而准备的，后来收录于 1980 年出版的《二十世纪计算机历史文集》（A History of Computing in the Twentieth Century: a Collection of Essays）一书中。在这份手稿的最后一段文字中，迪杰斯特拉特别提到了实现 ALGOL 60 的这段经历对自己人生产生的影响："实现 ALGOL 60 标志着我想讲述的个人成长历程的结束，也标志着一段新历程的开始。我终于开始把自己当做一名职业的程序员，多谢那些在 ALGOL 60 项目研发过程中长起来的胡子，它们让我看起来更像是一名程序员。ALGOL 60 标志着一个新时代的开始，编程活动从一门手艺变成一种科学。1960 年 12 月，我购买了自己人生中的第一辆汽车——我能勉强承受的大众轿车。我有一位妻子、一个半孩子、一部电话、一架钢琴和一辆轿车。我这个有时让父母担心的游子终于看起来像一位受人尊重的市民了。"

在 1976 年举办的计算机历史大会上，迪杰斯特拉讲述了栈、递归调用、ALGOL 60 以及自身的成长故事。也是在此次大会上，当时已经获得图灵奖的艾伦•佩利高度评价了栈在 ALGOL 60 中的价值，他是这样强调的："如果没有栈的概念，就根本不可能有一种现实的方法来完全支持 ALGOL 60。尽管以前已经有了栈，但在 ALGOL 60 之前，栈从来没有在编译器设计中起到如此核心的作用。"

1976 年 10 月，迪杰斯特拉的《A Discipline of Programming》出版（见图 45-5），书名中的 Discipline 在英文中有纪律和学科的含义。用迪杰斯特拉自己的话来讲，这是他一直想写的一本书，他始终铭记阿德里安对他说的话，他想让编程成为一门受尊敬的学科，而且他知道，要实现这个目标非常困难。正如他在这本书的序言中（也在封面

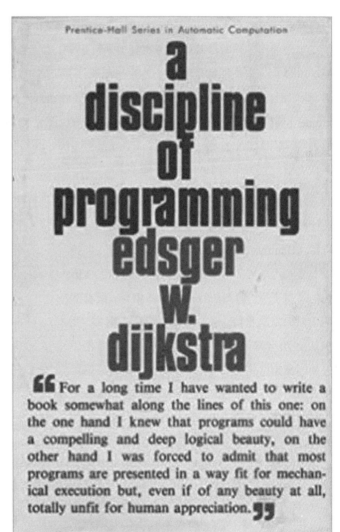

图 45-5 《A Discipline of Programming》封面

上）所说："在很长一段时间里，我一直想写一本书，顺着这样的话题展开：一方面，我知道程序可以有令人着迷的深度逻辑之美；另一方面，我又被迫承认大多数程序是以一种适合机械执行的方式呈现的，没有任何美感可言，完全不适合人类欣赏。"

1984 年春，迪杰斯特拉接受了得克萨斯大学（University of Texas，TU）计算机科学系的施伦贝格尔世纪讲席（Schlumberger Centennial Chair）职位，得克萨斯大学位于美国得克萨斯州的首府奥斯汀，宝来公司在这里设有"宝来奥斯汀研究中心"（Burroughs Austin Research Center，BARC)。迪杰斯特拉在宝来公司工作时，基本上每次到奥斯汀出差，就会到得克萨斯大学做讲座。1984 年，迪杰斯特拉和妻子里亚在奥斯汀买了房子，开始了在美国的生活。他们都喜欢旅行，并且很喜欢美国国家公园。他们有一辆大众露营车（VW camper），可以在美国国家公园宿营。模仿著名的"图灵机"（Turing Machine），他们将这辆露营车称为"旅行机"（Touring Machine）。迪杰斯特拉在得克萨斯大学一直工作到 1999 年 11 月。

图 45-6　晚年的迪杰斯特拉（由 Hamilton Richards 拍摄，时间为 2002 年）

2002 年年初，迪杰斯特拉（参见图 45-6）被诊断患上食道癌[①]。不久之后，在汉密尔顿·理查兹（Hamilton Richards）的陪同下，迪杰斯特拉与妻子里亚回到故乡尼嫩，仍住在他们去美国前的老房子里。迪杰斯特拉喜欢弹钢琴，最喜欢的作曲家是莫扎特，他有一架贝森朵夫钢琴，至少从 1970 年年初开始，这架钢琴就陪伴着他。去美国奥斯汀定居后，他不远万里，将这架钢琴从尼嫩运到了奥斯汀。汉密尔顿回到美国后，与杰亚德夫·米斯拉（Jayadev Misra）一起，帮助处理迪杰斯特拉留在奥斯汀的东西，他们把不能卖掉的都寄回了尼嫩，包括迪杰斯特拉钟爱的贝森朵夫钢琴[②]。

2002 年 4 月 16 日，迪杰斯特拉在尼嫩写完了最后一个 EWD 笔记（见图 45-7），编号为 1318。上一个 EWD 笔记是迪杰斯特拉于同年 1

---

① 参考 Krzysztof R. Apt 和 Tony Hoare 编辑的纪念文集《Edsger W. Dijkstra: a Commemoration》。
② 参考《Edsger W. Dijkstra: a Commemoration》中汉密尔顿的回忆。

月 11 日在美国奥斯汀写的。

2002 年 8 月 6 日，迪杰斯特拉在尼嫩去世。

2002 年 11 月 21 日，得克萨斯大学计算机科学系专门举办了纪念迪杰斯特拉的晚会，在纪念晚会上，除师生代表做简短发言之外，还演奏了很多首迪杰斯特拉喜爱的钢琴曲[①]。

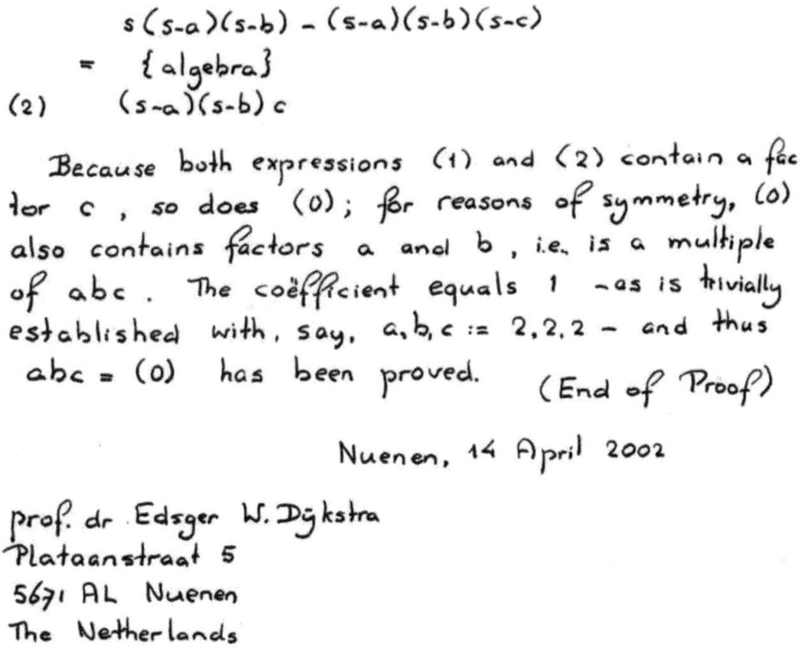

$$s(s-a)(s-b) - (s-a)(s-b)(s-c)$$
$$= \{algebra\}$$
$$(2) \quad (s-a)(s-b)\,c$$

Because both expressions (1) and (2) contain a factor c , so does (0); for reasons of symmetry, (0) also contains factors a and b , i.e. is a multiple of abc . The coefficient equals 1 —as is trivially established with, say, a,b,c := 2,2,2 — and thus abc = (0) has been proved. (End of Proof)

Nuenen, 14 April 2002

prof. dr. Edsger W. Dijkstra
Plataanstraat 5
5671 AL Nuenen
The Netherlands

图 45-7　迪杰斯特拉留下的最后一个 EWD 笔记（结尾和签名部分）

迪杰斯特拉曾说："程序员永远不该写出超出其控制力的代码。"当笔者撰写这些内容时，使用的编辑程序频繁失去响应，输入文字都很困难，常常需要等待数秒的时间，而且不时占用很高的 CPU，这很可能是糟糕的代码在作乱，于是乎更感觉迪杰斯特拉所言极是。迪杰斯特拉一生都致力于让编程（programming）成为一门严肃的学科，他为实现这个目标做出了巨大的贡献。

---

① 参考得克萨斯大学计算机科学系举行的纪念迪杰斯特拉晚会活动的介绍《Piano Recital at Memorial Celebration in Honor of Edsger W. Dijkstra》。

参考文献

[1] DIJKSTRA E W. E. W. Dijkstra Archive: Twenty-Eight Rears (EWD 1000) [EB/OL]. [1987-01-11].https://www.cs.utexas.edu/users/EWD/transcriptions/EWD10xx/EWD1000.html

第五篇

飞龙在天

在现代计算机发展的早期，大家的注意力主要在硬件上，软件处于从属地位。而当硬件格局已定并且日臻成熟后，软件的地位开始不断提高。

如果说软件先驱们在 20 世纪 50 年代的建设重点是编译器和编程语言，那么 20 世纪 60 年代的最重要建设目标便是操作系统。

1960 年，以承包美国军方项目著称的 BBN 公司邀请 MIT 教授麦卡锡担任顾问，开始研发分时操作系统，用时大约两年，在 1962 年基本完成。

1962 年 3 月，IBM 的 CEO 小沃森批准了规模宏大的 SPREAD 计划，决定重构 IBM 的硬件和软件。大约两年后，IBM 正式发布 SPREAD 计划，新的处理器家族被称为 System/360，配套的软件是 OS/360。参与 OS/360 开发的软件工程师有一千人之多，这是人类历史上的第一个大型软件项目。布鲁克斯将他在这个项目中的经历写成了一本书，书名为《人月神话》。

1969 年 3 月，GE、MIT 和贝尔实验室三家联手的 MULTICS 操作系统项目因为"太大、太复杂、太慢并且太花钱"而失败。MULTICS 项目的突然停止，让贝尔实验室原本参与这个项目的人闲了下来。他们开始按照自己的兴趣写程序。在汤普森和里奇的带领下，贝尔实验室的天才们你添一砖，他加一瓦，一个小巧别致的新操作系统悄然诞生，这便是 UNIX。

最初的 UNIX 主要是使用汇编语言编写的。为了增强 UNIX 的可移植性，里奇发明了一种新语言，取名为 C 语言。

1971 年，卡特勒加入小型机时代的领导者 DEC 公司。

1975 年，DEC 开始设计新的 VAX 架构处理器。VAX 具有 32 位的地址空间，支持更大的内存，而且具有先进的虚拟内存技术。与以前先设计硬件再设计软件不同，VAX 从一开始就将硬件和软件一起设计。

1978 年 8 月，DEC 的 VMS 操作系统发布。VMS 是虚拟内存系统的简称，代表具有管理虚拟内存的能力，由卡特勒领导的软件团队开发。

有了虚拟内存技术后，一个系统里可以同时运行很多个软件，每个软件运行在一个独立的虚拟地址空间里，这个空间受操作系统保护，不允许其他程序随意访问；而且工作在这个空间里的程序仿佛有用不完的内存。有了这两个条件后，软件大发展的时代开始了，一日千里，不可阻挡。

第 46 章　1960 年，PDP-1

在成功领导构建 TX-0 计算机后，肯·奥尔森的心中有了一个大胆的想法——成立一家新的公司。奥尔森先找到林肯实验室的一位同事一起讨论，并把想法写了下来。这位同事名叫哈兰·安德森（Harlan Anderson）[1]。

安德森出生于 1929 年，他比奥尔森小 3 岁多。安德森于 1952 年获得伊利诺伊大学的硕士学位。1954 年，安德森加入林肯实验室工作，他的上司便是奥尔森。

在构建 TX-0 计算机的过程中，奥尔森和安德森一起工作和讨论问题。他们都对 TX-0 计算机的两个先进特征坚信不疑，其中一个特征是实时的人机交互方式，另一个特征是使用晶体管代替传统的电子管。

1957 年，奥尔森和安德森下定创业的决心，他们从林肯实验室辞职，开始了新征程。

对于奥尔森和安德森来说，他们都对计算机技术了如指掌，他们心里对自己未来要做的产品有很多想法，信心十足。不过，他们缺少资金，需要投资人。

为了寻找投资人，他们找到一家名为 General Dynamics 的公司。按照约定的时间，他们走进了这家公司位于波士顿的办公室，把事先起草的创业方案认真讲了一遍。多年后，奥尔森在回忆这段经历时说："我们天真地认为走进去，介绍提案，然后就可以拿到钱。当然，实际上并不是这样[2]。"

虽然寻找投资人的首次尝试失败了，但是对方却给他们打开了另一扇门——对方向他们介绍了风险投资的概念，推荐他们去找风险投资机构。

当时，风险投资的做法还不流行，他们只找到 3 家做这种投资的机构：有两家在纽约；另一家在波士顿，名为美国研究和开发（American Research and Development，ARD）公司[2]。

ARD 公司成立于 1946 年，第一创始人是乔治·多里奥（Georges Doriot）。

多里奥 1899 年出生在法国巴黎，他的父亲名叫奥古斯特·多里奥（Auguste Doriot），是汽车驾驶领域的先驱之一，不仅做过赛车手、汽车工程师、车厂经理、汽车销售商，还创建了 D.F.P.汽车厂。

20 多岁时，多里奥移民到美国，他本打算到 MIT 读书，后来却去了哈佛大学商学院，获得 MBA 学位后留在哈佛大学任教，1926 年成为教授。1940年，多里奥成为美国公民。1941 年，多里奥加入美国陆军的军需后勤部队（U.S. Army Quartermaster Corps.），被任命为陆军中校，担任军事计划部的主任，领导军事方面的科研、开发和计划工作。后来，多里奥晋升为美国陆军的准将（brigadier general）。

第二次世界大战结束后，多里奥回到哈佛大学，于 1946 年创立了 ARD公司。ARD 公司是最早的风险投资机构之一，投资的主要方向就是科技领域。

为了获得风险投资机构的支持，奥尔森和安德森特意花了几天的时间准备商业计划书，包括收支计划和现金流预测等。他们都没有学过财务，不知道怎么做这些表格，于是便到住处附近的列克星敦公共图书馆边学边做。

准备好商业计划书之后，奥尔森和安德森联系了 ARD 公司。当时，ARD公司的多项投资都没有收到什么回报，财务状况不是很好。但 ARD 公司在了解了奥尔森和安德森的经历之后，还是想给他们一个介绍想法的机会，于是安排了一次会议，让奥尔森和安德森向 ARD 公司的投资专家们介绍他们的想法。

在会议开始之前，ARD 公司的工作人员特别叮嘱奥尔森和安德森，给了他们 3 个警告[1]。

- 首先是千万不要提"计算机"，因为投资专家们都看了《财富》杂志上的介绍，当时做计算机的基本没有赚到钱。
- 其次是不要承诺"只有 5%的利润"，如果想拿到投资，利润一定要超过 5%。
- 最后是 ARD 公司的"大多数股东都已经超过 80 岁，因此要承诺很快就会盈利"。

奥尔森和安德森听完后，对提案中出现"计算机"的所有地方做了修改，改用别的词汇。也正因为如此，后来的公司名中没有计算机字样，叫数字设备公司（Digital Equipment Corporation）。

奥尔森和安德森还把利润从原来的 5%提高到了 10%，并且承诺在一年内就可以盈利。

由于做了充足的准备，奥尔森和安德森的提案得到 ARD 公司的认可，同意提供 7 万美元的投资，占 DEC 70%的股份。对于要做的计算机产品来说，7 万美元并不多，但是奥尔森和安德森没有讨价还价。DEC 成立后，奥尔森和安德森很节俭，很多事都亲力亲为，这 7 万美元都可以查到用处，大约用了 8 年时间[1]。

在寻找投资时，奥尔森就物色好了办公和生产场地。他看中了距离波士顿 22 英里的一个小镇，名叫梅纳德（Maynard）。

和林肯实验室一样，梅纳德也位于波士顿市区的西北方向，但与波士顿的距离相比林肯实验室更远。

梅纳德小镇的旁边有一条名叫阿赛拜特（Assabet）的河。据说阿赛拜特的意思是"出产渔网材料的地方"，来自美洲土著语中一个名叫阿尔冈琴语（Algonquian）的分支。

1635 年，一个名叫约翰·梅纳德的英国人跟随家人来到美洲。1804 年，约翰的后裔艾默里·梅纳德（Amory Maynard）出生，梅纳德 14 岁时便辍学到家庭农场和家里的锯厂工作。16 岁时，梅纳德的父亲去世，他接替父亲成为家庭工厂的主人。

1846 年，梅纳德与伙伴成立阿赛拜特毛纺厂，他在阿赛拜特河边名叫阿赛拜特村的地方建起很多厂房，先是生产地毯，而后在美国南北战争（1861—1865）时期生产军服，不断扩大规模。随着毛纺厂的发展，阿赛拜特村的人口快速增长。1871 年，这里的居民申请设立镇，得到政府批准，小镇的名字便叫梅纳德。

1957 年，当奥尔森来到阿赛拜特毛纺厂（见图 46-1）时，百年前的兴旺已经不复存在，眼前是一片破败的景象，很多厂房是空的。但工厂的建筑依然完好，大多数建筑是使用红砖建造的，朴素典雅。因为空置的厂房很多，所以租金非常便宜——"每平方英尺一年的租金为 40 美分"，包含取暖、停车和夜间的保安服务[2]。

图 46-1　阿赛拜特毛纺厂的厂房

（照片拍摄于 2019 年，桥梁限重标记后的地标上写着肯·奥尔森广场）

奥尔森和安德森在阿赛拜特毛纺厂的 12 号楼租借了 8500 平方英尺的厂房，位于这栋大楼的一楼。

1957 年 8 月 23 日，奥尔森和安德森的公司正式开业，公司的名字就是数字设备公司，简称 DEC。在 DEC 开业的第一天，奥尔森的弟弟斯坦·奥尔森（Stan Olsen）也加入了 DEC。

DEC 成立初期，肯·奥尔森、安德森和斯坦·奥尔森是公司仅有的员工。从产品的设计、生产到财务收支等，都是他们 3 人亲力亲为。

他们首先从硬件商店买来制作电路板所需的各种材料，并把设计好的电路图制成丝网遮罩；然后把丝网覆盖到空白的线路板上，为丝网抹上保护剂；接下来他们把覆盖着丝网的电路板放到腐蚀液中，把不需要的部分腐蚀掉，而留下需要的电路；最后在上面焊上电容、电阻和晶体管。

多年后，回忆创业初期的感受时，奥尔森说："令人激动、最有趣也最让人兴奋的便是所有事情都要自己做。"

"每周就那么多天，每天就那么多小时。平衡家庭和工作向来是一项挑战，不过我从来没有失控，并且我从来没有真的感觉到过度劳累。总的来说，我非常激动。每天晚上我都回家吃晚餐，周末和孩子们一起度过。"

DEC 的第一个产品名叫"试验模组"（Lab Module，见图 46-2），它是一个金属盒子，里面的核心部件是数字电路板，实现了基本的门电路，盒子的面板上有接口，可以用跳线连接起来，从而搭建出更复杂的数字电路。

在研发出"试验模组"之后，DEC又研发出功能更强大的"系统标准构件"（System Building Block），这些标准构件具有标准化的接口，用户可以基于它们构建更大的系统。

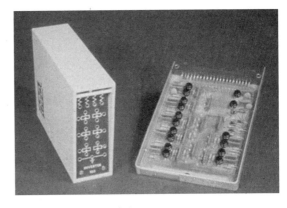

图 46-2　DEC 的第一个产品

DEC 的"试验模组"取得不错的销量，这让 DEC 在 12 个月就实现了盈利，兑现奥尔森和安德森当初筹资时的承诺，不过盈利很少，只有 3000 多美元。奥尔森和安德森把这个结果汇报给多里奥时，多里奥拿起财务报表，低头将财务报表从头到尾仔细看了一遍，然后抬起头看着奥尔森，皱着眉头说："看到这个我很遗憾，没有这么快就成功的公司能存活长久。"（Sorry to see this. No one has succeeded this soon and ever survived.）

多里奥是哈佛大学著名的管理学教授，他讲话时带浓重的法国口音。当奥尔森第一次和多里奥见面时，还以为他仍是法国军队里的将军。但这并不影响多里奥在管理学领域建立威信，他的管理学从实际出发，简单务实。多里奥推崇一些简单的管理原则，比如团结、质量、诚信和坚持正道。很多人信奉多里奥的观点，崇拜多里奥。多里奥告诫奥尔森等人，在经商和其他所有事情中最大的危险便是成功。

听了多里奥的告诫之后，奥尔森等人很受鼓舞，坚定了向更大目标冲刺的信念，这个更大的目标便是实现他们当初创业时想做的事情，制造快速、简单的计算机，与计算机领域的巨头竞争。

当时，计算机在人们的印象中是巨大、昂贵，而且不是给普通人用的，所以要制造"快速、简单"计算机的想法在一些人看来是古怪的。但奥尔森等人希望扭转这种情况，让计算机直接与人交互，变得简单、有趣，而且价格也不再是百万美元那样的天价。

为了增强研发力量，DEC 需要招聘更多的人才。1959 年年初，奥尔森原来的部下本·格利（Ben Gurley，1926—1963）从林肯实验室离职，加入DEC。在研发 TX-0 计算机时，本·格利设计了 CRT 显示器和光笔。

在本·格利加入 DEC 时，曾在林肯试验室工作过的迪克·贝斯特（Dick Best）和鲍勃·萨维尔 （Bob Savell）早就已经加入 DEC。

因为有制造"试验模组"和"系统标准构件"的基础，而且有在林肯实验室制造 TX-0 计算机的经验，奥尔森等人用了 3 个半月的时间就完成了新计算机的设计方案，并且做出了原型。在即将完成这个新计算机时，他们收到来自政府部门的一个请求，希望他们制造一台可以监视地震活动的机器，以收集和整理地震仪数据。请求中还特别指出，机器的名字中不要有计算机，因为当时美国国会有规定，在现有计算机的计算能力（简称算力）未得到百分百使用前，限制采购新的计算机。得知这样的消息后，奥尔森等人给他们的新计算机取了个特殊的名字，叫"可编程数据处理器"（Programmed Data Processor，PDP）。这样既方便了政府客户，又因为包含"可编程"字样，使得专业人士知道这个产品是计算机。

DEC 在 1959 年 11 月的 Datamation 杂志上刊载了一篇介绍 PDP 的文章，名为《为专用目的设计的 PDP 具有通用功能》（Special Purpose PDP has GP Applications）。这篇文章中的插图就是原型阶段的 PDP，控制台的后面有 3 个纵深较小的机柜，之后的 PDP 产品则只有一个纵深较大的机柜。

1959 年 12 月，在美国东部举办的联合计算机展会（Joint Computer Conference）上，DEC 展示了他们的 PDP-1 原型，因为后来 DEC 又为 PDP-1 开发了多个原型，所以最初的这个 PDP-1 原型一般被称为 PDP-1A（见图 46-3）。

　　1960 年，BBN 公司以 15 万美元的价格订购了第一台 PDP-1（见图 46-4）。BBN 公司由 MIT 教授利奥·贝拉内克（Leo Beranek）、理查德·鲍尔特（Richard Bolt）与他们的学生罗伯特·纽曼（Robert Newman）共同创立于 1948 年。BBN 公司经常与美国军方合作，承担军事方面的科研任务。从 1957 年开始，约瑟夫·利克莱德（1915—1990）担任 BBN 公司的副总裁。

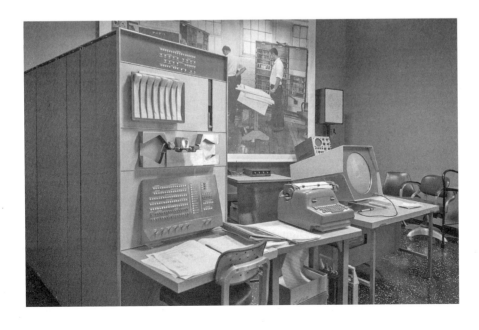

图 46-4 开创小型机时代的 PDP-1

1960 年 11 月，DEC 向 BBN 公司移交了 PDP-1。随后，很多公司开始订购 PDP-1，包括位于加州的劳伦斯·利弗莫尔国家实验室（LLNL）和加拿大的原子能机构 AECL。

1961 年 9 月，DEC 向 MIT 捐赠了一台 PDP-1，就安装在 TX-0 计算机隔壁的房间里。PDP-1 安装后，立刻受到 MIT 师生的热烈欢迎，成为大家的"新宠"。

第一代 PDP-1 取得成功后，DEC 继续研制新的机型，取名为 PDP-2。直到 1969 年停产前，第一代 PDP 共销售 53 台。

PDP-1 的字长为 18 位，配备的磁核内存大小为 4096 个字，大约相当于如今的 9.2KB，但可以升级至 144KB。

与当时的大型机相比，PDP-1 小巧了很多，处理器和内存都安装在一个主机柜中，标准的外设包括 CRT 显示器、光笔和电传打字机。

在现代计算机的发展历史上，PDP-1 具有多方面的意义。首先，当时大部分计算机的售价都在 100 万美元以上，而标准配置的 PDP-1 售价 12 万美元，仅仅是一台大型机的零头。其次，PDP-1 体积小巧，被称为小型机。PDP-1 的成功开启了小型机时代，使现代计算机的足迹传播得更快。

PDP-1 具有交互式特征，这让软件的开发效率有了极大提升，吸引越来越多的软件人才为其编写程序，创造了软件发展史上的多个"新纪录"，包括第一个视频游戏——《太空大战》，以及第一个文本编辑器、第一个文字处理程序、第一个交互式调试器等。

从计算机应用的角度看，第二次世界大战结束后，人们开始思考现代计算机的更多用途：除了军事和科学计算之外，计算机还能用来做什么呢？计算机更广阔的应用领域就是数据处理。PDP 的全称是"可编程数据处理器"，正好代表了这个方向。

参考文献

[1] ALLISON D. Ken Olsen Interview [C]. Digital Historical Collection Exhibit, 1988.

[2] KIRSNER S. Remembering DEC: Memoir from Co-Founder Harlan Anderson Due Out in November [EB/OL]. [2009-10-22].

第 47 章　1962 年，BBN 分时操作系统

1960 年年初，以承包军方项目知名的 BBN 公司向 DEC 订购了 PDP-1。这是小型机历史上的第一个订单，价格为 15 万美元。

同年 11 月，DEC 向 BBN 公司交付了 PDP-1。DEC 从 1959 年开始设计和制造 PDP，到 1960 年 11 月交付第一个订单，用时不到两年。DEC 能够有如此快的速度，有三个原因：一是 PDP-1 复用了 DEC 的"标准构件"，只有大约一半的电路是新设计的；二是 PDP-1 的设计团队几乎来自林肯实验室的 TX-0 项目团队，他们把 TX-0 的很多成果应用到了 PDP-1 中；三是 PDP-1 在发布时几乎没有什么软件，这也极大减少了开发时间。

为了让用户能尽早开发软件，在与 BBN 签订采购合同后，DEC 就把 PDP-1 原型借给 BBN，以便 BBN 的工程师们可以提前熟悉 PDP-1。于是，在 DEC 忙着生产产品版本的 PDP-1 时，BBN 的工程师爱德华·弗雷德金（Edward Fredkin）就开始为 PDP-1 编写软件了。

弗雷德金出生于 1934 年 10 月 2 日，他 19 岁时从加利福尼亚科技学院（California Institute of Technology，简称 Caltech）辍学，而后加入美国空军，成为战斗机飞行员。

1956 年，弗雷德金被派送到美国空军与 MIT 联合设立的林肯实验室，在那里，弗雷德金参加了计算机科学的课程，开始接触现代计算机，并由此产生了浓厚的兴趣。他在 1988 年 4 月接受作家罗伯特·赖特（Robert Wright）采访时，回忆说："我的全部生命就是在等待计算机出现，从根本上看，计算机就是完美的。"

他补充说："比如，当我写一个程序时，如果我写对了，那么它就会工作。但是，如果我和一个人打交道，告诉他一件事，并且我对他说的是正确的，那么他可能做对，也可能做错。"

因为发自内心的热爱，弗雷德金很快就理解了现代计算机，用他自己的

话来说："所有（计算机）知识对我来说瞬间就可以理解，我就像海绵一样，立刻就能把它们吸收进来。"

弗雷德金很快就学会了为现代计算机编程，并在 SAGE 项目中为 IBM 的 XD-1 大型机编写软件。

在林肯实验室学习和工作大约两年后，弗雷德金在 1958 年从空军退役，加入 BBN 公司工作。招聘他的便是 BBN 的副总裁利克莱德（Licklider）。利克莱德第一次见到弗雷德金时就觉得他与众不同，"我明显感受到，他非常特别，可能是个天才，随着我对他的了解不断增多，我越发觉得把他描述为天才并不过分。"

"他几乎毫不停歇地工作着，"利克莱德说："有时让他去睡觉是很困难的一件事。"

1959 年 11 月，弗雷德金到波士顿参观联合计算机展会，他看到了 PDP-1 的原型，立刻就被吸引了。展会过后，他建议 BBN 购买 PDP-1。他的建议被 BBN 采纳，于是有了上面提到的订单。

1960 年年初，BBN 收到了 PDP-1 的原型，弗雷德金开始为 PDP-1 开发软件。他首先开发了一个汇编器，用于把使用汇编语言编写的源程序编译为硬件可以执行的二进制程序。弗雷德金的汇编器支持可变长度的指令，他为这个汇编器取的名字是无规则汇编程序（Free of Rules Assembly Program），简称 FRAP 汇编器。有些用户则把这个汇编器叫作弗雷德金汇编器。

1960 年 11 月，DEC 把产品版本的 PDP-1 交付给了 BBN，为了与其他 PDP-1 相区别，这个版本的 PDP-1 一般被称为 PDP-1b。

为了迎接 PDP-1b，BBN 举行了一个庆祝仪式，DEC 的创始人奥尔森亲自到场参加了这个仪式，BBN 的很多员工也过来围观，非常热闹。为了向大家展示 PDP-1 的工作过程，弗雷德金编写了一段程序（见图 47-1），使得 PDP-1 可以自动把穿孔纸带切断——象征很多庆祝仪式上的剪彩活动[1]。

---

① 参考 Masswerk 网站上的《PDP-1 Spotting: The Amherst Mystery》一文。

图 47-1　弗雷德金在 PDP-1 上编程（照片大约拍摄于 1960 年）

　　为了在 PDP-1 上开发更有价值的软件，BBN 副总裁利克莱德特意从 MIT 聘请了他的两位朋友做顾问。这两位顾问便是约翰·麦卡锡（John McCarthy）（1927—2011）和马尔温·明斯基（Marvin Minsky）。他们都是 AI 学科的奠基者，在 1956 年的一篇论文中，他们一起创造了 AI 这个术语。另外，大约在 1959 年，麦卡锡发明了今天在 Java 和.NET 等语言中广泛使用的"垃圾回收"（garbage collection）机制。

　　除在 AI 方面的声望之外，利克莱德邀请麦卡锡的另一个原因是麦卡锡很早就开始研究分时系统。

　　因为大型机价格昂贵，所以如何让多个用户共享一台大型机成为很多人思考的问题。

　　早在 1954 年，后来以设计 FORTRAN 语言出名的约翰·瓦尔纳·巴克斯（John

Warner Backus）就在 MIT 举办的"数字计算机高级编码暑假班"上提出了分时系统的想法。1954 年 8 月举办的"数字计算机高级编码暑假班"把很多计算机领域的聪明大脑汇聚到了一起，包括格蕾丝和约翰·瓦尔纳·巴克斯。在第 16 讲的讨论中，格蕾丝提出可以把很多台小计算机放在一起并行使用，并预测将来需求最大的会是小计算机，她希望每所大学都有一台。格蕾丝还预见到未来会大量生产小计算机，里面预装了编译器以及客户需要的软件库。

从后来的实际发展情况看，格蕾丝的预测是非常正确的。但在当时，她的预测还是超出了很多人的认知。约翰·瓦尔纳·巴克斯就表示反对，并提出了不同的观点。巴克斯认为，因为提高大型机的速度而增加的成本很少，使用大型机比使用小计算机更便宜。格蕾丝解释说，她思考的主要是商业场景，而不是科学应用，她讲的是价格低于 5 万美元的小计算机。

话题在被短暂岔开后，很快又回到关于大型机和小计算机的争论上。L. Rosenthal 认为大型机和小计算机各有用武之地。Donn Combelic 对格蕾丝的话做了进一步解释：即使科学研究要使用大型机，很多商业公司也是可以使用小计算机的。L. DeWitte 博士认为，小计算机在实验工作中是有用的。

接下来话题又被岔开，来自英国的杰弗里·查尔斯·珀西·米勒（Jeffrey Charles Percy Miller）（1906—1981）介绍了他的微指令（"Micro-Instruction"）想法。

但米勒的发言一结束，P. F.威廉姆斯（Williams）就把话题又拉回到大小机器的争论上。他说自己的单位正在考虑用什么样的计算机。他们想要一台介于 IBM 704 和 IBM 650 之间的计算机。IBM 704 太大了，他们没有那么多的任务让它一直运行。

听到这么多人都站在格蕾丝一边后，巴克斯接过话题，抛出了一个大的想法。他指出，使用分时（time sharing）方法，一台大计算机就可以当作很多小计算机来用，每个用户只需要一个阅读工作站（reading station）。

除了巴克斯，还有很多人思考过这个方向，包括具有"编程天才"之称的克里斯托弗·斯特雷奇（Christopher Strachey）（简称克里斯）。克里斯设计了一套实现分时系统的方法，并在 1959 年 2 月申请了专利。

1959 年 6 月，在于法国巴黎举行的第一届 UNESCO 国际信息处理技术大会上，克里斯发表了他的分时系统论文，名为《在大型高速计算机中实现分时》（Time Sharing in Large Fast Computers）。克里斯的这篇论文被认为是关于分时系统的最早论文。通过这次会议，克里斯的分时系统想法被传递给了 BBN 的副总裁利克莱德。

大约在相同的时间里，麦卡锡也在思考和研究分时系统。1957 年，麦卡锡从美国的达特茅斯学院（Dartmouth College）来到 MIT 的计算中心[2]。1959 年，麦卡锡在 MIT 发起开发分时系统的项目，起初是在 IBM 704 上开发，后来因为 IBM 704 不够强大，改为使用 IBM 709。这个项目开发出的分时系统后来取名为兼容分时系统（Compatible Time-Sharing System），简称 CTSS。CTSS 在 1961 年 11 月展出，然后一直使用到 1973 年。

让我们回到 1960 年时的 BBN，在邀请麦卡锡做顾问后，BBN 准备开发自己的分时系统。在 BBN 内部，除了利克莱德看好分时系统方向之外，他的部下弗雷德金也喜欢这个方向，而且坚信可以在 PDP-1 上开发分时系统。于是，在汇集了分时系统领域的多股支持力量后，BBN 的分时操作系统项目正式开始了。

BBN 分时操作系统是基于 PDP-1b 开发的，系统的内存空间为 8192 字，其中 4096 字保留给分时系统使用，另外 4096 字给用户使用。系统设计的基本思路是根据当前用户来切换用户部分的内存，称为内存交换（memory swap）。切换用户时，把上一个用户使用的内存交换到高速的磁鼓中保存，把新用户的数据从磁鼓加载到内存中。磁鼓上的空间被划分成 22 个区域，每个区域的大小为 4096 字。每个用户在获得使用机会时，他的程序可以运行 140 毫秒。

要支持分时系统，硬件就必须实现中断机制，而 PDP-1b 并不满足要求。因此，当弗雷德金坚持要在 PDP-1 上开发分时系统时，麦卡锡与弗雷德金发生了争论①。麦卡锡说："你必须要做的是，有一个中断系统。"

弗雷德金说："这个我可以做到。你必须要做的是，搞出某种交换器。"

麦卡锡回答："这个我可以做到。"

为了给 PDP-1 增加中断支持。一方面，BBN 的谢尔登·博伦（Sheldon Boilen）领导硬件工程师在 BBN 的第二台 PDP-1 上额外增加了硬件。另一方面，弗雷德金找到了 PDP 的设计师本·格利，他们二人相互配合向 PDP 增加硬件支持。在此过程中，弗雷德金设计了一套中断系统，被 DEC 称为

---

① 参考 1989 年 3 月 2 日的《约翰·麦卡锡访谈录》（An Interview with John McCarthy），访谈由 William Aspray 主持。

"Sequence Break"。包含这套中断系统的 PDP-1，一般被称为 PDP-1d。

1962 年秋，BBN 的分时操作系统基本完成。BBN 举办了一场公开的演示活动，演示时，有三个用户"同时"使用 PDP-1，一个在华盛顿特区，另两个在波士顿的剑桥地区。

公开演示后，BBN 的分时操作系统开始在一些用户单位投入使用，包括麻省总医院（Massachusetts General Hospital）。

在软件历史上，BBN 的分时操作系统是较早实践和投入使用的多用户操作系统，为后来 UNIX 等操作系统的出现奠定了基础。

1961 年 3 月，弗雷德金发起成立了 DEC 用户协会（Digital Equipment Computer Users' Society），简称 DECUS。图 47-2 是 1963 年时 DECUS 的职员表。

DECUS OFFICERS

March 1961 – October 1962

Charlton M. Walter, President (AFCRL)
John Koudela, Jr.,Secretary (DEC)

Committee Chairmen

Edward Fredkin, Programming (then BBN)
Lawrence Buckland, Meetings (then Itek)
William Fletcher, Equipment (BBN)
Elsa Newman (Mrs.), Publications (DEC)

October 1962 – November 1963

Edward Fredkin, President (I.I.I.)
Elsa Newman, Secretary (DEC)

Committee Chairmen

John R. Hayes, Programming (AFCRL)
Eunice Cronin, Meetings (AFCRL)
William Fletcher, Equipment (BBN)
Elsa Newman (Mrs.), Publications (DEC)

图 47-2　1963 年的 DECUS 论文合集扉页中的职员表

1961 年下半年，弗雷德金从 BBN 离职。第二年，他创立了国际信息公司（Information International, Inc.），因为公司英文名的首字母是三个 I，所以简称 3I（Triple-I）公司。

3I 公司成立后，PDP-1 的设计者本·格利加入 3I 公司，职务是副总裁，时间为 1962 年。一年之后的 1963 年 11 月 7 日，本·格利在家中吃晚饭时，不幸被来自窗外的一颗子弹击中太阳穴，很快去世了。经过调查，凶手是本·格利在 DEC 工作时的一名同事。

1968 年，3I 公司上市，弗雷德金成为百万富翁。不久之后，弗雷德金退出了 3I 公司，回到 MIT，从事研究工作，他的研究兴趣十分广泛，在数字物理（digital physics）、计算机硬件和软件等多个领域都有贡献。他发明了弗雷德金门（Fredkin gate），用在可逆计算中。软件搜索算法中经常使用的前缀树（prefix tree，又称 Trie）也是弗雷德金发明的。

弗雷德金每年都会到南北美洲之间的莫斯基托岛度假，他在那里有豪华的别墅和飞机，他喜欢驾驶飞机，在大西洋上飞翔，思考宇宙和他热爱的数字物理学。根据他的数字物理理论，信息相比物质和能量更基础。他相信，原子、电子和夸克最终都是由比特（信息的二进制单位）组成的。他认为整个宇宙的所有比特都是由一条简单的编程规则统治的。这条简单的编程规则被无休无止地重复，（不断地对刚刚转换的比特再做转换），从而产生了巨大的复杂度。弗雷德金把这条规则看作"万物的成因和主要推力（the cause and prime mover of everything）。"

1962 年，利克莱德也离开了 BBN，加入 ARPA（Advanced Research Projects Agency），在 1962～1964 年担任信息处理技术办公室（IPTO）主任期间，他赞助了 MIT 的 MAC 项目。在这个项目中，一台大型机可以支持最多 30 个用户同时使用，每个用户的面前配备了一个电传打字机终端（typewriter terminal）。利克莱德还把这种模式推广到了斯坦福大学、加利福尼亚大学伯克利分校和 UCLA 等大学，为推广分时系统做出了巨大贡献。1963 年，利克莱德提出了构建分时计算机网络的想法，他的这个想法为后来构建 ARPANet 和互联网做出了贡献，我们将在第 6 篇介绍。

参考文献

[1] WRIGHT R. DID THE UNIVERSE JUST HAPPEN? [J]. Atlantic(02769077), 1988.

[2] MCCARTHY J. Reminiscences on the Theory of Time-Sharing [M]. California: Stanford University, 1983.

第 48 章　1963 年，KDF 9

正当鲍尔和扎梅尔松在德国发明酒窖原理时，在遥远的澳大利亚，另一位计算机先驱也独立地达到同样的境界，他发明了一种名为嵌套存储的技术，与酒窖原理如出一辙，他就是澳大利亚哲学家和计算机先驱查尔斯·伦纳德·汉布林（Charles Leonard Hamblin，1922—1985）。汉布林在 1970 年出版的《谬误》一书是当代谬误理论研究的奠基之作，也是不朽之作。

与同时代的其他几位计算机先驱的经历十分类似，汉布林也做过军人。汉布林在墨尔本大学读硕士时，第二次世界大战爆发，他成为了澳大利亚空军的一名雷达军官。战争结束后，汉布林攻读了伦敦政治经济学院（LSE）的博士学位。从 1955 年开始，汉布林一直在新南威尔士大学（New South Wales University of Technology，NSWUT）从事科研和教学工作，直至 1985 年去世。

大约在 1955 年前后，汉布林所在的新南威尔士大学从政府那里得到一大笔补助，用来研究原子能。新南威尔士大学电子工程系的领导提议购买一台计算机。因为英国与澳大利亚的特殊关系，政府要求只能从英国购买。当时可供选择的余地很小，于是新南威尔士大学从英国电气公司订购了一台我们前面曾介绍过的 DEUCE 计算机。这台计算机于 1956 年年中被运到澳大利亚，成为澳大利亚学术领域的第二台计算机，此前悉尼大学已经有一台计算机。因为汉布林有雷达技术背景，他很快成为这台计算机的第一批用户之一，没过多久他就发现两个有待解决的问题，他开始探索新的方法，并且取得了重大成就。汉布林发现的第一个问题是如何在计算机中处理带有括号的数学表达式；第二个问题是在计算时，如果频繁地按地址或名称访问存储器中的变量，那么按地址访问内存产生的开销会很大。

为了解决第一个问题，汉布林"发明"了逆波兰记法（Reverse Polish Notation，RPN）。将操作符置于操作数的后面，对于有括号的表达式，使用这种记法表达后，便不再需要括号。例如，表达式"(3 − 4) × 5"在被转换为逆波兰记法后，就会变成"3 4 − 5 ×"，而表达式(2 + 3) × (4 + 5)在被转换后会变成"2 3 + 4 5 + ×"。之所以叫逆波兰记法，是因为这种记法的规则与波兰数学家扬·武卡谢维奇在 1924 年发明的波兰记法相反。波兰记法将操作符置于操作数的前面，例如将"(3 − 4 × 5)"写成"× − 3 4 5"。根据操作符的相对位置，逆波兰记法又称为后缀（postfix）记法，波兰记法则称为前缀（pretfix）记法，我们日常使用的记法则称为中缀（infix）记法。以下是对这 3 种记法的比较。

- 中缀（普通）记法："(3 − 4) × 5"。
- 后缀（逆波兰）记法："3 4 − 5 ×"。
- 前缀（波兰）记法："× − 3 4 5"。

之所以为上文中的"发明"二字加上双引号，是因为从时间上看，汉布林并不是最早提出这种记法的人。Arthur W. Burks 等人早在 1954 年，就在论文《分析无括号记法的逻辑计算机》（An Analysis of a Logical Machine Using Parenthesis-Free Notation）中提出了这种记法。不过，汉布林很快就把逆波兰记法应用到了自己发明的 GEORGE 编程语言和编译器中，他还在 DEUCE 计算机上实现了 GEORGE 编译器，最早把逆波兰记法应用到实际的编译器软件中。GEORGE 是 General Order Generator 的英文缩写，意思是通用的程序生成器。命令（order）是当时人们对计算机程序的另一种称呼，意思是人类交给计算机执行的命令。因为汉布林的开创性实践，今天有很多人认为汉布林是逆波兰记法的发明者，尤其是澳大利亚人。

为了解决第二个问题，汉布林发明了一种巧妙的存储机构，名为嵌套存储器（Nesting Store，NS）。有了这种存储机构，就可以像贪食蛇那样"吞食"使用逆波兰记法表示的表达式——遇到操作数时"吞下"，遇到运算符时吐出前面吞下的操作数并执行计算，但仍把结果放在"口"中，等到最后，"口"中剩下的便是最终结果。例如，对于前面提到的表达式"3 4 − 5 ×"，处理过程如表 48-1 所示。

表 48-1　表达式"3 4 - 5 ×"的处理过程

操作数或运算符	动作	NS（嵌套存储器）中的数字
3	吞下	3
4	吞下	3 4
	吐出 4 和 3，计算 3 - 4，将结果 -1 放回	-1
5	吞下	-1 和 5
×	吐出 5 和 -1，计算 5×(-1)，将结果 -5 放回	-5

通过使用这种方法，表达式中的操作数将暂时被存放到嵌套存储器中。当执行运算时，只要弹出嵌套存储器中的操作数，而不需要按内存地址寻找操作数，从而巧妙解决了前面提到的按地址访问内存导致开销较大的问题。由于处理的是表达式且操作数没有地址，因此这种技术又称为零地址算法（zero address arithmetic）。类似地，基于这种方法设计的计算机指令被称为零地址指令。

1957 年 6 月，澳大利亚兵器研究院（W.R.E.）的计算大会在索尔兹伯里举行。除澳大利亚本土的参加者之外，这次大会的参加者中还有一部分来自英国，包括英国电气公司的员工。汉布林在这次大会上介绍了自己的研究成果，报告的名字就叫《一种基于数学记法的无地址编码方案》(An Addressless Coding Scheme based on Mathematical notation)。汉布林的报告打动了来自英国电气公司的员工，逆波兰记法和嵌套存储机制相辅相成，二者巧妙结合，让很多难题迎刃而解。英国电气公司的这些员工将报告的内容带回英国，并成功将逆波兰记法和嵌套存储机制应用到了英国电气公司研制的下一款计算机中。这款新的计算机便是在计算机发展历史上占有重要地位的 KDF 9。

KDF 9 的制造计划是在 1958～1959 年制定的，1960 年对外宣布，1963 年发布第一个产品。发布日期比预期计划晚了一些，主要是被创新设计带来的技术难题耽搁了。KDF 9 的总重量为 4700 千克，实际情况则根据配置会有所不同。KDF 9 一共售出 29 台，有的一直使用到 1980 年。

KDF 9 具有很多开创性的独特设计，其中最值得一提的便是我们前面提到的嵌套存储器。KDF 9 设计了两种嵌套存储器：一种用来做数学和逻辑运算，也就是汉布林提出的嵌套存储器；另一种专门用来存放子程序的返回地址，称为子过程跳转嵌套存储器（Subroutine Jump Nesting Store，SJNS）。

每个 NS 有 19 个存储单元（Cell），每个存储单元有 48 位。19 个存储单元中的前 16 个是给用户程序使用的，另外 3 个是给系统管理程序（操作系统）使用的，这意味着用户程序可以在 NS 中最多存放 16 个 48 位的数字。我们通常使用 N1~N16 来表示 NS 中的前 16 个存储单元。NS 中的最上面 3 个存储单元（N1~N3）是触发式寄存器（flip-flop register），它们可以被数学运算单元直接访问，并且其中的内容也可以根据需要传递到其他触发式寄存器。

NS 是严格按照先进后出的原则工作的。NS 起初为空，当向 NS 中放入第一个数字时，这个数字将被存放在 N1 的位置；如果再向 NS 中放入一个数字，那么新的数字就会把原来的数字挤压到 N2 的位置，于是新的数字占据 N1 的位置；依此类推，每当向 NS 中存放一个新的数字时，NS 中原来的内容就会被挤压到更深的位置。为了清楚地描述 NS 的工作规律，《KDF 9 编程手册》（KDF 9 Programming Manual）对此做了形象的比喻，就是把 NS 比喻成机关枪的弹仓，向 NS 中存放数据就如同向机关枪的弹仓压入子弹，压入的子弹越多，弹仓底部的弹簧就会被压缩越厉害。《KDF 9 编程手册》中的一幅插图（见图 48-1）展示了 NS 为空、半空和全部压满时的 3 种不同情形。

KDF 9 指令是不等长的，分为 3 种长度，分别是 1 音节（syllable）、2 音节和 3 音节。这

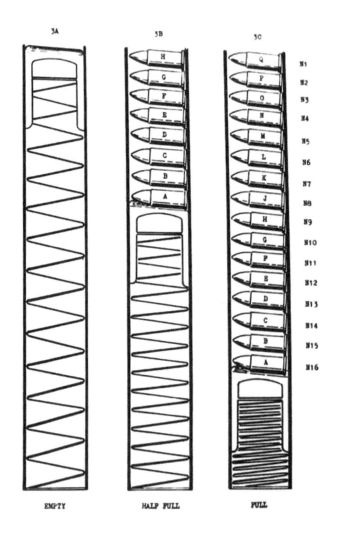

Analogy of a Nesting Store

图 48-1　被比作弹仓的 NS（嵌套存储器）

里所谓的音节相当于我们今天所说的字节，每个音节也包含 8 个二进制位，后文我们统称为字节。大多数数学运算指令是 1 字节的，如果直接使用 NS 中的内容作为操作数，则不需要通过地址来指定操作数，这就是所谓的零地址技术。操作被称为 Q-Store 的寄存器集合以及某些引用内存的指令是 2 字节的，使用 16 位偏移索引内存的指令和大多数跳转指令是 3 字节的。

为了演示 KDF 9 指令的不等长特征以及如何与 NS 巧妙配合，KDF 9 的说明书和编程手册给出了相应的例子——描述表达式 $a \times (a^3b^2+1)/(b+2c^2d^2)$ 的求解过程。

在图 48-2 中，左侧的倾斜长条代表指令流，每个小方块代表 1 字节，6 字节是 1 字，因为 KDF 9 的字宽是 48 位。图 48-2 中有 4 条 FETCH 指令，用来把想要计算的数字从主存储器（Main Store）读取到 NS 中。我们可以看到，每条 FETCH 指令都是 3 字节的，并且最后一条 STORE 指令也是 3 字节的，用于把保存在 N1 位置的计算结果存放到主存储器中。除此以外，其他所有指令都是 1 字节的。所有指令加起来总共 30 字节，5 字。在计算这样一个表达式时，使用的所有指令加起来总共只有 5 字，这证明了 KDF 9 指令的高效性——在内存使用方面非常节俭。因此，KDF 9 的产品手册在开头便强调了这一特征。"设计 KDF 9 的基本原则是使用简便（USER CONVENIENCE）并全力以赴地提高运算的经济性。这套全新的指令代码使编程得到了极大简化，在指令数和所占空间的经济性方面树立了新的标准。"（The keynote of the KDF 9 design is USER CONVENIENCE and the utmost attention has been paid to the economics of its operation. An entirely new modular instruction code provides extreme simplicity of programming, and new standards of economy in the number of instructions and program storage space.）

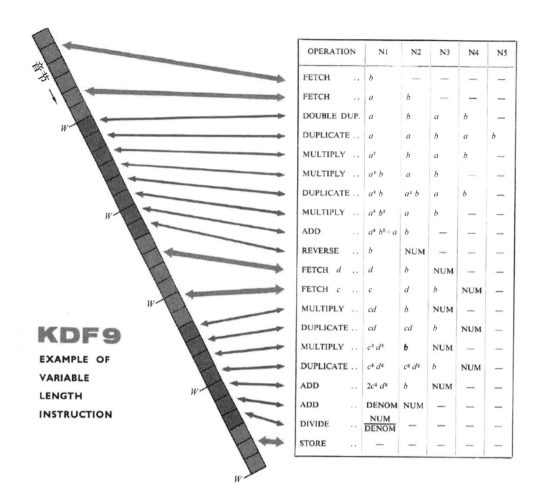

字节

KDF9

EXAMPLE OF
VARIABLE
LENGTH
INSTRUCTION

OPERATION	N1	N2	N3	N4	N5
FETCH ..	b	—	—	—	—
FETCH ..	a	b	—	—	—
DOUBLE DUP.	a	b	a	b	
DUPLICATE ..	a	a	b	a	b
MULTIPLY ..	a^2	b	a	b	
MULTIPLY ..	$a^2 b$	a	b	—	
DUPLICATE ..	$a^2 b$	$a^2 b$	a	b	
MULTIPLY ..	$a^4 b^2$	a	b	—	
ADD ..	$a^4 b^2 + a$	b	—	—	
REVERSE ..	b	NUM	—	—	
FETCH d ..	d	b	NUM	—	
FETCH c ..	c	d	b	NUM	
MULTIPLY ..	cd	b	NUM	—	
DUPLICATE ..	cd	cd	b	NUM	
MULTIPLY ..	$c^2 d^2$	b	NUM	—	
DUPLICATE ..	$c^2 d^2$	$c^2 d^2$	b	NUM	
ADD ..	$2c^2 d^2$	b	NUM	—	
ADD ..	DENOM	NUM	—	—	
DIVIDE ..	$\dfrac{\text{NUM}}{\text{DENOM}}$	—	—	—	
STORE ..	—	—	—	—	

图 48-2　高效的 KDF 9 指令

下面我们再来看看如何在 KDF 9 中调用子程序。举个例子，如下 3 条指令便是调用子程序的一种典型场景。

```
Y6;
JSP4;
=Y7;
```

第 1 条指令表示从主存储器中 Y 区域的位置 6 开始读取一个字到 N1 中。这里所谓的 Y 区域有点像我们今天所说的内存段，每个区域都有固定的标号，比如 W、YA～YZ，剩余的则编入 Y 区域。第 2 条指令表示调用子程序，其中的 J 代表 Jump，S 代表自动把当前指令的地址压入用于子程序调用的 SJNS 中，P4 代表编号为 4 的私有子程序（如果调用的是子程序库中的子程序，则使用 L）。

SJNS 一共有 16 个内存单元，每个内存单元可以存储 16 个二进制位，换句话说，容量大小是 16 × 16。KDF 9 的每个主存储器模块的容量是 4096 个字，字长是 48 位，最多支持 8 个主存储器模块，这意味着可以随机访问的最大内存是 4096 × 8 = 32768 个字，相当于 192KB。在 KDF 9 中，通常使用 16 位地址，其中的 13 位用来表示以字为单位的地址值，另外 3 位用来表示字节偏移，有效值为 0～5。使用 13 位可以表达的字的地址范围是 0～8191，也就是 8KB，小于 32 位的总存储空间，因此编译器会把用户程序规划到低 8KB 的内存区域，而把数据规划到更高的内存区域，因为这样在索引变量时，便能够以内存区域的基地址加上偏移地址的方式来进行。

在子程序中，通常使用指令 EXIT n 进行返回。n 是一个正整数，代表返回位置相对于保存在 SJNS 中的地址的偏移值，以半字节为单位。由于像 JSP4 这样的子程序调用指令都是 3 字节的，因此在子程序中使用 EXIT 1 可以返回到 JSP4 中下一条指令的位置，也就是"=Y7"，这表示把子程序保存在 N1 位置的返回值弹出，并存储到主存储器中区域 Y7 的位置。利用 n 的不同值，就可以返回到不同的位置。基于这种原理，我们可以很容易地实现根据不同情况返回到不同的位置。例如，可以在子程序中使用 EXIT 2 指令进行成功返回，而在遇到异常情况时使用 EXIT 1 进行失败返回。如下 4 条指令便是用来调用这种子程序的。

```
Y8;
JSP9;
J3;
=Y9;
```

Y8 表示把参数从主存储器中的 Y8 区域读出，压入 NS 中，也就是存放到 N1 位置。JSP9 表示把当前指令的地址压入 SJNS 中，然后跳转到 P9 子程序的起始位置，执行其中的指令。正常情况下，执行 P9 子程序中的 EXIT 2 指令并返回到"=Y9"指令，子程序的计算结果将被保存到 Y9 区域；异常情况下，执行 P9 子程序中的 EXIT 1 指令并返回到 J3 指令，这将短跳转到负责错误处理的指令。

讲到这里，大家可能已经意识到，这里的嵌套存储器（NS）就是栈，没错，因为 KDF 9 的嵌套存储器源自汉布林的研究成果。汉布林虽然独立地发明了栈，但他没有使用栈这个名字。从技术角度看，KDF 9 中的栈已经在很多方面接近如今的栈，比如使用栈保存子程序的返回地址、使用栈传递子程序的参数等等；而且栈是独立的，KDF 9 中的栈不会像如今的栈那样因为缓冲区溢出使得返回地址被覆盖。另外，KDF 9 中的栈是采用硬件方式实现的，具有非常高的访问效率，与安腾处理器的寄存器栈十分相似。不过，KDF 9 中的栈的设计并非没有缺点，最大的缺点就在于栈的容量是固定的，而且非常有限，用于子程序调用的栈的深度是 16 级，其中用户程序最多使用 14 个内存单元，另外两个内存单元是给控制程序（操作系统）用的。这意味着子程序的调用深度最多 14 级，对于当时的软件来说这已经足够，不会形成大的瓶颈；但对于如今的软件来说，这么小的容量显然是无法接受的。

除了栈，KDF 9 的另一个先进特征便是分时（time sharing）多处理。KDF 9 以十分自然的方式支持多任务运算，如图 48-3 所示，KDF 9 最多支持 4 个独立的用户程序，其中的每个用户程序使用独立的主存储器和输入输出设备，但共享同一个主控制器。另外，NS、SJNS 和 Q 存储器也是独立的。被称为指挥器（Director）的控制程序负责程序的切换，从而使用户程序能够以分时的方式轮番执行。

从图 48-3 可以看出，KDF 9 正在执行 3 号主存储器中的用户程序，使用的是 3 号主存储器对应的外设、NS、SJNS 和 Q 存储器。

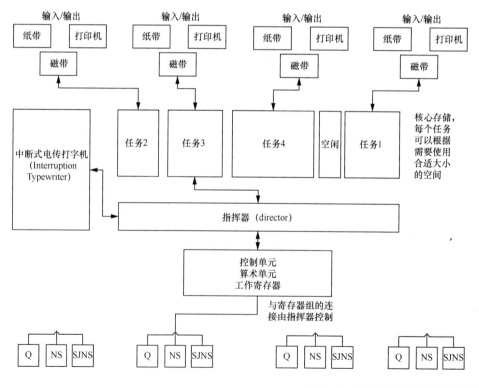

图 48-3　KDF 9 能够分时支持多任务运算

缘于架构上的灵活性，KDF 9 支持多种不同的配置。客户在订购 KDF 9 时有很大的灵活性，从多任务角度，既可以选择基础的单路系统，也可以选择最高的 4 路配置。

图 48-4 展示了工作中的 KDF 9，这张照片是由英国电气公司拍摄的，拍摄的时间大约是 1965 年。通过这张照片，我们可以大体领略 KDF 9 的风采。与当时其他的计算机一样，KDF 9 独享一间宽敞明亮的超大屋子，光洁的地板、错落有致的布局、身着正装的男士和女士，这些无一不彰显 KDF 9 的尊贵。KDF 9 的大多数部件是"大块头"，占据一两个机柜，有些部件虽然相对较小，但也占据不小的空间，威严站立，"趾高气扬"。

图 48-4　工作中的 KDF 9

为了帮助大家认识这些部件，笔者特意请教了英国纽卡斯尔大学的布赖恩·兰德尔（Brian Randell）教授。兰德尔教授于 1957～1964 年在英国电气公司工作，他是 KDF 9 团队的重要成员，主要从事与编译器有关的工作，他为 KDF 9 开发了 ALGOL 编译器。在兰德尔教授的帮助下，笔者认清了 KDF 9 的整个阵容。在图 48-4 中，从左侧开始沿顺时针方向，首先是操作控制台（后面坐着一位"绅士"）；然后是磁盘驱动器（disk drive），也就是今天所说的硬盘；看着有点像电视机的其实是一层层"磁盘"呈现出的一部分柱面。磁盘驱动器的后面有很多个封闭的机柜，其中有些是主控制器（相当于 CPU），有些是主存储器（内存）。在图 48-4 中，右侧后方排成一排的是磁带机，有一位女士站在前面更换磁带；右下角是电源；在整个屋子的中央，个头较小的两个部件是纸带打孔机，放置于它们前面的大块头是打印机。

在结束本章之前，笔者想介绍一下 KDF 9 的诞生地——英国电气公司的基兹格罗夫（Kidsgrove）分部。基兹格罗夫分部从 1952 年开始修建，位于英国斯塔福德郡的北部郊区，处在曼彻斯特和伯明翰之间，因为靠近基兹格罗夫小镇而得名。最早的 1 号和 2 号厂房于 1954 年完工并投入使用，著名的 DEUCE 计算机和 KDF 9 就是在这里生产的。在之后的 20 多年里，基兹格罗夫分部不断扩建，4 号和 5 号厂房于 1956～1959 年建造，之后又分别向北和向南扩展除了北区和南区之外的一系列办公楼和厂房，形成一个庞大的建筑群。由于英国电气公司在这个区域具有绝对影响力，这个区域又称为纳尔逊工业区（Nelson Industrial Estate）——纪念英国电气公司的主席乔治·霍雷肖·纳尔逊（George Horatio Nelson，1887—1962）。纳尔逊从 1933 年开始担任英国电气公司的主席，他创造了这家公司最辉煌的纳尔逊时代，公司员工从 4000 人发展到鼎盛时的 8 万人。纳尔逊于 1955 年和 1960 年被分别授予准男爵和男爵勋位。关于 KDF 9 这个名字，据说还有一个故事与纳尔逊有关。KDF 9 的开发代号为 KD 9，表示在基兹格罗夫分部开发的 9 号计算机。在开发即将结束的一次会议上，大家一起讨论应该为新产品取个名字，但讨论了很长时间都没有结果，感觉乏味的纳尔逊主席实在受不了了，带着脏话说："取什么名字我都不介意，哪怕叫 F……"（I don't care if you call it the F...），字母 F 于是被加到 KD 的后面，新产品的名字成了 KDF 9。

1967 年，英国电气公司的计算机业务被分离出来，与国际计算机和制表机（International Computers and Tabulators）公司合并成立国际计算机有限公司（International Computers Limited， ICL）。1968 年，英国电气公司并入英国的通用电气公司（General Electric Company，GEC），从此英国电气公司的历史结束。这里有必要说明一下，英国的 GEC 与美国的 GE 不是同一家公司，虽然这两家公司的名字中都包含 GE（General Electric）。GEC 之名始于 1886 年，并且在 1999 年因公司合并而不再使用；而 GE 之名的产生时间略晚，始于 1892 年。考虑到当时信息沟通不便，与发明栈的情形类似，这两家公司的名字出现重叠也可能是各自"独立发明"的缘故。

进入 20 世纪 90 年代后，曾经繁荣的基兹格罗夫分部日渐没落，很多建筑人去楼空。2008 年，曾经建造了 DEUCE 计算机和 KDF 9 的 1 号和 2 号厂房被拆除。

参考文献

[1] HAMBLIN C. An Addressless Coding Scheme based on Mathematical Notation: Proceedings of the First Australian Conference on Computing and Data Processing [C]. Salisbury, South Australia: Weapons Research Establishment, 1957.

[2] WOODS M. History of the Kidsgrove Works Nelson Industrial Estate [M]. 2002 Mark Woods, 2008.

第 49 章　1966 年，OS/360

1956 年 5 月 8 日，老沃森退休，小沃森接替父亲成为 IBM 的首席执行官（CEO）。当时，IBM 的年收入为 8.97 亿美元，员工总共约 72 500 人。

从 1946 年小沃森在第二次世界大战结束后加入 IBM 到 1956 年老沃森退休，父子俩一起工作了大约 10 年。"我真的很享受与他一起工作的那 10 年。"多年后，小沃森在回忆录中如此提到。当然，他们父子俩也有过冲突，"我和父亲有过可怕的争吵……他仿佛一张毯子，包裹住了一切。我真的想打败他，但也想让他为我感到骄傲[1]。"

1956 年 6 月 19 日，老沃森在纽约曼哈顿（Manhattan）逝世，长眠于纽约市的沉睡谷公墓（Sleepy Hollow Cemetery）。

接任 CEO 后，小沃森对 IBM 的部门做了调整，新的部门包括向商业客户提供销售和服务的数据处理部以及向美国政府提供销售和服务的联邦系统部、系统制造部、组件制造部和研究部。

1958 年，IBM 又推出 3 种大型机，分别是适用于大型政府业务的 IBM 7070 和 IBM 7090、适用于科研社区的 IBM 1620 以及适用于商业用途的 IBM 1401。

1959 年 10 月 5 日，针对商业市场的 IBM 1401 发布。IBM 1401 推出后，大受欢迎，在后来大约 10 年的时间里，生产了 12 000 台，被称为计算机领域的"T 型福特"（第一款适合中产阶级的畅销汽车）。IBM 1401 是在 IBM 的恩迪科特（Endicott）园区（见图 49-1）生产的，恩迪科特园区是 IBM 最早的园区，其历史可以追溯到 CTR 成立之前。

图 49-1　IBM 的恩迪科特园区（照片来自 IBM）

差不多在相同的时间里，8000 系列新计算机的设计工作正在 IBM 的波基普西园区进行，目的是替代旧的 700/7000 系列。领导设计团队的就是后来因撰写《人月神话》而出名的弗雷德·布鲁克斯（Fred Brooks）博士（见图 49-2）。

布鲁克斯出生于 1931 年，1953 年从杜克大学毕业，获得物理专业的学士学位，然后到哈佛大学的计算机实验室深造，于 1956 年获得博士学位，他的导师便是霍华德·艾肯。

图 49-2　弗雷德·布鲁克斯（照片来自 ACM）

获得博士学位后，布鲁克斯加入 IBM，他工作的第一个项目是 IBM 7030。IBM 7030 又称 Stretch，是 IBM 的第一台晶体管大型机，售价高达 1000 万美元，一共售出 9 台。

布鲁克斯所在的设计团队里还有一位艾肯的学生，名叫格里特·布洛乌（Gerrit Blaauw）。布洛乌于 1924 年出生在荷兰海牙（Hague），1946 年从德尔夫特技术大学获得学士学位并获得老沃森奖学金到美国留学。在费城的拉法耶特学院学习一年后，布洛乌转到哈佛大学学习，在那里获得硕士和博士学位，他的导师也是霍华德·艾肯，获得博士学位的时间是 1952 年。获得博士学位后，布洛乌回到荷兰，在 ARPA 项目上工作了一段时间后，他于 1955 年又回到美国，加入 IBM 的波基普西实验室。

图 49-3　鲍勃·奥弗顿·埃文斯（照片来自 IBM）

布鲁克斯为 IBM 的 8000 系列计算机规划了多个产品，包括中等规模的 IBM 8106、大规模的 IBM 8112 以及小规模的 IBM 8103（商业用）和 IBM 8104（科研用）。考虑到自己所在部门（Data Systems Division，DSD）的资源有限，布鲁克斯特意来到恩迪科特园区的通用产品部（General Products Division，GPD），希望他们采用自己的新计划，生产 IBM 8103 和 IBM 8104。布鲁克斯找到了鲍勃·奥弗顿·埃文斯（Bob Overton Evans，1927—2004），见图 49-3）。

埃文斯在 1951 年加入 IBM，在恩迪科特园区工作，是 IBM 1401 的工程经理，级别比布鲁克斯高。不过让布鲁克斯失望的是，埃文斯认为 GPD 的 1400 系列很成功，他对布鲁克斯的新计划并不看好。但布鲁克斯仍据理力争，希望保住 8000 项目。

1961 年 1 月，布鲁克斯代表设计团队向 IBM 的管理层汇报了 8000 项目。过了不久，当埃文斯在威斯康星州的密尔沃基市拜访客户时，他接到 GPD 副总裁约翰·哈斯特拉（John Haanstra）的电话，要他立刻中断行程，当天晚上到纽约总部去见集团副总裁 T.文森特·利尔森（T. Vincent Learson）。

利尔森是土生土长的波士顿人，出生于 1912 年。他在 1931 年从波士顿拉丁学校毕业后，到哈佛大学学习数学专业，1935 年大学毕业后即加入 IBM。他先从销售部门做起，1954 年成为副总裁，1958 年开始负责 IBM 所有的电子计算机业务，后来成为 IBM 的 CEO，任职时间为 1971～1973 年。

利尔森身高超过 1.9 米，长着一双大脚[①]，他痛恨官僚作风，办事雷厉风行，深得小沃森信任，被称为小沃森的"王牌"。从 1958 年开始，小沃森让利尔森全面负责新计算机产品的研发工作。

---

① 参考 Bob Overton. Evans 所写的 *The Genesis of the Mainframe* 一书。

埃文斯接到电话后马上赶到机场，搭乘飞机到纽约，当晚 8 点在 IBM 总部见到了利尔森。埃文斯坐下后，还没等他把一路奔波的紧张情绪放松下来，利尔森就直奔主题地说："鲍勃，波基普西做了这个 8000 系列计划。我想让你到波基普西。如果是对的，就去做。如果不对，就把它做对！"（Bob, Poughkeepsie has this 8000 series plan. I want you to go to Poughkeepsie. If it is right, do it. If it is not right, do what is right!）

次日，关于埃文斯的任命正式下达，他从原来工作的 GPD 被调到 DSD，担任系统开发和计划分部的主任，汇报对象是 DSD 的副总裁查尔斯·德卡洛（Charles DeCarlo）。

埃文斯被从恩迪科特调到波基普西是因为利尔森正在执行所谓的"摩擦交互"（abrasive interaction）计划。埃文斯在被调到 DSD 后，他与布鲁克斯的争论并没有就此结束。他们之间的争论再次上升到管理层，利尔森提议把布鲁克斯的上司杰里·A.哈达德（Jerrier A. Haddad, 1922—2017）请过来，请他调查埃文斯和布鲁克斯的提议，看看到底应该选哪一个。经过一番调查后，哈达德建议选用埃文斯的提议。听了哈达德的建议后，利尔森在 1961年 5 月取消了布鲁克斯的 8000 项目。

埃文斯反对布鲁克斯的新计划的一个主要原因在于 8000 项目的多个产品之间不兼容。埃文斯一直主张兼容策略，他建议把多个处理器产品线统一起来。

从 1950 年开始"国防计算器（Defense Calculator）"项目到 1960 年的10 年时间里，IBM 推出了十几款大型机，成为大型机市场的主导者。但在产品线不断扩张和销量不断上升之后，一个新问题——兼容问题出现了，包括主机与外部设备以及软件的兼容。

1960 年 9 月 12 日，IBM 发布 1400 系列的新产品 IBM 1410，IBM 1410的设计与 IBM 1401 类似，但允许的地址空间更大。因为 IBM 1410 充分考虑了兼容性，所以 IBM 1401 客户可以只升级主机而继续使用旧的外设和软件，这种兼容特征让客户、销售部门和 IBM 的高管们非常喜欢，包括负责生产和研发的副总裁。

埃文斯取得胜利后，既没有以胜利者的姿态数落布鲁克斯，也没有对他置之不理。相反，他找到布鲁克斯，说服布鲁克斯"归顺"，一起开发具有兼容性的新一代计算机。后来布鲁克斯在回忆起这段经历时说："让我感到大为惊讶的是，在争斗了 6 个月之后，鲍勃竟让我负责后面的工作。"（To my utter amazement, Bob asked me to take charge of that job after we had been fighting for six months.）

埃文斯的高风亮节让布鲁克斯很受感动，布鲁克斯接受了埃文斯的邀请，表示愿意加入埃文斯领导的新项目。一场激烈的争论过后，双方宽容地结束了两个团队间长期的争斗，开始合作。

1961 年 11 月 1 日，利尔森亲自挑兵点将，组建代号为 SPREAD 的特别工作组，主席是约翰·W.哈斯特拉（John W. Haanstra），组员则来自 IBM 的多个部门。SPREAD 是"系统编程、研究、工程和开发"（Systems Programming, Research, Engineering And Development）的英文缩写，代表 SPREAD 工作组需要考虑的关键问题。SPREAD 工作组的目标就是"为 IBM 的数据处理器产品制定出一套总的计划"。

SPREAD 工作组被安排到康涅狄格州斯坦福附近的新英格兰汽车酒店（见图 49-4）办公，利尔森告诉大家，没有解决问题就不能离开酒店。

1961 年 12 月的月初，SPREAD 工作组来到新英格兰汽车酒店，大家在这里一直工作到新年前夕，终于制定出一项新的计划并写成一份报告，名为"SPREAD 工作组最终报告"，简称 SPREAD 报告（见图 49-5）。

图 49-4　明信片上的新英格兰汽车酒店，SPREAD 工作组在这里制定了成就"蓝色巨人"的 360 规划

SPREAD 报告的封面上写着报告的时间——1961 年 12 月 28 日，此外还有 SPREAD 工作组的成员名单，一共 12 人，分别是 J. W. Haanstra（主席）、B. O. Evans（副主席）、Joel D. Aron（FSD）、F. P. Brooks Jr.（DSD）、John W. Fairclough（WTC）、William P. Heising（DSD）、Herbert Hellerman（研究院）、Walter H. Johnson（组员）、Martin J. Kelly（GPD）、Doug V. Newton（高级系统开发部）、 Bruce G. Oldfield（FSD）、S. A. Rosen（DPD）、Jerry Svigals（GPD）。（括号中为部门名，根据埃文斯的回忆整理而成[1]）

SPREAD 报告分为如下 8 个部分。

- 简介：描述使命和目标、报告提要、制订计划时考虑的背景因素等。
- 处理器设计：规划处理器产品线，制定进行架构设计时必须遵守的基本规则。
- 软件：规划软件方面的目标、市场考虑、编程技术和软件产品。
- 市场。
- FSD 关系：FSD 代表 IBM 的联邦系统部（Federal Systems Division），这部分介绍为军事和政府服务的产品线。
- 实现：从多方面讨论 SPREAD 计划的实现方法，包括部门管控、技术研发、编程、世界市场、导入计划、安全共 6 个方面。
- 图表。
- 附录：包含产品生命周期图，DSD、WTC 和 CPC 之间的部门关系以及与 FSD 讨论 SPREAD 计划的来往邮件。

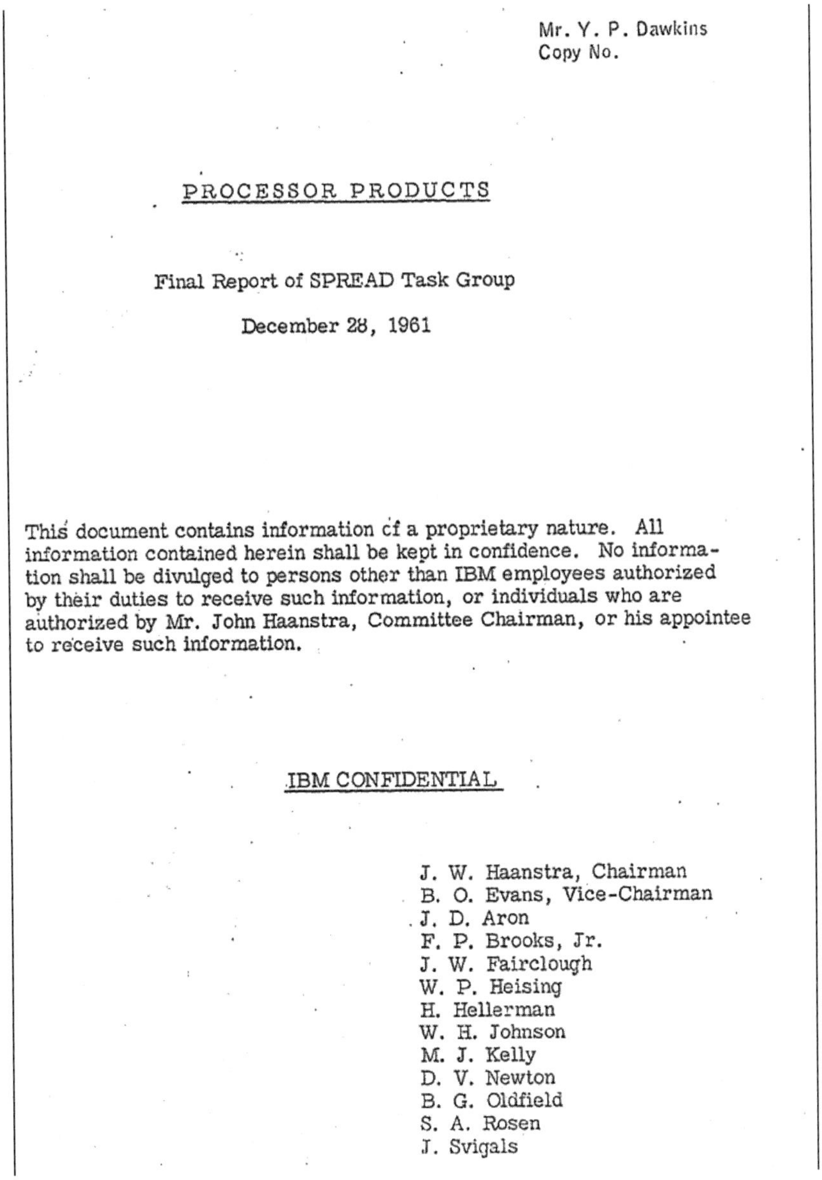

PROCESSOR PRODUCTS

Final Report of SPREAD Task Group

December 28, 1961

This document contains information of a proprietary nature. All
information contained herein shall be kept in confidence. No informa-
tion shall be divulged to persons other than IBM employees authorized
by their duties to receive such information, or individuals who are
authorized by Mr. John Haanstra, Committee Chairman, or his appointee
to receive such information.

IBM CONFIDENTIAL

J. W. Haanstra, Chairman
B. O. Evans, Vice-Chairman
J. D. Aron
F. P. Brooks, Jr.
J. W. Fairclough
W. P. Heising
H. Hellerman
W. H. Johnson
M. J. Kelly
D. V. Newton
B. G. Oldfield
S. A. Rosen
J. Svigals

图 49-5　SPREAD 报告的封面

　　SPREAD 报告是以处理器产品为核心展开的（见图 49-6），"处理器设计"
部分直接描述了开发处理器产品的策略，基本思想就是改变原来多条产品线
互不兼容的做法，而只开发具有兼容性的一套处理器（single compatible
family）。在制定 SPREAD 报告时，IBM 有 7 个互不兼容的处理器系列，分
别是 140、1620、7030（Stretch）、7040、7070、7080 和 7090 系列。

B. Architectural Ground Rules

The following ground rules should be imposed on the groups working on the logical structure of the proposed processors. The mechanism for enforcing and elaborating on these ground rules is proposed in the implementation section.

The group is confident that economically competitive processors obeying the ground rules set forth below can be built with one reservation. It is not evident that downward compatibility can be attained through the whole product range. The group recommends, however, that the design requirement for downward compatibility be stated as a firm ground rule and that development proceed on this basis until the Phase I review. If, at that time, it appears that economically competitive downward compatibility cannot be achieved across the whole processor range, then the range shall be broken into two segments with downward compatibility to be acheived within each segment.

1. Compatibility

Each processor is to be capable of operating correctly all valid machine-language programs of all processors with the same or smaller I/O and memory configuration.

图 49-6 SPREAD 报告的核心内容

执行 SPREAD 计划意味着放弃旧的多款处理器，并设计出一种新的具有兼容性的架构，这不仅意味着需要巨大的资金投入（预估的金额为 50 亿美元），而且意味着把多条技术路线合并成一条，一旦这条技术路线失败，就会影响全局。

IBM 的决策层在经过多次讨论后，最后的决定权落在了 CEO 小沃森的身上。多年之后，小沃森曾回忆说，这是他人生中所做的最大、风险最高的决定。

经过几周的考虑后，小沃森在 1962 年 3 月 18 日做出最终决定：批准 SPREAD 计划。于是，现代计算机历史上最大的开发项目之一开始了，与之同级别而且性质类似的还有多年之后英特尔与惠普联合开展的安腾项目。

与此前的计算机项目仅设计和实现一款计算机不同，SPREAD 项目要做的是设计一系列处理器，这些处理器属于同一个家族，有很多共性，相互兼容，但为了适用于不同的使用场景，它们在功能和配置方面又有很多不同。

兼容是有成本的，一个比较棘手的问题就是如何控制兼容带来的额外开销：既要让低端产品的性能不会太差，又要让高端产品表现出明显的性能优势。

为了解决这个问题，布鲁克斯、基恩 •安达尔（Gene Amdahl）、格里特 •布洛乌（Gerrit Blaauw）、威廉 • 赖特（William Wright）和威廉 • 汉夫（William Hanf）等人不得不绞尽脑汁地想办法。

用如今的计算机术语来讲，SPREAD 项目是要设计出一种处理器架构，比如现在流行的 x86 架构、ARM 架构等。但在当时，"架构"这个词才刚刚被布鲁克斯引入计算机领域，还不流行，所以 SPREAD 项目将写好的架构手册取名为"操作原理"（Principles of Operation，见图 49-7）。

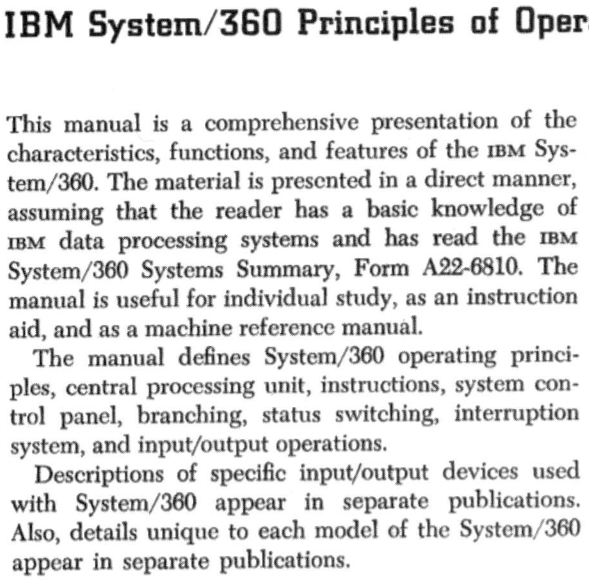

IBM System/360 Principles of Operation

This manual is a comprehensive presentation of the characteristics, functions, and features of the ɪʙᴍ System/360. The material is presented in a direct manner, assuming that the reader has a basic knowledge of ɪʙᴍ data processing systems and has read the ɪʙᴍ System/360 Systems Summary, Form A22-6810. The manual is useful for individual study, as an instruction aid, and as a machine reference manual.

The manual defines System/360 operating principles, central processing unit, instructions, system control panel, branching, status switching, interruption system, and input/output operations.

Descriptions of specific input/output devices used with System/360 appear in separate publications. Also, details unique to each model of the System/360 appear in separate publications.

图 49-7 第 1 个版本的 S/360 架构手册的封面

1964 年 4 月 7 日，IBM 在波基普西召开盛大的新闻发布会，公布了 SPREAD 计划，并宣布规划两年之久的新处理器家族名为 System/360。在此次新闻发布会上，IBM 宣布了新处理器家族 System/360 的第一批成员，型号为 30、40、50、60、62 和 70。

在新闻发布会举行之后的 8 周时间里，IBM 就收到超过 200 台新机器的订单，这让小沃森松了口气。但是，小沃森在来到工厂看了一下建造中的机器后，又紧张了。多年之后，他回忆说："当我看到那些新产品时，我根本没有感觉到自己应有的自信。展示的设备不全是真的，有的还是用木头做的模型。这提醒了我，距离这个项目成功还有很远的路要走。"

于是，小沃森开始调度更多的资源投入 System/360 项目，每周工作 60 小时，有些任务更是执行轮班作业。

为了加强各团队之间的协作，小沃森特意任命了 4 位执行力强的经理组成"四骑士"（见图 49-8）来协调整个项目。这 4 位经理分别是约翰·哈斯特拉（John Haanstra）、约翰·吉布森（John Gibson）、克拉伦斯·E.弗里泽尔（Clarence E. Frizzell）和亨利·E.库利（Henry E. Cooley）。

图 49-8　System/360 项目之 "四骑士"

（分别是约翰·哈斯特拉、约翰·吉布森、克拉伦斯·E.弗里泽尔和亨利·E.库利）

　　SPREAD 报告对软件也做了重新规划。因此，小沃森特意安排软件团队为 System/360 开发系统软件，名字就叫 System/360 操作系统，简称 OS/360 或 OS（见图 49-9）。如今，OS 已成为 IT 领域的常用词汇之一，但在当时，系统软件有很多名字，比如控制程序、主控制程序等。据考证，OS 一词是由 IBM 发明的，最早使用这个词的操作系统是 Share OS，简称 SOS。在各种广泛流行的 OS 中，OS/360 是最早使用 OS 这一名称的。

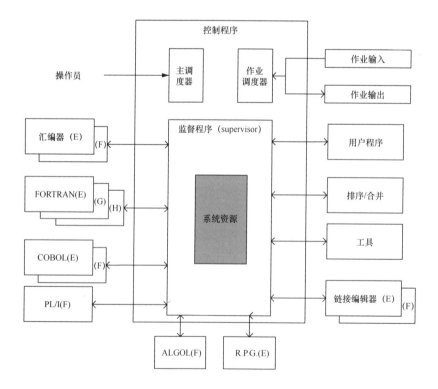

图 49-9　OS/360 的结构框图

参与 OS/360 开发的软件工程师有 1000 人之多，主要来自 IBM 的波基普西园区。在 1963 年时，OS/360 的软件团队"非常混乱"。OS/360 最重要的设计目标之一就是支持多任务，但在很长一段时间里，OS/360 在执行多任务时有问题。

另一个难以解决的问题是体量。按照最初的计划，OS 的大小为 6KB，这对于总共只有 16KB 内存的计算机来说是合适的。但是到了 1965 年 12 月，OS 需要的内存高达 64KB。造成体量变大的原因是 OS 的复杂度很高，增加了许多功能 [2]。

为了支持不同内存大小的计算机，软件团队不得不定义体量不同的多个变体，最基本的叫 BOS（基础 OS，支持 8KB 内存大小的计算机），然后是支持 16KB 内存大小的 TOS（磁带 OS），最后是主流的 DOS（磁盘 OS）。

在多任务方面，软件团队定义了 3 种模式：最基本的叫 BPS（Basic Programming Support），只能支持单一的作业（job）；中等级别的叫 MFT（Multiprogramming with Fixed number of Tasks），支持固定数量的任务；最高级别的叫 MVT（Multiprogramming with Variable number of Tasks），支持可变数量的任务。

在 1964 年举行的发布会上，IBM 一共发布了 6 种型号——30、40、50、60、62 和 70。1965 年年中，IBM 开始交付前 3 种型号，它们采用中低端的配置，用来替代旧的 1400 系列。后 3 种型号是用来替代 7000 系列的，迟迟无法交付，后来也始终没有交付，IBM 于是使用 65 和 75 型号替代原来计划中的 60、62 和 70 型号。

1965 年 4 月，IBM 发布了 65 型号，该型号实现了 System/360 统一指令集（universal instruction set）中定义的所有指令，因而可以模拟 7000 系列的很多机型。根据内存大小的不同，65 型号又分为 6 个子型号——G65（128KB）、H65（256KB）、I65（512KB）、IH65（768KB）和 J659（1MB）[3]。图 49-10 显示了内存大小和 OS/360 所支持功能的关系图。从 System 360 开始，字节成为表达内存容量的标准单位，这种做法一直持续到今天。

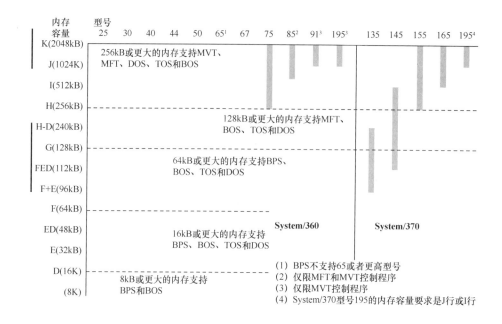

图 49-10　内存大小和 OS/360 所支持功能的关系图

1965 年 11 月，IBM 开始向客户交付 65 型号的 System/360，第一台交付给了 MIT。

1965 年 4 月 22 日，IBM 发布 System/360 的高端型号 75。75 型号（见图 49-11）使用 750 纳秒的磁核内存，最大容量为 1MB。75 型号是在 IBM 的金士顿（Kingston）工厂生产的，租用价格为每月 5 万～8 万美元，销售价格为 220 万～350 万美元。

图 49-11　安装在 NASA 休斯敦航天飞行中心的 System/360（型号 75）

因为价格昂贵，75 型号的总销量不大，最大的客户应该是 NASA，用于执行著名的阿波罗太空计划。

为了改变人们心中对计算机冰冷和呆板的印象，System/360 有 5 种颜色，包括十分时尚的橙红色（见图 49-12）。

在硬件方面，System/360 普遍使用了一种名为 SLT 的基础电路（见图 49-13）。SLT 电路单元的大小为 0.5 平方英寸，具有密度大、速度快、可靠性高等优点。

从生产和质量控制的角度看，SLT 具有模块化特征，可以让专门的工厂生产出高质量的标准件。

在软件方面，System/360 采用了模块库的思想。源代码形式的模块库经语言翻译器（编译器）编译成目标模块，再经过链接器（当时叫链接编辑器）链接成可加载的二进制模块库，操作系统在把后者加载到内存之后，就可以执行其中的代码了（见图 4-14）。

图 49-12　具有时尚感的 System/360

图 49-13　SLT 电路单元

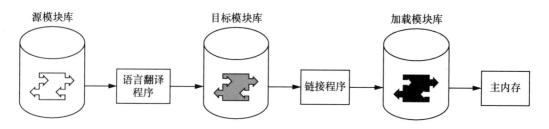

图 49-14　软件模块的工作过程

另外，当时已经有了重定位（relocation）的概念（见图 49-15），在使用时，模块可以加载到不同的内存地址。

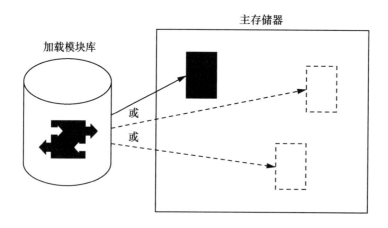

图 49-15　重定位技术的原理

1965 年 System/360 开始交付，在接下来的 10 多年时间里，System/360 销往世界各地（图 49-16 展示了运送到日本东京银行的 System/360），成为

IBM 最重要的产品，贡献超过一半的收入。[①]System/360 的成功让 IBM 成为大型机市场的领导者。当小沃森于 1956 年接任他的父亲成为 IBM 的 CEO 时，IBM 的年收入为 8.92 亿美元，员工总共约 72 500 人。到了 1971 年，IBM 的年收入为 830 亿美元，员工总共约 27 万人，用了大约 15 年的时间。小沃森把 IBM 从一家穿孔卡片公司打造成了计算机和科技领域的"蓝色巨人"。

图 49-16 运送到日本东京银行的 System/360（时间约为 1965 年，照片来自 IBM）

1985 年，System/360 项目的 3 位核心执行者埃文斯、布鲁克斯和埃里克一起被授予美国国家科技勋章（National Medal of Technology），他们分别代表了实现 System/360 项目的 3 个角色——管理、软件和硬件。

布鲁克斯在 1965 年离开 IBM，他根据自己在 System/360 项目中的经历写了一本书，书名是《人月神话》，这本书于 1975 年出版，是软件工程领域的经典著作。在这本书中，布鲁克斯阐释了自己的名言："为一个进度滞后的软件项目添加人手会让这个项目更加滞后。"（Adding manpower to a late software project makes it later.）这句名言后来被称为"布鲁克斯法则"。

1999 年，布鲁克斯获得图灵奖，以表彰其在"计算机架构、操作系统和软件工程"方面的奠基性贡献。

---

① 参考 BITSAVERS A K 撰写的《IBM System/360 Model 65 Functional Characteristics》。

参考文献

[1] WATSON T J, PETRE P. Father, Son & Co.: My Life at IBM and Beyond [M]. New York:Bantam Books, 1991.

[2] JARDINE D A. Operating System/360 [EB/OL]. [1972-08-09]. https://web.archive.org/web/20070929044157/. http://ldworen.net/fun/os360obit.html.

[3] CORTADA J W. IBM: The Rise and Fall and Reinvention of a Global Icon [M]. Cambridge: the MIT Press, 2019.

第 50 章　　1970 年，PDP-11

DEC 成立于 1957 年，最初的产品是可以用来构建数字电路的基础模块，称为"试验模组"。1959 年年初，DEC 开始研发计算机产品，并于 1960 年向客户交付了第一台 PDP-1 计算机。从此，DEC 开始持续开发 PDP 系列计算机。DEC 于 1965 年 3 月 22 日推出 PDP-8，字长从 PDP-1 的 18 位缩减为 12 位，机器的体积也大为缩小，与冰箱差不多，售价为 18 500 美元，这是第一款售价低于 2 万美元的计算机，大受市场欢迎。

PDP-1 和 PDP-8 的字长分别为 18 位和 12 位，都是 6 的倍数，这是因为早期的计算机大多使用 5 比特来表示一个字符，这一传统与图灵发明的"图灵码"有密切的关系。

1963 年，美国标准协会（ASA）和美国国家标准学会（ANSI）联合推出了"美国信息交换标准代码"（American Standard Code for Information Interchange，ASCII）。ASCII 使用的是 7 位编码，也就是为所有的大小写英文字符、阿拉伯数字和常用符号都赋予一个 7 位的固定代码，比如大写 A 的 ASCII 编码是 65，数字 0 的 ASCII 编码是 48，空格的 ASCII 编码是 32。

随着 ASCII 编码的流行，计算机内部的基本数据宽度开始向 8 位的方向发展，即今天我们所说的字节（byte）。到了 20 世纪 60 年代后期，这一趋势愈加明显。

为了适应基本数据宽度的这一变化潮流，DEC 在 1970 年 1 月发布了 16 位的 PDP-11 小型机。PDP-11 推出后大受欢迎，包括贝尔实验室在内的很多客户纷纷订购，仅在 20 世纪 70 年代就销售 17 万台。PDP-11 的旺销一直持续到 20 世纪 90 年代，一共销售出 60 多万台。图 50-1 显示了 PDP-11 的价格表。

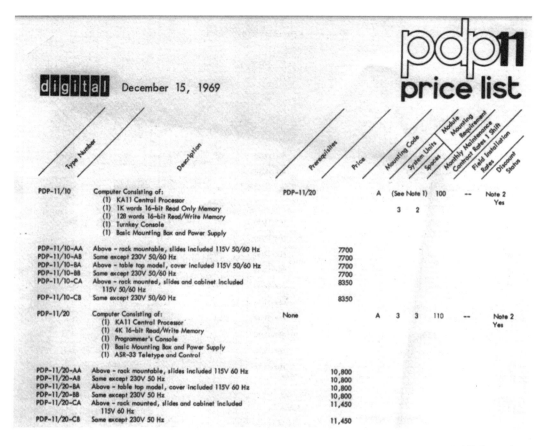

图 50-1　PDP-11 的价格表（局部）

在硬件方面，PDP-11 引入了名为 Unibus 的系统总线，不仅可以很方便地接入各种外部设备，而且支持直接内存访问（DMA）技术，这样就可以把外部设备上的数据直接传递到内存中。图 50-2 显示了 PDP-11 的结构框图。

另外，PDP-11 支持中断优先级（定义了 4 个中断优先级）和中断嵌套。CPU 在处理低优先级的中断时，如果接收到高优先级的中断，就跳过去处理高优先级的中断，等到高优先级的中断处理完之后，再跳回来处理低优先级的中断。

PDP-11 有 8 个寄存器，其中 6 个为通用寄存器，另外两个分别是程序指针（PC）寄存器和栈指针（SP）寄存器。

在指令集方面，用今天的话来讲，PDP-11 使用的是复杂指令集，有很多指令可以访问内存。用户可以在一条指令中指定多个操作数，并且可以直接把内存中的数据从一个位置复制到另一个位置。

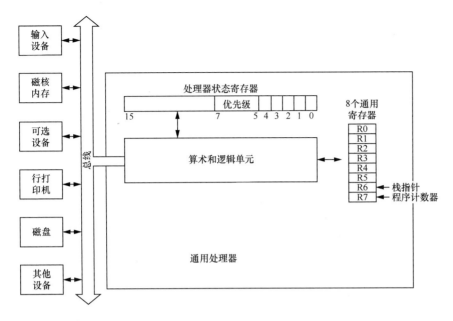

图 50-2　PDP-11 的结构框图（来自《PDP-11 手册》）

指令的高位部分为操作码，低位部分为操作数，操作码的长度不固定。图 50-3 显示了 PDP-11 的双操作数指令格式。

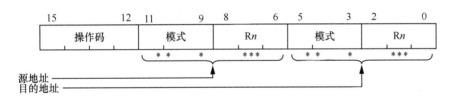

源地址
目的地址

　　* 指定源地址和目的地址的位
　　** 指定如何使用选择的寄存器
　　*** 指定通用寄存器

图 50-3　PDP-11 的双操作数指令格式（来自《PDP-11 手册》）

使用图 50-3 所示双操作数指令格式的指令包括 MOV、MOVB（把 1 字节信息复制到寄存器中，自动做符号扩展）、CMP、CMPB、ADD、SUB 等。

在子过程方面，PDP-11 提供了专门的 JSR（jump to subroutine）指令用于调用子过程，还提供了 RTS（return from subroutine）指令用于从子过程返回。在调用子过程时，PDP-11 把代表返回地址的 PC 寄存器的内容压入栈中，返回时则从栈中弹出保存的返回地址并赋给 PC 寄存器。这与图灵在设计 ACE 试验机时提供 BURY 和 UNBURY 指令的做法是相同的，这种做法直到今天仍在广泛使用。

PDP-11 有多条陷阱指令，例如用于支持调试的 BPT 指令（CPU 一旦执行 BPT 指令，就会陷入内核，转而执行系统软件中的异常处理程序）、用于触发系统服务的 TRAP 指令，以及用于从中断和陷阱返回的 RTI（return from interrupt）和 RTT（return from trap）指令。

PDP-11 还有一些特殊指令，比如暂停执行的 HALT 指令、等待中断的 WAIT 指令、复位 Unibus 的 RESET 指令等。

在软件方面，PDP-11 支持很多种操作系统，仅 DEC 列出的就有如下 12 种：BATCH-11/DOS-11、P/OS、CAPS-11、RSTS/E、RSX-11、RT-11、GAMMA-11、DSM-11、TRAX、IAS、Ultrix-11 和层次存储控制器（Hierarchical Storage Controller）。

其中，DSM-11 的英文全称是 Digital Standard Mumps - 11，源自麻省总医院开发的马萨诸塞州综合医院多用户编程系统（Massachusetts general hospital Utility Multi-Programming System，MUMPS），最初用来帮助医院做信息管理。DSM-11 支持解释执行的 M 语言，因为内建了数据库访问能力，所以可以非常方便地实现各种数据处理和信息管理系统。

RSX-11 的英文全称是 Real Time Executive-11，源于 DEC 在 1971 年发布的 RSX-15（见图 50-4）。RSX-15 的主架构师是丹尼斯·布雷维克（Dennis Brevik）。根据布雷维克的回忆，他最初为 RSX 取的名字是 DEX，表示 DEC Executive，但在提交给 DEC 的法务部门申请商标时被否决了。于是布雷维克取了很多名字提交给 DEC 的法务部门，IBM 的法务部门从中选了一部分可以用作商标的名字，最终布雷维克和从事市场工作的鲍勃·德克尔（Bob Decker）一起选定了 RSX 这个名字作为商标。布雷维克和鲍勃·德克尔是在老纺织厂厂房 5 号楼的 3 楼办公室里做出这个决定的。因为布雷维克是

图 50-4 《RSX-15 参考手册》封面

RSX-11 的开创者和主要贡献者，所以他被肯·奥尔森的弟弟斯坦·奥尔森亲切地称为"RSX 先生"①。

因为 PDP-11 的热销和长时间流行，所以为 PDP-11 移植的 RSX-11 也有很多个分支，其中开发时间较长、使用较广泛的是 RSX-11M。

除了 DEC 列出的操作系统之外，用户还可以选择其他操作系统，比如 UNIX。1970 年，当 PDP-11 推出时，UNIX 正在研发。1971 年春，UNIX 开发团队订购了一台 PDP-11，于同年夏天开始使用 PDP-11。此后，UNIX 和 C 语言的很多开发工作就是在 PDP-11 上完成的。丹尼斯·里奇和肯·汤普森的那张著名合影就是他们在 PDP-11 上工作时拍摄的（见图 51-7）。

参考文献

[1] 美国数字设备公司.PDP-11/70 处理机手册 [M]. 铁道部直属电子计算所，译. 北京：中国铁道出版社，1980.

---

① 参考布雷维克本人整理的回忆资料。

第 51 章　1971 年，UNIX 系统

1876 年 3 月 7 日，美国专利局批准了编号为 174465 的专利申请，这个专利名为"电报技术的改进"（Improvement in Telegraphy），核心内容是如何通过电线来传递语音，也就是电话技术。这个专利的第一发明人就是"电话之父"亚历山大·格雷厄姆·贝尔（Alexander Graham Bell）。

1847 年 3 月 3 日，贝尔出生于苏格兰爱丁堡的南夏洛特街（South Charlotte Street），他的父亲是发音学（phonetics）方面的教授，很早就鼓励贝尔学习各种声学和发音知识。

1870 年，贝尔一家从英国搬到加拿大。过了不久，美国波士顿聋哑学校的校长萨拉·富勒（Sarah Fuller）邀请贝尔的父亲到学校任职，去给那里的老师培训视觉语音系统（Visible Speech System）。贝尔的父亲没有接受邀请，但他向富勒推荐了自己的儿子。于是，贝尔在 1871 年 4 月来到美国波士顿，为波士顿聋哑学校的老师们做培训（见图 51-1）。贝尔所做的培训获得非常高的评价，很快又有其他聋哑学校邀请贝尔去做培训。

1872 年，贝尔成为波士顿大学演讲学院在声音生理学和发声法方面的教授。在波士顿，贝尔继续研究和做自己喜欢的声学实验，他希望通过电子设备来传递人的语音。当时，可以传递文字信息的电报技术在美国已经得到比较广泛的应用。

1874 年，贝尔得到学生家长托马斯·桑德斯（Thomas Sanders）和加德纳·哈伯德（Gardiner Hubbard）的资金支持，他雇用了一位熟悉电子技术的助手，名叫托马斯·奥古斯都斯·沃森（Thomas Augustus Watson，1854—1934）。在助手的帮助下，贝尔投入更大的精力研制"发声电报"（acoustic telegraphy），在 1875 年 6 月 2 日取得突破性进展，并于 1876 年申请了专利。

1877 年 7 月 9 日，贝尔与资助自己发明电话的学生家长加德纳·哈伯德一起创立了贝尔电话公司。2 天后的 7 月 11 日，贝尔与自己曾经的学生——哈伯德的女儿马贝尔·哈伯德（Mabel Hubbard，1857—1923）结婚。马贝尔在 15 岁生日前不久，因为突发严重的猩红热而失去了听力。

1880 年，贝尔被法国政府授予伏特奖（Volta Prize）和法国荣誉勋位勋章，以表彰他在电学方面取得的科学成就。奖金共计 5 万法郎（当时相当于 1 万美元）。贝尔与堂弟奇切斯特·贝尔（Chichester Bell，1848—1924）以及萨姆纳·泰恩特（Sumner Tainter）一起合作，用这些奖金在华盛顿建立了伏特实验室（Volta Laboratory）。这个实验室便是后来著名的贝尔实验室的前身，成立时的研究目标是分析声音的记录和传输。

同年，贝尔电话公司启动了一个新的项目，目的是建立一个覆盖全美国的长途电话系统。1885 年 3 月 3 日，专门经营长途电话业务的新公司成立，名为美国电话和电报公司（American Telephone and Telegraph Company），简称 AT&T 公司。

1925 年 1 月 1 日，AT&T 公司和西方电子公司一起成立了贝尔电话实验室公司（Bell Telephone Laboratories Inc.），简称贝尔实验室，AT&T 公司和西方电子公司各持有贝尔实验室 50% 的股权。贝尔实验室成立时有 3600 名工程师、科学家和辅助人员，办公大楼位于纽约西街 463 号。

贝尔实验室的首任董事会主席是 AT&T 公司的副总裁约翰·J.卡蒂（John J. Carty），首任总裁是弗兰克·B.朱伊特（Frank B. Jewett）。弗兰克还是董事会成员，他在贝尔实验室一直工作到 1940 年。

贝尔实验室在成立后聚集了很多优秀人才，很快就有了大量发明。

1926 年，贝尔实验室发明了一种早期的同步声音电影系统。

1927 年，领导光电研究（Electro-Optical Research）部门的赫伯特·E.艾夫斯（Herbert E. Ives）与其团队成功将电视图像从华盛顿传输到纽约。同年，克林顿·戴维森（Clinton Davisson）与乔治·汤姆逊（George Thomson）通过电子衍射实验证实了高速电子的波动性，验证了德布罗意的物质波理论。因发现电子在晶体中的衍射现象，他们两人共同获得 1937 年的诺贝尔物理学奖。

1928 年，约翰·B.约翰逊（John B. Johnson）在贝尔实验室首次测量了电阻中的热噪声，如今这种噪声被称为约翰逊噪声。

1931 年，卡尔·詹斯基（Karl Jansky）在调查短波远距离通信的静电来源时，为射电天文学奠定了基础，他发现无线电波是从银河系中心发出的。

1937 年，霍默·达德利（Homer Dudley）开发并展示了声码器（Vocoder）——一种电子语音压缩装置。1939 年，霍默在纽约世界博览会上展示了世界上的第一台电子语音合成器——Voder。

进入 20 世纪 40 年代后，贝尔实验室在新泽西州的新园区陆续建成，一些工程师和科学家开始迁往新的办公场地，他们厌恶纽约的拥挤和喧嚣。位于新泽西州默里山（Murray Hill）的新园区逐渐发展为新的"研发中心"。1967 年，贝尔实验室的总部正式从纽约迁往默里山。默里山位于新泽西州北部，靠近大沼泽（Great Swamp），美国于 20 世纪 60 年代开始建立大沼泽国家野生动物保护区（Great Swamp National Wildlife Refuge）。

1941 年，克劳德·香农（Claude Shannon，1916—2001）加入贝尔实验室，他在这里一直工作到 1956 年。

1943 年年初，图灵以英国密码专家身份访问了贝尔实验室，他与贝尔实验室的很多人交流过，包括香农。图灵和香农交谈了很久，图灵向香农介绍了自己的"论可计算数"论文。

1947 年，贝尔实验室的约翰·巴丁（John Bardeen）、沃尔特·豪泽·布拉顿（Walter Houser Brattain）和威廉·布拉德福德·肖克利（William Bradford Shockley）共同发明了晶体管，这是贝尔实验室最重要的发明，发明的地点就在默里山园区。1956 年，第一台使用晶体管制造的电子计算机 TX-0 成功运行。从此，晶体管开始成为建造电子计算机的主要元器件。因为发明了晶体管，他们 3 人（见图 51-2）获得 1956 年的诺贝尔物理学奖。

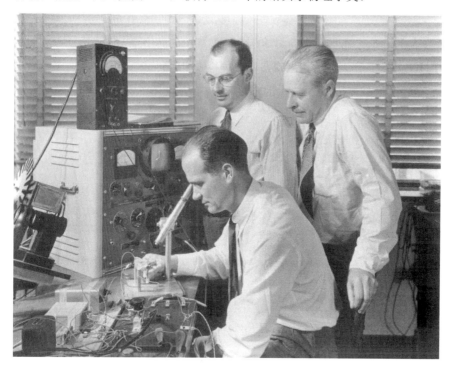

图 51-2　晶体管的 3 位发明者（大约拍摄于 1948 年，从左向右分别是威廉·布拉德福德·肖克利、约翰·巴丁和沃尔特·豪泽·布拉顿）

同年，理查德·汉明（Richard Hamming）发明了汉明码（Hamming Code），汉明码不仅可以检测数据是否有效，而且能够在数据出错时指出发生错误的位置。因为是专利，这一成果直到 1950 年才公布。

1948 年，克劳德·香农在《贝尔系统技术杂志》（Bell System Technical Journal）上发表了论文《通信的数学原理》（A Mathematical Theory of Communication），由香农和沃伦·韦弗（Warren Weaver）共同署名，这是信息理论最为重要的奠基作之一。

1949 年，香农的另一篇论文《保密系统的通信理论》（Communication Theory of Secrecy Systems）发表，这篇论文介绍了香农在第二次世界大战期间取得的研究成果，这篇论文让香农享有"现代密码学创始人"的荣誉。同年，香农与贝尔实验室的同事 Mary Elizabeth（Betty）Moore 结婚。业余时间，香农非常喜欢骑独轮车和现杂耍，他总是骑上独轮车绕着贝尔实验室的大楼兜圈，双脚踏住踏板，控制前进与后退，同时两只手也在表演，把多个小球或飞盘交替地抛起来，再接住（见图51-3）。

1960 年 12 月，阿里·贾瓦（Ali Javan）与同事威廉·贝内特（William Bennett）和唐纳德·赫里奥特（Donald Heriot）成功运作了第一台气体激光器，实现了前所未有的精度和色彩纯度。

1964 年，库马尔·帕特尔（Kumar Patel）发现了二氧化碳激光。

1965 年，阿诺·彭齐亚斯（Arno Penzias）和罗伯特·威尔逊（Robert Wilson）发现了大爆炸理论中预言的宇宙微波背景辐射，他们因此获得 1978 年的诺贝尔物理学奖。

图 51-3　克劳德·香农（照片版权属于香农家庭）

1966 年，R. W. Chang 发明了正交频分复用技术（Orthogonal Frequency Division Multiplexing，OFDM），这项技术后来被广泛应用于各种数字通信领域，包括手机等移动设备使用的无线通信。

1966 年夏，贝尔实验室迎来一名新员工，名叫肯·汤普森（Ken Thompson），汤普森此时刚从加州大学伯克利分校硕士毕业。

1943 年，汤普森出生于美国的新奥尔良，他的父亲是海军军人。在上大学之前，汤普森跟随父亲的军队四处迁移，他从没有在一个地方待过两年以上[1]。因为经常搬家和换学校，汤普森在童年和少年时并没有接受很好的教育。但有一次上课时，老师讲到了二进制数，这让汤普森非常着迷。放学后，汤普森继续使用二进制数做各种运算，他还根据二进制的规律设计了其他数制。上中学后，汤普森迷上了电子器件，他购买了很多实验设备，经常自己设计和制作电路板，做各种电子设备。

1960 年，汤普森进入加州大学伯克利分校学习电气工程专业，当时还没有计算机科学专业。

大学期间，汤普森喜欢上了编程，他常常在半夜时偷偷进入机房，把里面的 IBM 大型机当作"个人电脑"独自使用，直到第二天天亮。

1965 年，汤普森本科毕业，但他并没有离开学校，一位教授把他推荐给了埃尔温·伯利坎普（Elwyn Berlekamp），于是汤普森继续攻读硕士学位。伯利坎普在 MIT 读博士时的导师就是香农。香农在 1956 年加入 MIT，他一直在 MIT 工作到 1978 年。

汤普森仅仅用了一年的时间就获得硕士学位，但在硕士毕业后，汤普森并没有像其他同学那样急着找工作，而是仍然像以前那样到处找计算机编写软件，学校里只要有计算机的地方，就有汤普森的身影。整天出没于各个计算机机房的汤普森引起贝尔实验室招聘人员的注意，这位招聘人员找到汤普森，想要对他进行面试，但汤普森拒绝了。但是这位招聘人员并没有放弃，在接下来的一周时间里，这位招聘人员总是想办法找汤普森进行面试。直到一周的时间即将过去，这位招聘人员在离开加州大学伯克利分校之前，又打电话给汤普森，然后直接跑到汤普森的住处对他做了一次面试。

这次面试结束后，汤普森收到一封信，信的内容是邀请汤普森到贝尔实验室再做一次面试。贝尔实验室位于美国东海岸附近，汤普森有很多少年时的朋友就在东海岸工作，他想借着面试的机会去看看这些朋友。汤普森把想法直接告诉了贝尔实验室的工作人员，对方说："当然可以，你可以做你想做的任何事。"于是，汤普森开始了自己的东海岸面试之旅，他先是来到贝尔实验室的惠帕尼园区，汤普森觉得很无趣；接下来他又来到默里山园区，有两个部门的工作让汤普森产生了兴趣。汤普森完成面试后便继续看望朋友，在入住下一个酒店时，他收到贝尔实验室的信，告诉他可以根据兴趣选择自己希望工作的部门。汤普森考虑了一周后，做出了选择。很快，他就收到了工作邀请。汤普森又考虑了几周，接受了邀请。

1966 年的夏天，汤普森加入贝尔实验室的计算科学研究中心（Computing Sciences Research Center）。因为计算科学研究中心的机构代码在后来的很长一段时间里都是 1127，所以大家又称之为 1127 中心。不过在汤普森加入时，计算科学研究中心还在使用旧的机构代码 137。

1127 中心的办公室位于默里山园区的 2 号楼。2 号楼建成于 1949 年，处在最早落成的 1 号楼的延长线上。1 号楼建成于 1941 年。后来，贝尔实验室又在 1 号楼和 2 号楼之间修建了 6 号楼和 7 号楼，它们与 1 号楼和 2 号楼垂直，就好像在 1 号楼和 2 号楼的直线上加了一条垂直的横线。另外，因为

2 号楼的北侧也有垂直部分，就好像在 1 号楼和 2 号楼所在直线的顶端加了一条横线，左边长、右边短。这 4 栋楼的布局很像中文里的"牛"字。6 号楼和 7 号楼建成于 1974 年。

汤普森入职后参与的第一个项目是 MULTICS，MULTICS 是由 MIT、GE 和贝尔实验室联合开发的一款操作系统。当时，"操作系统"这个术语还没有普遍使用。MULTICS 的英文全称是 Multiplexed Information and Computing Service（信息复用和计算服务）。MULTICS 是在 MIT 的 CTSS（Compatible Time Sharing System）的基础上开发出来的，目的是同时支持数以百计的用户。在三方合作中，MIT 负责系统设计，GE 负责硬件和产品，贝尔实验室负责软件开发。MULTICS 是使用 PL/I 语言开发的，目标硬件是 GE 的 GE-645 大型机。

在参与 MULTICS 项目的过程中，汤普森设计了一种能够解释执行的编程语言，名为 BON（见图 51-5）。

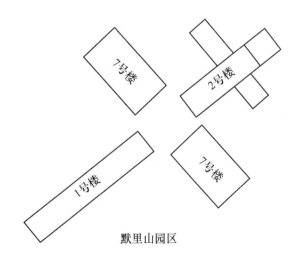

图 51-4　默里山园区

默里山园区

MULTICS 项目庞大，进展缓慢，而且实际的工作效果与预期相差悬殊，测试结果表明只能同时支持 3 个用户。

1969 年 3 月，贝尔实验室决定退出 MULTICS 项目[2]，借用参与该项目的拉德·卡纳迪（Rudd Canaday）的话，MULTICS 项目"太大、太复杂、太慢并且太花钱了"。（Bell Labs abandoned the MULTICS project because it was too big, too complex, too late, and too costly.）

MULTICS 项目的失败还产生了副作用——贝尔实验室的决策者们不愿意继续开展操作系统方面的项目。参与 MULTICS 项目的工程师们闲了下来。

喜爱编程的汤普森开始写各种软件，想到什么就写什么，包括游戏、天文、语音等。其中最有名的就是名叫《太空旅行》（*Space Travel*）的计算机游戏。在这个游戏里，玩家可以乘坐一艘飞船，在太阳系的各个星球之间穿梭。

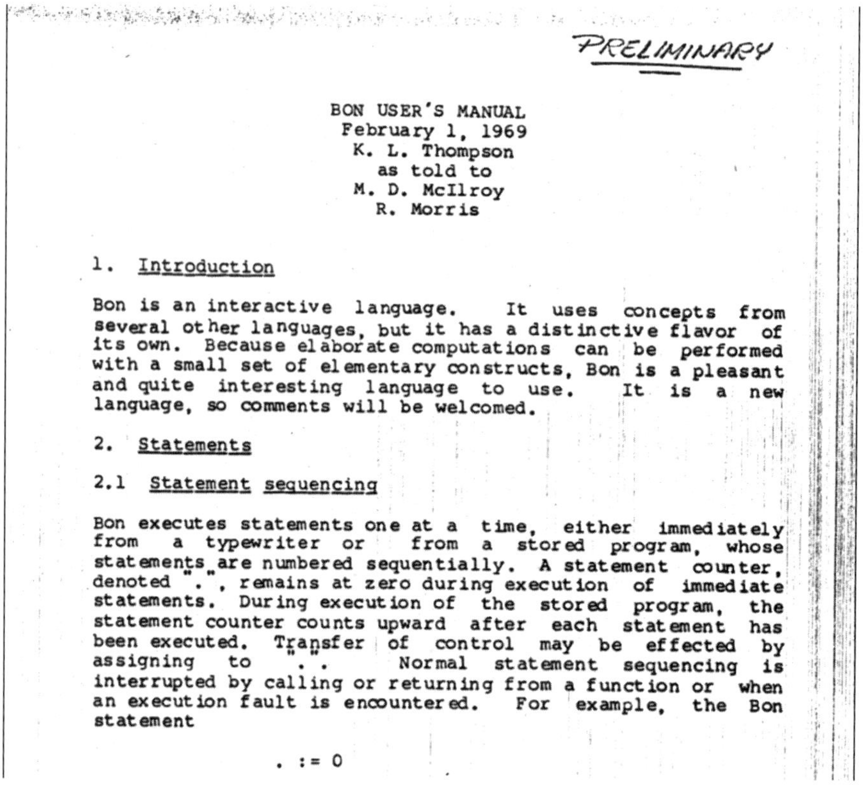

```
                                    PRELIMINARY

                        BON USER'S MANUAL
                        February 1, 1969
                          K. L. Thompson
                            as told to
                          M. D. McIlroy
                            R. Morris

1.  Introduction

Bon is an interactive language.  It uses concepts from
several other languages, but it has a distinctive flavor of
its own.  Because elaborate computations can be performed
with a small set of elementary constructs, Bon is a pleasant
and quite interesting language to use.  It is a new
language, so comments will be welcomed.

2.  Statements

2.1  Statement sequencing

Bon executes statements one at a time, either immediately
from  a typewriter  or  from a stored program, whose
statements are numbered sequentially. A statement counter,
denoted ".", remains at zero during execution of immediate
statements.  During execution of the stored program, the
statement counter counts upward after each statement has
been executed.  Transfer of control may be effected by
assigning to ".".   Normal statement sequencing is
interrupted by calling or returning from a function or when
an execution fault is encountered.  For example, the Bon
statement

        . := 0
```

图 51-5　汤普森为 BON 语言编写的用户手册

起初，汤普森是在 MULTICS 项目使用的 GE-645 上开发《太空旅行》游戏的。GE-645 的机时很贵，而且说不定什么时候就被搬走了，所以汤普森便想把《太空旅行》游戏移植到更便宜的小型机上。有一天，当汤普森在贝尔实验室的大楼里闲逛时，他看到一台落满灰尘的 PDP-7，询问后得知，这台机器是其他同事买来做电路分析项目的，项目结束后就不用了。这让汤普森非常高兴，他把这台满是灰尘的"废物"当成了宝贝。汤普森决定把《太空旅行》游戏移植到 PDP-7 上。

PDP-7 缺少 MULTICS 项目中的很多软件，这让汤普森感觉很不方便；而且《太空旅行》游戏在 PDP-7 上跑起来之后，速度也很慢。

事实上，包括汤普森在内的很多工程师还是很喜欢 MULTICS 项目的，特别是 MULTICS 项目中使用的一些先进技术。因此，汤普森便想把 MULTICS 项目中的一些功能在 PDP-7 上也实现出来，但这需要很多时间，而且最好有人一起做。

汤普森把自己的想法告诉了好朋友拉德·卡纳迪（Rudd Canaday）和丹尼斯·里奇（Dennis Ritchie），他们两人都曾是 MULTICS 项目组的成员。

卡纳迪出生于 1938 年[1]，1955 年进入哈佛大学读书，他选修了没有学分的编程课，在 UNIVAC 上编写软件，最后爱上了编程。1959 年，在从哈佛大学毕业并获得物理学学士学位后，卡纳迪继续到 MIT 攻读硕士和博士，专业都是电子工程。1964 年获得博士学位后，卡纳迪加入贝尔实验室工作。在起初的两年时间里，卡纳迪领导了一个名为 Nike-X 的分时系统项目。这个项目完成后，卡纳迪被调到计算机科学研究部，加入 MULTICS 项目组。

里奇出生于 1941 年 9 月 9 日，他比汤姆森年长约两岁。里奇的父亲名叫阿利斯泰尔·里奇（Alistair Ritchie），他很早就在贝尔实验室工作了。1967 年[2]，里奇在哈佛大学读完博士后，加入贝尔实验室，成为 MULTICS 项目组的成员，与卡纳迪一起开发 BCPL 语言的编译器。BCPL 语言的设计者是英国剑桥大学的马丁·理查兹（Martin Richards），英文全称是 Basic Cambridge Programming Language（基本的剑桥编程语言）。当理查兹到 MIT 度假时，卡纳迪通过联系他，得到了在贝尔实验室开发 BCPL 编译器的许可。因为人手不够，卡纳迪招聘了年轻的里奇和自己一起工作。卡纳迪负责编译器的核心部分，里奇负责编写各种支持函数，包括输入输出和数学库。

根据曾在 1127 中心工作多年的杰拉德·J.霍尔茨曼（Gerard J. Holzmann）博士提供的计算科学中心 1968 年时的组织结构图（见图 51-6），至少在 1968 年时，里奇和汤普森还工作在同一个小组，他们的顶头上司是伯纳德·D.霍尔布鲁克（Bernard D. Holbrook，1903—1984）。

---

① 参考贝尔实验室的《UNIX 口述历史项目》（The UNIX Oral History Project），由 Michael S. Mahoney 编辑和转录。

② 参考 1969 年对 Bernard D. Holbrook 的采访《Computer Oral History Collection, 1969-1973, 1977》，采访由 Uta C. Merzbach 主持，现存放于美国国家历史博物馆的档案中心。

霍尔布鲁克出生于 1903 年，他在 1930 年加入贝尔实验室。霍尔布鲁克在大学里学习的是 X 射线和物理，加入贝尔实验室后，他从事了很多方向的研究工作，包括交换机、计算机、软件等，而没有从事他在大学里学习的 X 射线和物理方向[3]。

Computing Science Research Center

137	Morgan S P, Director, Computing Science Research Center	MH	6490
	Ewing Mrs L M, Secretary	MH	6491
1371	McIlroy M D, Head, Computing Techniques Research Department	MH	6050
	Marky Miss G A, Secretary	MH	6051
	Scholtz Miss J C	MH	2390
	Aho A V	MH	4862
	Canaday R H	MH	3038
	Friedman A D	MH	4716
	Kaiman A	MH	4609
	Knowlton K C	MH	2328
	Lin S	MH	2111
	Menon P R	MH	2736
	Morris R	MH	3878
	Shafer D	MH	6862
	Ullman J D	MH	6627
	Weiss Miss R A	MH	2007

1373	Holbrook B D, Head, Computer Systems Research Department	MH	4494
	Marky Miss G A, Secretary	MH	4495
	Elliott Miss R J	MH	3488
	Feldman S I	MH	4494
	Bolsky M I	MH	2819
	Boyd Mrs D L	HO	4837
	Hamilton Miss P A	MH	2008
	Hansen Mrs G J	MH	6171
	Hyde J P	MH	2165
	Ivie E L	MH	2149
	Kinnaman Miss C J	MH	4863
	Levinson D A	MH	3358
	†Moles D	MH	6959
	Neumann P G	MH	2666
	Ossanna J F	MH	3520
	Ritchie D M	MH	3770
	Sturman J N	MH	3164
	Swetlow M	MH	2149
	Thompson K L	MH	2394
	Wagner Mrs M R	MH	2879
	Winikoff A W	MH	2661

图 51-6　计算科学中心 1968 年时的组织结构图（由杰拉德·J.霍尔茨曼提供）

让我们回到 1969 年的春天，卡纳迪和里奇十分赞同汤普森开发操作系统的想法。按照 1127 中心的传统，大多数项目通常不是管理层安排的，而是由某个员工发起后，其他感兴趣的同事参与进来[4]。于是，卡纳迪、里奇和汤普森便一起做起了操作系统。他们 3 人中，卡纳迪年龄最大，他出生于 1938 年，当时大约 31 岁；汤普森年龄最小，他出生于 1943 年，当时约 26 岁；里奇出生于 1941 年，当时约 28 岁。卡纳迪已婚且是两个孩子的父亲，所以他每天都要按照正常的时间上下班，早上 9 点到办公室，晚上 7 点回到家，与家人一起吃晚饭。里奇刚读完博士不久，还没有结婚，喜欢熬夜，一般快到中午他才走进办公室，一直工作到深夜。汤普森也已婚，虽然他在 1968 年 8 月有了小孩，但是作息方式却与单身的里奇相似，也是快到中午走进办公室，一直工作到深夜。因为已经十分熟悉两个伙伴的作息习惯，所以每天中午 12 点半左右，如果还没有见到汤普森和里奇，卡纳迪就会打电话到他们的家里，把他们叫醒，因为贝尔实验室的食堂到了下午 1 点半就停止供餐了。

在 1969 年春夏之交的那些日子里，卡纳迪、里奇和汤普森的午饭一般从下午 1 点左右开始，他们不喜欢到大餐厅的自选窗口（self service）排队，而是喜欢到有服务员帮助点菜和上菜的服务餐厅（service dining room）就餐，他们坐下来点好菜后，一边吃喝，一边讨论各种问题，常常讨论到下午 3 点到 4 点。餐厅里的服务员都认识他们，也习惯了他们赖在那里不走，打扫卫生时只好绕过他们。

卡纳迪、里奇和汤普森首先讨论的是文件系统。他们模仿现实世界中的文件组织形式，想要在软件世界里构筑存储和访问文件的基础设施，目的是把数据以文件的形式保存到具有永久记忆特征的存储介质（如磁盘）上，并在需要时可以方便地读出来。由于在 MULTICS 项目中就曾设计层次化的树状文件系统，于是他们想对 MULTICS 中的文件系统做进一步增强和改进，以使其更灵活、更快。如今，业内一般认为 MULTICS 是最早支持层次化文件系统（hierarchical file system）的操作系统。

有一天下午，他们 3 人到卡纳迪的办公室继续讨论细节，包括如何在磁盘上分块、如何通过 inode（索引节点）描述文件的基本属性、如何组织目录等。在所有细节都讨论得差不多之后，他们想把讨论的细节变成文档，时间已经是下午 7 点。当时贝尔实验室推出一项新的服务，名叫"电话听写"。于是他们 3 人想试试这项服务，卡纳迪打通了电话，在电话里把想要写的内容口述了一遍。次日，打印好的文档出现在了卡纳迪的办公桌上，他仔细一看，上面充满了各种各样的奇怪错误和搞笑句子，比如把 inode（i 表示索引）写成了 eye node（眼睛节点），但他们还是每人都保存了一份。几年后，卡纳迪、里奇和汤普森想为设计的文件系统申请专利，他们 3 个人都在专利申请书上签了字，但没有申请成功，得到的回复是专利太新了，美国专利局不知道如何处理。

文件系统的设计完成后，汤普森用了几天时间就将文件系统实现在了PDP-7 上。

汤普森想继续把 MULTICS 的更多功能也移植到 PDP-7 上。当时刚好进入夏季，汤普森的妻子邦妮（Bonnie）请了长假，准备带着他们一岁大的儿子去加州探亲，一个月后才回来，这让汤姆森彻底回到了无所牵挂的单身状态，全身心投入软件世界里。他用一周时间开发编辑器，一周时间写汇编器，一周时间开发内核，一周时间开发系统外壳，经过一个月夜以继日的奋战后，新操作系统的雏形完成了。所有代码都是使用 PDP-7 的汇编语言编写的。关于汤普森趁着妻子探亲写操作系统的故事，他在 1998 年接受普林斯顿大学科技史教授迈克尔·S.马奥尼（Michael S. Mahoney）采访时回忆说用了 4 周时间[5]，而他在 2019 年与布赖恩·克尼汉（Brian Kernighan）的一次采访中说了 3 周时间，笔者认为他前一次的回忆可能更准确。

汤普森信奉简单的设计哲学，这也体现在文件的命名上——他把内核文件依次命名为 s1.s、s2.s 等。内核（sys）部分的所有文件如下：

maksys.s s1.s s2.s s3.s s4.s s5.s s6.s s7.s s8.s s9.s sop.s sysmap trysys.s

用户空间的命令也都取了很短的名称，比如用来复制文件的命令叫 cp，对应的代码文件叫 cp.s。实现命令（cmd）的所有文件如下：

adm.s apr.s as.s bc.s bi.s bl.s cas.s cas.x cat.s check.s chmod.s chown.s chrm.s cp.s db.s dmabs.s ds.s dskio.s dskres.s dsksav.s dsw.s ed1.s ed2.s ind.b init.s lcase.b

1970 年，更多同事知道了汤普森、卡纳迪和里奇 3 人的操作系统。在布赖恩·克尼汉的建议下，大家给他们 3 人的操作系统取了个名字，叫"独用操作和计算系统"（Uniplexed Operating and Computing System），简称 UNICS。这个名字故意把 MULTICS 中代表多功能复用的 M 改成了代表单一功能的 U，因为 MULTICS 项目就是因为功能太多和过于庞大而失败。不久之后，大家对 UNICS 这个名字做了进一步简化，改为 UNIX。

1971 年年初，汤普森写了一篇很长的报告，申请购买一台新的 PDP-11 小型机。因为知道领导反对开发操作系统项目，所以根据鲍勃·莫里斯（Bob Morris）的"计策"，申请中标注的用途是编辑和格式化专利文件，也就是开发文字处理软件。莫里斯的计策很有效，领导批准了汤普森的申请，于 1971 年 5 月订购了一台 PDP-11/20，配置的内存为 24KB。

1971 年的夏天，DEC 先把 PDP-11/20 的主机（处理器和内存等）交付给了贝尔实验室，而硬盘直到 12 月才交付[2]。收到主机后，汤普森把 B 语言的解释程序移植到了 PDP-11/20 上，里奇则把使用 B 语言编写的汇编程序移植到了 PDP-11/20 上，然后他们又把莫里斯编写的计算器程序（dc）移植到 PDP-11/20 上做测试，测试成功后，汤普森才把 UNIX 系统的内核源代码移植到 PDP-11/20 上。图 51-7 是汤普森和里奇在 PDP-11/20 上工作时的照片。

1971 年 11 月，他们完成了可以在 PDP-11/20 上工作的第一个版本，后来人们便把这个版本称为 UNIX 第 1 版，简称 UNIX V1，而把 1969 年完成的 PDP-7 版本称为 UNIX V0。UNIX V1 在工作时需要占用 12KB 的内存，也就是总内存空间的 50%。

UNIX V1 的核心源代码是使用汇编语言编写的，源代码文件总共 13 个，其中 11 个源代码文件为 u0.s～u9.s 和 ux.s，另外两个源代码文件分别是初始化进程对应的 init.s 和命令外壳进程对应的 sh.s。表 51-1 列出了 UNIX V1 的源代码文件清单。

图 51-7　汤普森和里奇正在 PDP-11 上工作（拍摄于 1972 年）

表 51-1　UNIX V1 的源代码文件清单

文件名	字节数	日期	说明
init.s	3922	1971 年 11 月 3 日	初始进程，内核启动后，创建命令外壳程序
man	dir	1971 年 11 月 3 日	存放帮助信息文件的目录
sh.s	10255	1971 年 11 月 3 日	命令外壳程序
u0.s	12487	1971 年 11 月 3 日	系统入口、启动和初始化以及崩溃（panic）
u1.s	18898	1971 年 11 月 3 日	系统调用的公用部分，文件系统有关的系统调用
u2.s	18338	1971 年 11 月 3 日	执行应用程序（sysexec）、目录管理等更多系统调用的实现

u3.s	7037	1971 年 11 月 3 日	idle 循环、内存空间交换（swap）
u4.s	12873	1971 年 11 月 3 日	时钟中断处理，外部设备管理
u5.s	9448	1971 年 11 月 3 日	文件系统实现
u6.s	9819	1971 年 11 月 3 日	读写穿孔纸带
u7.s	16293	1971 年 11 月 3 日	打印机控制，字符输入输出
u8.s	17257	1971 年 11 月 3 日	磁盘和磁鼓管理
u9.s	10784	1971 年 11 月 3 日	终端（tty）管理
ux.s	1421	1971 年 11 月 3 日	内存布局规划

操作系统在软件世界里的角色与人类社会里的政府非常相似。操作系统负责管理和协调系统资源，为运行在系统中的应用程序提供服务。提供服务的基本方式是系统调用，也就是让应用程序能够调用系统服务，与政府的服务窗口十分相似。在如今的 Linux 系统中，有 300 多个系统调用。UNIX V1 定义了 34 个系统调用，名称和编号如下：

sysrele 0、sysexit 1、sysfork 2、sysread 3、syswrite 4、sysopen 5、sysclose 6、syswait 7、syscreat 8、syslink 9、sysunlink 10、sysexec 11、syschdir 12、systime 13、sysmkdir 14、syschmod 15、syschown 16、sysbreak 17、sysstat 18、sysseek 19、systell 20、sysmount 21、sysumount 22、syssetuid 23、sysgetuid 24、sysstime 25、sysquit 26、sysintr 27、sysfstat 28、sysemt 29、sysmdate 30、sysstty 31、sysgtty 32、sysilgins 33

当然，最终用户是无法直接使用系统调用的，而只能通过用户空间的程序来调用，它们既可以是操作系统自带的程序，也可以是第三方开发的应用软件。操作系统自带的程序通常实现了一些常用功能，它们一般被称为命令。UNIX V1 提供的命令有 61 个（见表 51-2），其中大部分命令直到今天仍在广泛使用。

表 51-2　UNIX V1 提供的命令

ar	ed	rkl
as	find	rm
b	for	rmdir
bas	form	roff
bcd	hup	sdate
boot	lbppt	sh
cat	ld	stat
cedir	ln	strip
check	ls	su
chmod	mail	sum
chown	mesg	tap
cmp	mkdir	tm
cp	mkfs	tty
date	mount	type
db	mv	umount
dbppt	nm	un
dc	od	wc
df	pr	who
dsw	rew	write
dtf	rkd	
du	rkf	

除命令外，UNIX V1 还提供了表 51-3 所示的 8 个应用程序。

表 51-3　UNIX V1 提供的应用程序

应用程序	功能	作者
basic	BASIC 语言解释器	里奇
bj	Black Jack 游戏	汤普森
cal	日历程序	汤普森
chess	国际象棋程序	汤普森
das	反汇编程序 das	里奇
dpt	读 DEC 穿孔纸带	汤普森和里奇
moo	来自英格兰的游戏	汤普森和里奇
sort	对文件中的内容进行排序	汤普森和里奇
ttt	tic-tac-toe 游戏	汤普森

　　大约在 1971 年年末，里奇为 UNIX 系统写了一篇 53 页的文档，名为《UNIX 分时系统》（The UNIX Time-Sharing System）。这篇文档是深入介绍 UNIX 操作系统的最早文档，正文有 8 章，外加两个附录。随着 UNIX 系统的流行和发展，这篇文档被修改过很多次，以不同版本广泛传播，后面的版本署名中通常增加了汤普森。里奇写的最初版本没有标注时间，但在汤普森写的 B 语言手册后面列出的引用资料中，包含了里奇写的这篇文档（见图 51-8），而且汤普森的 B 语言手册明确标注了日期——1972 年 1 月 7 日。据此我们可以判断里奇的文档虽然没有标注时间，但是应该早于 1972 年 1 月。

　　除了这篇文档之外，里奇还和汤普森一起编写了《UNIX 程序员手册》的第一个版本，手册上标注的日期为 1971 年 11 月 3 日（见图 51-9）。

　　《UNIX 程序员手册》分为 7 部分——命令、系统调用、子函数、特殊文件、文件格式、用户维护的程序以及杂项，其中的每一部分通常包含 BUGS（瑕疵）和 OWNER（责任人）信息。《UNIX 程序员手册》中关于特殊文件 mem 的描述如图 51-10 所示。

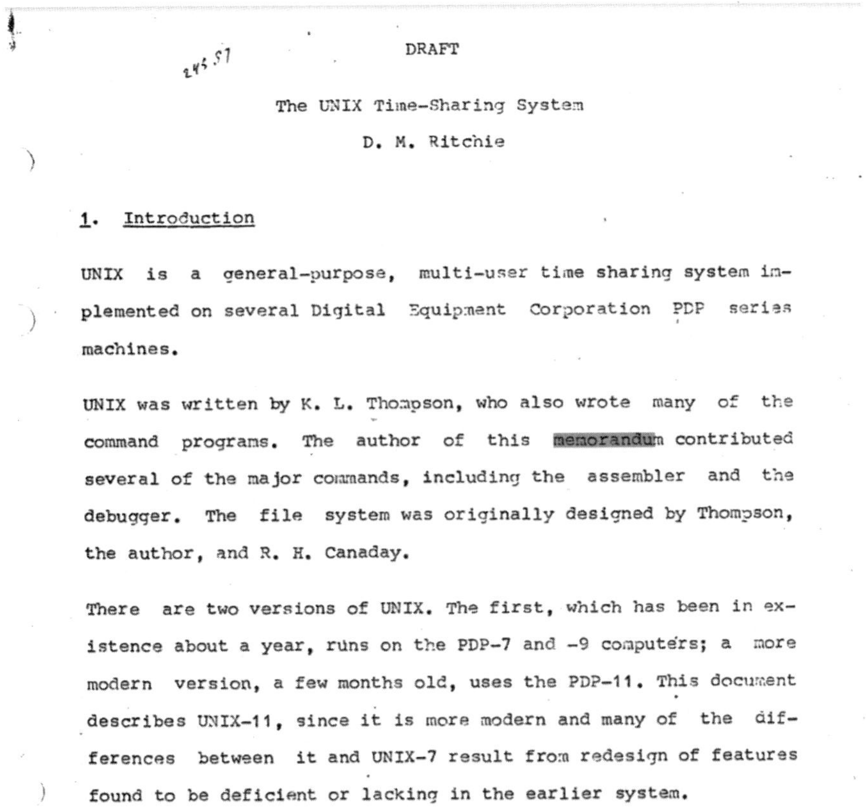

The UNIX Time-Sharing System

D. M. Ritchie

1. Introduction

UNIX is a general-purpose, multi-user time sharing system implemented on several Digital Equipment Corporation PDP series machines.

UNIX was written by K. L. Thompson, who also wrote many of the command programs. The author of this memorandum contributed several of the major commands, including the assembler and the debugger. The file system was originally designed by Thompson, the author, and R. H. Canaday.

There are two versions of UNIX. The first, which has been in existence about a year, runs on the PDP-7 and -9 computers; a more modern version, a few months old, uses the PDP-11. This document describes UNIX-11, since it is more modern and many of the differences between it and UNIX-7 result from redesign of features found to be deficient or lacking in the earlier system.

图 51-8　《UNIX 分时系统》最初版本（局部）

UNIX PROGRAMMER'S MANUAL

K. Thompson

D. M. Ritchie

November 3, 1971

图 51-9　《UNIX 程序员手册》的封面

在图 51-10 中，OWNER（责任人）一行中的 ken 和 dmr 分别是汤普森和里奇的开发者代号，汤普森和里奇的开发者代号还出现在了 UNIX 系统的很多源文件中。

在某种程度上，文件系统是 UNIX 最为核心的部分。除真实的文件外，UNIX 还有很多特殊文件，如内存、终端（tty）、磁带（tap）等。这种把设备和数据块抽象为文件的机制非常聪明，有了这种机制后，就可以通过复用文件机制来进行通信和读写各种设备。在写于 1972 年 3 月 15 日的笔记中，里奇表达了自己对特殊文件的喜爱，他说："文件系统中最有趣的一个概念就是特殊文件。"（One of the most interesting notions in the file system is the special file[1].）如今的 Linux 等操作系统中仍在广泛使用这种做法，这些特殊文件一般被称为虚拟文件。

```
11/3/71                                        /DEV/MEM (IV)

NAME           mem  --  core memory

SYNOPSIS       --

DESCRIPTION    mem maps the core memory of the computer into a
               file.  It may be used, for example, to examine,
               and even to patch the system using the debugger.

               Mem is a byte-oriented file; its bytes are num-
               bered 0 to 65,535.

FILES          --

SEE ALSO       --

DIAGNOSTICS    --

BUGS           If a location not corresponding to implemented
               memory is read or written, the system will incur
               a bus-error trap and, in panic, will reboot it-
               self.

OWNER          ken, dmr
```

图 51-10　《UNIX 程序员手册》中关于特殊文件 mem 的描述

除了汤普森和里奇之外，出现在《UNIX 程序员手册》第一版本中的人员还有鲍勃·莫里斯和乔·奥桑娜（Joe Ossanna），如图 51-11 所示。

---

[1] 参考里奇个人主页上从 DEC 磁带恢复出的笔记。

```
ken    K. Thompson
dmr    D. M. Ritchie
jfo    J. F. Ossanna
rhm    R. Morris
```

图 51-11　《UNIX 程序员手册》第一版本中列出的开发者代号和全名

　　莫里斯的开发者代号是 rhm，他不仅编写了很多数学函数（三角函数、对数函数、指数函数等），而且开发了 UNIX 系统上最早的一批应用程序，包括桌面计算器（desk calculator，简称 dc）、crypt 程序、用户登录时的验证过程以及如今仍在广泛使用的/etc/passwd 文件。奥桑娜的开发者代号是 jfo，她开发了用于文字排版的程序 troff 以及键盘映射程序 kbd。

　　除了图 51-11 列出的 4 位开发者之外，对 UNIX 系统早期开发做出重大贡献的还有道格·麦克罗伊（Doug McIlroy）。麦克罗伊于 1958 年加入贝尔实验室，他在 1965～1986 年是计算技术研究部的负责人。作为汤普森的顶头上司，麦克罗伊不仅对汤普森等人开发 UNIX 系统给予支持，而且做了很多直接贡献，比如著名的管道机制就是麦克罗伊最先提出的。麦克罗伊还建议汤普森开发正则表达式搜索功能，但汤普森在听到这个建议之前就实现了一个 grep 程序，其核心代码来自汤普森写的 ed 编辑器。听了麦克罗伊的建议后，汤普森说需要考虑一下。汤普森当天晚上对 grep 程序做了一些改进和增强，次日便把改后的 grep 程序拿给麦克罗伊看，仿佛一个晚上就把这个程序写好了。

　　为了弥补 B 语言的诸多不足，从 1971 年开始，里奇设计了一种新的编程语言，起初叫 NB 语言，后来改名为 C 语言（详见第 52 章）。

　　1972 年 6 月，汤普森等人发布了 UNIX V2。UNIX V2 包含早期的 C 语言编译器（cc.c）和基础函数库，并且其中的部分命令功能开始使用 C 语言来编写，如文件复制命令（cp）、FORTRAN 命令（fc）以及用于编写脚本的 if、goto 和 exit 命令等。

　　1972 年 9 月 19 日上午，在贝尔实验室 2 号楼的 2A-418 房间里，一个关于 UNIX 的技术分享会正在进行，分享者是西奥多·R.巴什科（Theodore R. Bashkow，1921—2009）。巴什科在第二次世界大战期间为美国空军服务，1950 年加入贝尔实验室。根据事先的通知（见图 51-12），巴什科分享的内容包括 UNIX 的结构、组成部分以及系统的操作原理。

　　1973 年，汤普森和里奇使用新设计的 C 语言重写了 UNIX，目的是使其具有更好的可移植性。经过这次重写后，UNIX 操作系统已经羽翼丰满，没有什么能够阻碍它的腾飞。

1973 年 10 月，汤普森和里奇在美国计算机学会（ACM）组织的"操作系统原理研讨会"（Symposium on Operating Systems Principles）上介绍了 UNIX 系统。1974 年年初，他们将演讲的论文发表在了《Communications of the ACM》上，这让更多人知道了 UNIX 系统，人们纷纷努力想办法获得 UNIX 系统的副本，UNIX 系统开始在全世界快速传播。

Bell Laboratories

subject: Study of UNIX

date: September 14, 1972

from: T. R. Bashkow

Messrs. W. S. Bartlett
D. P. Clayton
D. H. Copp
Mmes. G. J. Hansen
J. Hintz
Mr. L. J. Kelly
Miss R. L. Klein

Messrs. J. J. Ludwig
J. F. Maranzano
Mrs. G. Pettit
Messrs. J. E. Ritacco
B. A. Tague
D. W. Vogel
Mrs. L. S. Wright

On Tuesday, September 19, at 9:30 a.m. in Room 2A-418 at Murray Hill, I will give a talk on my study of the UNIX operating system. The emphasis will be on the structure, functional components, and internal operation of the system.

MH-8234-TRB-mbh

T. R. Bashkow

Copy to

图 51-12　贝尔实验室 1972 年 9 月 19 日举行 UNIX 技术分享会的通知

UNIX 系统的突然成功让 AT&T 公司的领导层陷入矛盾。因为早在 1956 年，AT&T 公司就向美国政府承诺不直接销售电话和电信之外的产品，所以 AT&T 公司不能把 UNIX 系统当作产品销售。经过一番讨论后，AT&T 公司决定以源代码的方式发布 UNIX 系统，所有人都可以获得，只需要象征性地交很少的工本费。正因为如此，当贝尔实验室的工程师介绍 UNIX 系统时，有句经典的套话："没有广告，没有支持，没有错误修改，提前付款。"（No advertising, no support, no bug fixes, payment in advance.）[1]

---

[1] 参考 Holbrook B D 和 Brown W S 写的《Computing Science Technical Report No. 99 A History of Computing Research（1937-1975）》。

到 1976 年 6 月时，贝尔实验室内部已经有超过 30 个开发组在使用 UNIX 系统，而在贝尔实验室外部，有超过 80 所大学申请 UNIX 系统的源代码[3]。

因为汤普森毕业于加州大学伯克利分校，而加州大学伯克利分校的鲍勃·法布里（Bob Fabry）参加了 1973 年的研讨会，所以加州大学伯克利分校早在 1974 年就拿到一份 UNIX 系统的源代码。

1975 年，汤普森从贝尔实验室申请休了一个长假，到加州大学伯克利分校做访问教授。他帮助加州大学伯克利分校安装了 UNIX V6，并开始在 UNIX V6 上开发 Pascal 语言的编译器。研究生查克·黑利（Chuck Haley）和比尔·乔伊（Bill Joy）不仅参与了 Pascal 编译器的开发，而且编写了一个增强版本的编辑器，取名为 ex（原来的编辑器名为 ed，ex 中的 x 代表增强）。在对 UNIX 系统做了很多改进后，乔伊将这些改进整理到一起，编译成了一个新的软件包，他还给这个软件包取了个响亮的名字，叫伯克利软件发行版（Berkeley Software Distribution，BSD）。

1978 年 3 月 9 日，BSD 的第一个版本发布，并且很快就发出大约 30 个副本。1979 年 5 月，BSD 的第二个版本发布，里面包含乔伊开发的新编辑器（名为 vi）以及模仿 C 语言风格的系统外壳（名为 C Shell，简称 csh），这两个工具程序直到今天仍用出现在很多系统中。

因为贝尔实验室不提供技术支持，所以 UNIX 用户成立了名为 USENIX 的用户组，交流使用 UNIX 系统时的经验和遇到的问题。

1977 年，澳大利亚新南威尔士大学的约翰·莱昂斯出版了一本书，书名为《UNIX 操作系统注释》，其中列出了 UNIX V6 的核心源代码，此外还对很多源代码做了详细注释。这本书出版后很受欢迎，持续畅销了很多年。表 51-4 列出了 UNIX 系统的主要版本。

表 51-4　UNIX 系统的主要版本

版本	说明	完成日期
V0	在 PDP-7 上使用汇编语言完成，仅支持两个用户	1970 年 1 月
V1	在 PDP-11 上完成，仅支持两三个用户	1971 年 11 月
V2	增加系统调用和命令，改进内存管理，开始使用 C 语言	1972 年 1 月
V3	加入管道支持，这是最后一个使用大量汇编语言完成的 UNIX 版本	1973 年 2 月
V4	内核使用 C 语言重写后的第一个 UNIX 系统版本	1973 年 11 月
V5	向贝尔实验室外部发布的第一个 UNIX 系统版本	1974 年 1 月
V6	引入"可移植的 C 函数库"	1975 年 5 月
V7	调整目录结构，增加大量新的应用程序	1979 年 1 月
V7 的补充版	增加一些应用程序和设备驱动，改进一些函数	1980 年 12 月
V8	引入/proc 虚拟文件，新的调试 API，更多的网络支持	1985 年 2 月
V9	包含版本 1 的 X11	1986 年 9 月
V10	最后一个版本的"Research UNIX"	1989 年 10 月

　　1978 年，微软公司从 AT&T 公司购买了 UNIX V7 的授权，准备将其用在日益强大的微型机上。微软给定制后的 UNIX 系统取了个新的名字，叫 XENIX。与大型机和小型机直接面向最终用户销售不同，微软把 XENIX 授权给 OEM 厂商，OEM 厂商则把 XENIX 连同他们的硬件一起销售给最终用户。图 51-13 是 20 世纪 80 年代的 UNIX 广告。

图 51-13　20 世纪 80 年代的 UNIX 广告

早期的很多 UNIX 开发工作是在 2 号楼 6 层的阁楼里进行的，前文展示的里奇和汤普森的那张合影（见图 51-7）就是在阁楼改造的机房里拍摄的。大约在 1975 年前后，那个机房停止使用，被改造成楼顶的平台。

UNIX 小组成员的办公室大多在 2 号楼 C 区的 5 层，靠近 9 号楼梯，如图 51-14 所示。例如，里奇的办公室在 2C-517 房间，汤普森的办公室在 2C-519 房间，麦克罗伊的办公室在 2C-526 房间。对 UNIX 操作系统的命名做出贡献，并在多年后出版《UNIX 传奇》的布莱恩·克尼汉的办公室在 2C-518 房间——与里奇和汤普森的办公室门对门。

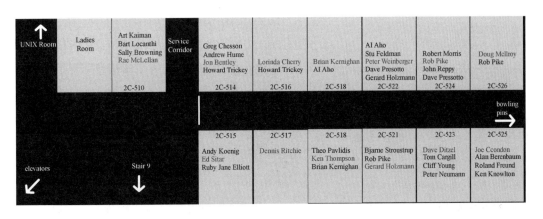

图 51-14　UNIX 小组的办公室示意图（由杰拉德·霍尔茨曼提供）

在不同的时期，曾在这个区域办公的还有罗布·派克（Rob Pike，2C-521房间）、阿尔·阿霍（Al Aho，2C-522房间）和比亚尼·斯特劳斯特鲁普（Bjarne Stroustrup，2C-521房间）。来这里访问的名人就更多了，比如剑桥大学的戴维·惠勒，因为出版《UNIX源代码分析》而名声大噪的约翰·莱昂斯、MINIX（教学用的类UNIX系统）的作者安德鲁·S.塔嫩鲍姆（Andrew S. Tanenbaum）[3]以及EDSAC计算机的首要设计者莫里斯·威尔克斯（Maurice Wilkes）。

根据很多人的回忆，与里奇喜欢在自己的办公室里工作不同，汤普森喜欢在很多人共用的一个实验室里工作。这个实验室在5楼走廊的一端，房间号为2C-502；实验室的门是透明的，从门外就可以看到里面；实验室的地面是抬高的，这是为了在下面铺设各种电线；实验室里还有一台咖啡机，经常有人来倒一杯咖啡或者过来聊天和休息，当然也经常有人来这里使用和讨论UNIX。时间久了，2C-502房间便有了一个响亮的名字，叫"UNIX房间"（见图51-15）。

值得说明的是，最早的UNIX开发工作是在PDP-7所在2号楼的4层进行的，大约在1971年购买新的PDP-11后，UNIX小组在2号楼的顶层找了个房间，改造为UNIX机房，房间号为2C-644。2号楼的办公楼层一共是5层，6层是搭建出来的阁楼，主要用作仓库，铁门里面存放着各种废旧的设备，还有一台售货机，供加班的人购买零食饮料充饥。后来阁楼被拆除了，UNIX机房就搬到了5层的2C-501房间。

图 51-15

"UNIX 房间"

1983 年，丹尼斯·里奇和肯·汤普森共同获得图灵奖，以表彰他们对通用操作系统理论做出的贡献，特别是 UNIX 操作系统的实现。图灵奖选拔委员会曾这样描述他们做出的贡献：

UNIX 系统的成功源于他们非常有品味地选择了少数几个关键的想法，并且优雅地加以实现。UNIX 系统的模型让一代软件设计者以新的方式思考编程。UNIX 系统的精髓是它的框架，这个框架让程序员站在了其他人的肩膀之上。

（*The success of the UNIX system stems from its tasteful selection of a few key ideas and their elegant implementation. The model of the UNIX system has led a generation of software designers to new ways of thinking about programming. The genius of the UNIX system is its framework, which enables programmers to stand on the work of others.*）

在软件历史上，UNIX 系统是一座丰碑。UNIX 系统开创了文件系统、管道等多种沿用至今的软件技术。UNIX 系统把用户空间和内核空间的通信抽象为文件操作，并通过使用"一切皆文件"的设计模式让系统变得简洁而灵活。UNIX 还创建了 ls、ps、grep 等一大批工具程序，这些工具程序在广泛流行后，深刻改变了计算机的使用方式，极大提高了开发人员和普通用户的工作效率。另外，因为 UNIX 源代码和文档的开放程度很高，UNIX 系统中蕴含的软件技术、简单为美（small-is-beautiful）的设计思想和编码风格，教育和影响了无数程序员。从软件工程的角度看，UNIX 系统为操作系统的开发树立了典范，确定了操作系统在软件世界里的职责和定位，进一步明确了软件世界的二分格局（内核空间和用户空间），使得应用程序开发者可以复用系统的设施，从而只需要关注应用领域的问题，UNIX 系统为软件行业的深度分工奠定了基础。

参考文献

[1] SLAVID R. Interview: Dennis Hone [J]. Architects Journal, 2012, 236(12):74.

[2] CANADAY R. Building UNIX [EB/OL]. [2014-03-16]. http://www.ruddcanaday.com/building-UNIX/

[3] 克尼汉. UNIX 传奇[M]. 韩磊，译. 北京：人民邮电出版社，2021.

[4] RITCHIE D M. The Evolution of the UNIX Time-Sharing System [J]. Berlin, Heidelberg: Springer, 1979:25-35.

第 52 章　1972 年，C 语言

汤普森在 PDP-7 上完成最初版本的 UNIX 操作系统后，麦克罗伊最先为 UNIX 操作系统贡献了一个高级语言编译器，名叫 TMG。TMG 的英文全称是 TransMoGrifiers，这是一种可以用于编写编译器的语言，通常称为"编译器的编译器"。麦克罗伊和鲍勃·莫里斯在 MULTICS 项目中使用 TMG 编写了早期的 PL/I 编译器。这一次，麦克罗伊把 TMG 移植到了 PDP-7 和 UNIX 上。

看到麦克罗伊成功移植 TMG 后，汤普森意识到为了让 UNIX 成为严谨的操作系统，还需要一种系统编程语言。汤普森首先想到了 FORTRAN，于是他开始着手写 FORTRAN 语法分析程序。忙了一天，汤普森改变了想法，他觉得应该自己发明一种编程语言。后来，汤普森基于 BCPL 和自己以前做过的 Bon 语言设计出了一种新的编程语言，名叫 B 语言。

B 语言的第一个版本完成后，汤普森和里奇用它编写了一些命令程序。

1971 年的夏天，以开发文字处理程序名义购买的 PDP-11 到了贝尔实验室。汤普森在 PDP-11 上又对 B 语言做了一些优化和改进，基本目标是使 B 语言更简洁，提高开发效率和节约内存。大约在这个时候，汤普森发明了至今仍在 C/C++程序中广为使用的++和--运算符。B 语言还支持+=和-=这样的运算符，但这样的运算符是从 ALGOL 68 借鉴过来的。

1972 年 1 月 7 日，汤普森发布了 B 语言的用户手册（见图 52-1）。

B 语言虽然具有简洁、易用等优点，但也存在明显的不足。首先，B 语言是针对按字寻址的处理器设计的，因而不能直接按字节访问内存，在处理字符时需要先将字符读到缓冲区，很不方便。其次，B 语言是解释执行的，需要依靠解释器来解释执行每一条语句，因此与采用编译方式的编程语言相比，B 语言的速度比较慢。

Bell Laboratories

SUBJECT: Users' Reference to B - Case 39199-11   DATE: January 7, 1972
FROM: K._Thompson

MM-72-1271-1

MEMORANDUM FOR FILE

1.0 Introduction

B is a computer language directly descendant from BCPL [1,2]. B
is running at Murray Hill on the DEC PDP-11 computer under the
UNIX-11 time sharing system [3,4]. B is good for recursive,
non-numeric, machine independent applications, such as system and
language work.

B, compared to BCPL, is syntactically rich in expressions and
syntactically poor in statements. A look at the examples in sec-
tion 9 of this document will give a flavor of the language.

B was designed and implemented by D. M. Ritchie and the author.

图 52-1　汤普森写的 B 语言用户手册

　　针对 B 语言的这些不足,里奇决定对 B 语言进行扩展,改动主要有两处。首先是引入字符类型,从而更方便地处理字符串。其次是改变 B 语言的执行方式,从原来的解释执行改为编译执行,也就是在编译时就生成整个程序的机器指令。里奇开始做这项工作的时间是 1971 年下半年。

　　里奇是本章的主角,我们有必要了解一下他的成长经历。1941 年 9 月 9 日,里奇出生于美国纽约的布朗克斯维尔(Bronxville)——一个位于曼哈顿北部大约 24 公里的富裕郊区。里奇的父亲是一位科学家,名叫阿利斯泰尔·里奇(1914—1996),在贝尔实验室工作。

　　童年时,里奇全家搬到了新泽西州的萨米特。里奇对父亲的科学研究工作很感兴趣。少年时,里奇进入萨米特高中读书,成绩很优秀。在读高中时,里奇参加了一个关于 UNIVAC I 计算机的讲座,这个讲座给他留下了深刻的印象,他对计算机产生了浓厚的兴趣。

　　高中毕业后,里奇顺利进入哈佛大学,学习应用数学和物理。

在哈佛大学读书期间（图 52-2 是读研究生时的里奇和他的父亲），里奇曾到 MIT 从事兼职性质的编程工作。在那里，里奇接触到 MIT 的兼容分时系统（CTSS）。

1967 年，里奇到贝尔实验室的几个部门面试，他最后选择到位于默里山的计算机科学中心（即 1127 中心）工作。因为里奇觉得自己读博士时研究的方向太理论化，所以在选择工作时，他故意选择了注重实践的编程工作。

图 52-2　读研究生时的里奇和他的父亲（照片来自里奇家族）

现在让我们回到前面提到的编程语言问题。为了弥补 B 语言的不足，里奇开始着手设计一种新的编程语言，时间大约是 1971 年下半年。里奇给自己新设计的编程语言取名为 NB，意思是"新的 B 语言"（New B）——因为是基于 B 语言改进后设计的。随着为 NB 语言引入的新特征越来越多，里奇觉得有必要取个新的名字，于是他遵循 B 语言的单字母命名风格，将这种新的编程语言命名为 C 语言。

1972 年春，里奇完成了初始版本的 C 语言，并用它编写了一些 UNIX 命令程序。因为这个版本的 C 语言不支持结构体，所以后来被称为"有结构体前的 C 语言"，同时这也是里奇在 PDP-11/20 上开发的最后一个 C 语言版本，因此又称为 last1120c。之后，C 语言转向具有更大内存的 PDP-11/45 小型机。

于 1972 年 6 月发布的 UNIX V2 包含了 last1120c 的编译器、库函数以及一些使用 C 语言编写的命令程序。比如，lib 目录中包含的 printf.c 是使用 C 语言编写的格式化输出函数，printf.c 与汇编语言版本的 printf.s 同时存在。再比如，cmd 目录中包含 8 个 .c 文件，分别如下。

- cc.c：C 语言编译器的命令程序，用于调用编译器的内部模块（c0、c1、as、ld），是 C 语言编译器的驱动程序。
- cp.c：文件复制命令。
- exit.c：结束运行。
- fc.c：FORTRAN 命令。

- glob.c：公共的命令入口，用于解析命令行参数，然后通过 execv 执行相应的命令。

- goto.c：为了执行命令脚本而使用的转移命令。

- if.c：为了执行命令脚本而使用的条件判断命令。

- unknown.c：打开指定的文件进行读取和显示，似乎起测试作用。

lib 目录中还包含 crt0.s，crt0.s 是当程序员使用 C 语言编译器编译应用程序时为应用程序准备的入口函数。做好准备后，即可调用应用程序的 main 函数。文件名 crt0 一直沿用至今。

UNIX V2 发布后，汤普森曾尝试使用 last1120c 重写 UNIX 内核，但他很快就放弃了，主要原因之一就是初始版本的 C 语言不支持结构体（struct），而操作系统又需要定义很多种对象，如文件对象、进程对象等，没有结构体的支持，定义这些对象和对象表会非常痛苦。

在接下来半年多的时间里，里奇埋头改进初始版本的 C 语言：一方面增加对结构体的支持；另一方面对 C 语言本身进行改进，包括优化编译器的实现、改进源代码等。用里奇自己的话来讲："C 语言从 1969 年到 1973 年成形，C 语言的发展与 UNIX 操作系统的早期开发是同时进行的，最有创造力的时期是 1972 年。"（C came into being in the years 1969—1973, in parallel with the early development of the UNIX operating system; the most creative period occurred during 1972.[①]）

1973 年年初，里奇完成了改进版本的 C 语言规范和编译器。

完成新版的 C 语言后，里奇开始和汤普森一起使用 C 语言重写 UNIX。进展非常顺利，使用新增加的结构体，很多内核对象就可以表达成结构体形式。例如，如下是使用 C 语言定义的文件对象结构体和文件对象数组，数组元素的格式是常量 NFILE，可在编译时调整。

```
struct file {
    char f_flag;
    char f_count;
    int  f_inode;
    char *f_offset[2];
} file[NFILE];
```

里奇和汤普森既密切协作，又分工明确。汤普森主要负责内核部分，里

---

① 参考 RITCHIE D M 写的《The Development of the C Language》.

奇负责外部设备驱动和内存管理部分。1973 年的整个夏天和秋天，里奇和汤普森都沉浸在 C 语言和 UNIX 的世界里，他们一步一步地向着目标前进。

1973 年 11 月，里奇和汤普森的重写工作完成了，这是第一个使用 C 语言编写的操作系统内核，名为 UNIX V4。

UNIX V4 内核源代码的根目录是 nsys，其中的 n 是"新"（new）的意思。nsys 根目录中是一些头文件和两个子目录。其中一个子目录是 dmr，dmr 是里奇的开发者代号，dmr 子目录中存放着里奇编写的如下 C 源文件：

bio.c cat.c dc.c dn.c dp.c draa.c gput.s kl.c malloc.c pc.c rf.c rk.c tc.c tm.c tty.c vs.c vt.c

另一个子目录是 ken，ken 是汤普森的开发者代号，ken 子目录中存放着汤普森负责编写的如下 C 源文件：

alloc.c clock.c conf.c fio.c iget.c incl low.s main.c mem.c nami.c prf.c prproc.c rdwri.c sig.c slp.c subr.c sys1.c sys2.c sys3.c sys4.c sysent.c text.c trap.c

在完成 UNIX V4 后，UNIX 操作系统和 C 语言都上了一个新台阶。

从 1969 年春开始到 1973 年 11 月完成 UNIX V4，里奇和汤普森等人用了 4 年多的时间。他们在软件世界里树立了两座丰碑：一座是 UNIX 操作系统，另一座是 C 语言。

虽然 UNIX V4 证明了 C 语言的有效性，但要使其成为通用的编译器并满足开发应用程序的需要，还有很多工作要做。

1973 年，MIT 的研究生艾伦·斯奈德（Alan Snyder）到贝尔实验室的 1127 中心实习并加入 C 语言项目。斯奈德使用 C 语言重写了史蒂芬·C.约翰逊（Stephen C. Johnson）设计的 yacc 程序。史蒂芬也在 1127 中心工作，在很长一段时间里，史蒂芬和里奇在同一个小组。yacc 是用于开发编译器的工具程序，英文全称是 yet another compiler-compiler。

在使用 C 语言一段时间后，斯奈德给里奇提出了一些改进建议。例如，里奇在斯奈德的建议下引入了 **&&** 运算符来显式地表示逻辑与，以便和执行"与操作的位运算"区别开来。类似地，里奇引入了||运算符来表示逻辑或。

另外，斯奈德还建议在 C 语言中引入预处理技术，包括使用 BCPL 和 PL/I 语言中的#include 机制以及使用#define 定义宏。斯奈德的这个建议也被里奇采纳了。里奇安排迈克·莱斯克（Mike Lesk）来做这项工作，也就是为

C 语言实现预处理器。简单来说，就是在编译的初始阶段，便把#include 语句包含的文件内容合并进来，并替换使用#define 定义的宏。

莱斯克出生于 1945 年 5 月 21 日[①]，1964 年从哈佛大学获得物理学和化学学士学位，1969 年从哈佛大学获得物理学和化学博士学位，然后进入贝尔实验室工作。

在完成为 C 语言实现预处理器的任务后，莱斯克又承担起一个更大的任务，就是为 C 语言编写基础函数库。与里奇新到 1127 中心时为 BCPL 语言写 I/O 库类似，莱斯克承担起为 C 语言编写 I/O 库的重担。

1975 年 5 月发布的 UNIX V6 包含了莱斯克写的"可移植 I/O 包"，这个可移植包里的 I/O 函数后来演变成 C 语言的标准库，也就是 C 程序员都十分熟悉的标准 I/O 库，头文件是 stdio.h，这个头文件出现在很多的 C 源文件中。

从 1977 年到 1979 年，C 语言进入一个新的发展阶段。随着 UNIX 操作系统被移植到新的硬件平台上，C 语言也随之被移植到新的平台上。平台的增多，让越来越多的人开始学习和使用 C 语言。要学习一种新的编程语言，光有参考手册（见图 52-3）是不够的。刚好在这个阶段，里奇和布赖恩·克尼汉（Brian Kernighan）合著的《C 编程语言》出版了（见图 52-4）。

《C 编程语言》的第 1 版于 1978 年出版，由于封面是白色的，于是便有了"白皮书"的别称，此外更多人喜欢用 K&R（该书两位作者姓名的首字母）代指这本书。

克尼汉出生于加拿大，在多伦多长大，他的父亲是一位化学工程师。克尼汉在多伦多大学读完工程物理专业后，便到美国的普林斯顿大学读硕士。与里奇类似，1966 年暑假期间，克尼汉到 MIT 做兼职，参与了 CTSS 和 MULTICS 项目。1967 年的夏天，克尼汉获得在贝尔实验室实习的机会，与麦克罗伊一起工作，他认识了 MULTICS 项目的很多人。1968 年的夏天，克尼汉再次到贝尔实验室实习，克尼汉所做的工作成了他的博士论文。6 个月后，克尼汉在博士毕业时获得贝尔实验室的正式邀约。1969 年，克尼汉正式进入 1127 中心工作。

[①] 参考迈克·莱斯克公开的个人简历。

C Reference Manual

Dennis M. Ritchie
Bell Telephone Laboratories
Murray Hill, New Jersey 07974

1. Introduction

C is a computer language based on the earlier language B [1]. The languages and their compilers differ in two major ways: C introduces the notion of types, and defines appropriate extra syntax and semantics; also, C on the PDP-11 is a true compiler, producing machine code where B produced interpretive code.

Most of the software for the UNIX time-sharing system [2] is written in C, as is the operating system itself. C is also available on the HIS 6070 computer at Murray Hill and and on the IBM System/370 at Holmdel [3]. This paper is a manual only for the C language itself as implemented on the PDP-11. However, hints are given occasionally in the text of implementation-dependent features.

The UNIX Programmer's Manual [4] describes the library routines available to C programs under UNIX, and also the procedures for compiling programs under that system. ''The GCOS C Library'' by Lesk and Barres [5] describes routines available under that system as well as compilation procedures. Many of these routines, particularly the ones having to do with I/O, are also provided under UNIX. Finally, ''Programming in C– A Tutorial,'' by B. W. Kernighan [6], is as useful as promised by its title and the author's previous introductions to allegedly impenetrable subjects.

图 52-3　《C 参考手册》的开头部分

在汤普森开发出 B 语言后，克尼汉编写了一些学习 B 语言的教程。在里奇开发出 C 语言后，克尼汉便把自己为 B 语言编写的教程升级为 C 语言的学习教程。过了一段时间后，克尼汉的脑海中闪现一个想法：要是能写一本关于 C 语言的书，则可能是一件好事。于是他找到里奇，邀请里奇一起写这本书。里奇答应了，这让克尼汉非常高兴，因为他成功邀请到了最为权威的合著者。

《C 编程语言》出版后非常畅销，被翻译成 20 多种语言，在全世界流行。

图 52-4　《C 编程语言》的封面

进入 20 世纪 80 年代后，随着整个软件产业的发展，C 语言的用户也越来越多，C 语言的编译器也有了多个版本。这时，一项紧迫的任务就是对 C 语言进行标准化。

1983 年的夏天，在麦克罗伊的推动下，ANSI（美国国家标准学会）成立了一个委员会，名为 X3J11 委员会，X3J11 委员会的目标就是制定 C 语言标准。

第 52 章　1972 年，C 语言　　　201

1989 年年末，ANSI 批准了 C 语言标准，全名为 ANSI X3.159-1989 "Programming Language C"。这个版本的 C 语言简称 ANSI C、标准 C 或 C89。

不久之后，国际标准化组织（ISO）也接受了这个标准，名称定为 ISO/IEC 9899:1990。后来，ISO 又分别在 1999 年、2011 年和 2017 年发布了更新的 C 语言标准，分别简称 C99、C11 和 C17。

1996 年，AT&T 公司实施重组，贝尔实验室以及技术研发部门被分离出来，成立朗讯科技公司，AT&T 公司只保留服务业务。少数研究人员仍留在 AT&T 公司，成立 AT&T 实验室。里奇成为朗讯科技公司的员工，但他仍在原来的办公室（默里山园区 2 号楼的 2C-517 房间）工作。

1999 年 4 月 27 日，里奇和汤普森在白宫接受了美国政府颁发的美国国家技术与创新奖章。里奇和汤普森获得的是这一奖章的 1998 年年度奖励。颁奖词如下：由他们发明的 UNIX 操作系统和 C 编程语言一起带动了整个产业的巨幅增长，从而加强了美国在信息时代的领导地位。（For their invention of UNIX® operating system and the C programming language, which together have led to enormous growth of an entire industry, thereby enhancing American leadership in the Information Age.）

2007 年，里奇从朗讯科技公司退休，他退休时担任的职位是系统软件研究组（System Software Research Department）组长。退休后，里奇仍经常到贝尔实验室。

2011 年，里奇和汤普森一同获得日本国际奖（Japan Prize），但就在同年的 10 月 12 日，里奇被发现病逝于美国新泽西州伯克利海茨的家中，享年 70 岁。退休后，里奇接受了前列腺癌和心脏病的治疗，身体一直比较虚弱。根据里奇朋友的回忆，里奇终生未婚。

2012 年 2 月 7 日，编号为 294727 的小行星被命名为 Dennisritchie。这颗小行星是由天文学家 Tom Glinos 和 David H. Levy 于 2008 年发现的。

直到今天，C 语言仍然是最为流行的系统编程语言，在系统固件、操作系统内核、驱动程序、嵌入式系统、通信系统等领域应用广泛，当前主流的三大操作系统（Windows、Linux 和 macOS）内核的核心代码都是使用 C 语言编写的。

第 53 章　1974 年，关系模型和 SQL

1923 年 8 月 19 日，埃德加·弗兰克·科德（Edgar Frank Codd）出生于英国多塞特郡的波特兰岛（Isle of Portland）。这一年图灵 11 岁，正在萨塞克斯郡的黑泽尔赫斯特预备学校读小学。

科德的父亲是一位皮革制造商，母亲是一位中小学教师，科德在家里 7 个孩子中年龄最小。波特兰岛位于英国最南部，南北长度约 6 公里，东西宽度约 2.4 公里，经切希尔海滩与陆地相连，距离伦敦大约 227 公里。波特兰岛以出产石料闻名，建造白金汉宫和圣保罗大教堂时使用的"波特兰石"就是从这里开采的。波特兰岛的南端有一座灯塔，用于为英吉利海峡中的行船指引方向，波特兰岛的北部有一座建于 15 世纪的城堡。

到了上学的年龄，科德被父母送到普尔文法学校（Poole Grammar School）读书。普尔文法学校里全部都是男生，学校位于多塞特郡南部的普尔镇，距离波特兰岛大约 48 公里。

1941 年，科德获得牛津大学埃克塞特学院（Exeter College）的全额奖学金，进入牛津大学学习化学。当时第二次世界大战正酣，军队很需要人。虽然科德有资格因为学业延迟服军役，但他还是在 1942 年主动参军，成为英国皇家空军海岸司令部（Royal Air Force Coastal Command）的飞行员，军衔为上尉。科德驾驶的是海上巡逻轰炸机，名叫桑德兰（Sunderlands），由萧特兄弟公司为英国皇家空军制造，可以乘坐 8～11 名机组人员，配备 18 门勃朗宁机枪，此外还可以装载很多种防御和攻击性炸弹、照明弹或地雷。

科德一直为英国皇家空军服役到第二次世界大战胜利。1946 年，科德以英国皇家空军上校军衔退役，回到牛津大学继续自己的学业，改为学习数学，于 1948 年获得硕士学位。

在军队服役时，科德曾被派到美国接受航空训练，这段经历让他感受到美国与英国的不同：美国更重视发展新兴技术，更认可人的创新才能，这给科德留下非常好的印象。因此，从牛津大学毕业后不久，科德就移民到了美国。

到了美国后，科德在纽约市的梅西百货公司找到自己的第一份工作——男士运动装的售货员[①]。这显然不是科德的初衷，不久，科德就换了一份工作——位于诺克斯维尔（Knoxville）的田纳西大学的数学讲师。不过科德对数学讲师这份工作仍不是很满意，6 个月后，科德再次换工作。这一次，科德的雇主是 IBM，职责是为 IBM 的 SSEC 大型机开发程序。

1949 年 6 月，科德加入 IBM，开始了自己的软件生涯。这份工作与科德的数学专业很吻合，并且科德很感兴趣。从此，科德结束了频繁换工作的动荡生活，稳定下来。

科德先是为 IBM 的 SSEC 大型机编程。SSEC 是从 1944 年开始设计的，包含很多机械部件，运行时声音很大。

1950 年年底，小沃森领导的国防计算器项目开始，科德成为设计团队的一员，参与逻辑设计工作。

1952 年 5 月，国防计算器改名为 IBM 电子数据处理机（IBM Electronic Data Processing Machine）对外发布，中央处理器的产品编号为 IBM 701。

IBM 701 发布后，科德又参与了 IBM 702 的设计，这是第一款针对商业用途的 IBM 大型机，此前的都针对科研用途。

1953 年，科德回到加拿大，加入加拿大计算设备（Computing Devices of Canada）公司，工作地点在安大略省渥太华。

在加拿大工作大约 4 年后，科德在 1957 年偶遇自己在 IBM 工作时的一位经理，这位经理建议科德回 IBM 工作。科德采纳了他的建议，于 1957 年回到 IBM 的波基普西（Poughkeepsie）园区工作。

重新加入 IBM 后，科德先是参与了 IBM Stretch（7030）的设计工作，这是 IBM 的第一个晶体管大型机。当时的大型机很昂贵，如何充分利用机时是个重要问题。科德创建了一个多程序控制系统（multi-programmed control system），实现了让中央处理器交替执行多个程序，看起来就好像多个程序"同时在运行"。这个如今看来很平常的功能，在当时却具有开创性意义。

---

① 参考克里斯托弗·戴特发表于 ACM 官网上的图灵奖获奖者介绍《Edgar F. Codd - A.M. Turing Award Laureate》。

1961 年，科德在 IBM 的资助下到密歇根大学读博士，研究的方向是图灵和冯·诺依曼研究过的细胞自动机（Cellular Automata）。在自己的博士论文中，科德设计了一种自再生计算机（self- reproducing computer），这种计算机由数量非常多的简单细胞组成，这些细胞的结构是相同的，每个细胞以统一的方式与直接相邻的 4 个细胞交互。

1965 年，获得博士学位后，科德回到 IBM 的波基普西园区工作。此时，规模巨大的 System/360 项目正在进行。System/360 项目的一个基本目标是为 IBM 研发一套相互兼容的处理器，进而改变以前多个处理器互不兼容的局面。在软件方面，IBM 则希望有统一的编程语言能与 System/360 系列的硬件匹配。为此，科德与 IBM 在维也纳的实验室合作，创建了一种用于描述编程语言的语言，称为维也纳定义语言（Vienna Definition Language，VDL）。有了 VDL，在设计新的编程语言时，便可以使用 VDL 定义语法和语义。

1968 年的一天，科德听了一家数据库公司的代表所做的演讲。让科德感到诧异的是，这位代表竟然根本不知道谓词逻辑。数据处理是很多用户看重的应用方向，当时虽然已有一些数据库系统，但常常却是一些拼凑性的实现，缺乏统一的模型和认真的设计，不具有通用性，而且用法复杂，需要用户理解存储数据的底层结构。意识到这个问题后，科德做出一个重大的决定——改变自己的角色，去深入研究数据库技术。

为此，科德在 IBM 内部申请调换工作，到圣何塞研究实验室（San Jose Research Laboratory，后文简称圣何塞实验室）工作。科德的工作地点从美国东海岸的纽约州换到了西海岸的加州，时间是 1968 年。在之后的大约 16 年里，科德一直在圣何塞实验室工作，直到 1984 年退休。

圣何塞实验室建于 1952 年，是 IBM 在美国西海岸的第一个实验室，目的是吸引美国西海岸附近的人才，特别是斯坦福大学、加州大学伯克利分校等名校的优秀毕业生。雷诺·B.约翰逊（Reynold B. Johnson）是圣何塞实验室的第一任领导。雷诺带领团队研发存储设备，他们成功研制出第一个硬盘产品——IBM 350 磁盘存储单元（disk storage unit，见图 53-1），于 1956 年与 IBM 305 RAMAC 大型机一起发布。

图 53-1 IBM 350 磁盘存储单元（由本书作者拍摄）

RAMAC 的英文全称是 Random Access Method of Accounting and Control（用于记账和控制的随机访问方法），意思就是这种大型机主要是面向商业用户的，用于实时记账。IBM 350 RAMAC 大型机的机柜有 172 厘米高，长和宽分别为 152 厘米和 72 厘米。IBM 350 磁盘存储单元的容量为 50MB，售价为 50 万美元[①]。硬盘在当时之所以这么昂贵，主要是因为在硬盘出现之前，磁带是主要的外部存储介质。磁带只能顺序访问，而不能像硬盘那样随机访问某个扇区，因此磁带的访问速度很慢。

硬盘的出现，使得人们可以采用全新的方式管理持久化的数据。正因为圣何塞实验室有研究数据存储技术的传统，所以在决定研究数据库方向后，科德便转到圣何塞实验室工作。

科德首先调查了当时的数据库系统，比如 IBM 自己的"信息管理系统"（Information Management System，IMS）以及 GE 开发的"集成数据仓库"（Integrated Data Store，IDS）。IMS 使用的是层次模型，数据是按数据段（segment）进行保存的，每个数据段包含多个数据片（称为字段），数据段之间有父子关系，按树状结构组织。IDS 使用的是网络模型，每一条记录可以有多条父记录或子记录，记录之间通过指针（链接）相连，组成网络，也称

① 参考 IBM 研究院官网上的年度重要成就列表。

为图（graph）。IDS 的主要设计者是查尔斯·巴赫曼（Charles Bachman，1924—2017）。层次模型和网络模型都具有冗余小、节约空间的优点，但复杂度高，插入新数据和提取已有数据的算法都比较复杂，需要在节点之间导航才能找到想要的记录。巴赫曼在 1973 年获得图灵奖时，他演讲的主题是《作为领航员的程序员》（The Programmer as Navigator），他说："对于那些已经掌握在 N 维数据空间中操作的程序员来说，他们还面临很多风险和挑战。作为领航员，他们必须勇敢面对大海中那些难以察觉的浅滩和暗礁。因为要在共享的数据库环境中航行，所以产生了这些障碍。"

如何用更简单、直观的模型替代树或网络这样的复杂模型呢？学数学出身的科德认为：可以把数学引入数据管理领域，提高严密性和抽象度，从而使上层用户不用关心底层逻辑。科德认为巴赫曼的复杂网络模型和"导航"思想是个坏主意。在日常生活中，人们管理数据的常用方式是使用简单的二维表，如工资表、考勤表、会议签到表、员工信息表等。除简单直观外，二维表可以直接与数学和计算机中的矩阵、数组等数据结构对应起来，所以更容易实现高性能的数据库系统。想到这些优点后，科德决定使用简单的二维表存储数据，并将这种方法命名为"关系模型"。

科德在把自己的成果写成论文后，先以研究报告的形式在 IBM 内部发表，时间是 1969 年 8 月 19 日（见图 53-2）。

科德的这篇论文名为《存储在大型数据库中的关系的可衍生性、冗余性和一致性》（Derivability, Redundancy, and Consistency of Relations Stored in Large Data Banks）。在这篇论文的摘要部分，起始的两句是："将来的大型集成数据库会以存储形式包含很多不同阶的关系。这样存储的关系有冗余会很常见。"科德之所以这样说，是因为使用二维表保存数据也有缺点，那就是有些信息可能会重复。比如在员工信息表中，同一家庭的两名员工，他们的住址可能完全一样，这被称为"信息冗余"。为此，科德在这篇论文的第 5 章详细讨论了这个问题，他把冗余分为强冗余和弱冗余两种，并且论证了强冗余可以通过设计消除，而弱冗余可以帮助提高数据的一致性。

DERIVABILITY, REDUNDANCY AND CONSISTENCY OF RELATIONS
STORED IN LARGE DATA BANKS

E. F. Codd
Research Division
San Jose, California

ABSTRACT: The large, integrated data banks of the future will
contain many relations of various degrees in stored form. It will
not be unusual for this set of stored relations to be redundant.
Two types of redundancy are defined and discussed. One type may be
employed to improve accessibility of certain kinds of information
which happen to be in great demand. When either type of redundancy
exists, those responsible for control of the data bank should know
about it and have some means of detecting any "logical"
inconsistencies in the total set of stored relations. Consistency
checking might be helpful in tracking down unauthorized (and
possibly fraudulent) changes in the data bank contents.

RJ 599(# 12343) August 19, 1969

图 53-2　关系数据库的最早论文

在这篇论文的第一部分，科德不仅使用数学语言给出了"关系"的定义，而且给出了一个数据表的例子（见图 53-3）。

ship (supplier part project quantity)
　　　　　1　　　　2　　　5　　　　17
　　　　　1　　　　3　　　5　　　　23
　　　　　2　　　　3　　　7　　　　9
　　　　　2　　　　7　　　5　　　　4
　　　　　4　　　　1　　　1　　　　12

FIGURE 1: A Relation of Degree 4

图 53-3　科德给出的数据表示例

1969 年 9 月，科德在对这篇论文略做改进后，发给了 ACM（美国计算机学会）。根据 ACM 的意见，科德在 1970 年 2 月又做了些修改后，于 1970 年 6 月的《ACM 通讯》上刊出，名为《一种用于大型共享数据库的数据关系模型》（A Relational Model of Data for Large Shared Data Banks）。

科德（见图53-4）的论文发表后，吸引了很多人的注意，特别是那些熟悉数学的学者，比如在剑桥大学和加州大学伯克利分校，就有人受科德的影响，开始研究关系模型的数据库。但是在商业数据库领域，科德的论文并没有立刻产生大的影响。这有两个原因：其中一个原因是，科德的论文中使用了大量的数学语言，对于非数学出身的人来说理解起来比较晦涩；另一个原因是，当时很多人关注的是正在标准化的数据库语言CODASYL。因此，即使在IBM内部，也没有太多的人重视科德的论文，包括那些负责IBM数据库产品

（IMS）的人。

图53-4　"关系数据库之父"埃德加·弗兰克·科德

为了在IBM内部推广关系模型，科德在1972年组织了一次专题研讨会，地点故意设在IBM研究院的总部，也就是位于纽约市约克敦海茨（Yorktown Heights）的托马斯·沃森研究中心（Thomas J. Watson Research Center）。托马斯·沃森研究中心的主体是一座月牙形的巨大建筑，由著名建筑师埃罗·萨里宁（Eero Saarinen）设计，从1956年开始建设，于1961年建成。

科德的研讨会吸引了两位当时正在研究数据管理技术的年轻人，他们就是后来发明SQL语言的唐纳德·钱伯林（Donald Chamberlin）和雷·博伊斯（Ray Boyce）。

博伊斯出生于1946年，在纽约州长大。钱伯林出生于20世纪40年代，出生地是加州。他们都比科德小20多岁。博伊斯1968年从普罗维登斯学院（Providence College）毕业后，到普度大学读博士，后于1972年获得计算机科学专业的博士学位，进入IBM的托马斯·沃森研究中心工作，博伊斯加入托马斯·沃森研究中心的时间就在科德的研讨会举办前不久。

钱伯林1966年从哈维穆德学院（Harvey Mudd College）毕业后，到斯坦福大学继续学习，分别于1967年和1971年获得硕士和博士学位[1]。在斯坦福大学读书期间，钱伯林经常在假期到大公司实习。1970年夏天，钱伯林得到机会去托马斯·沃森研究中心实习，他和妻子驾车从美国西海岸的加州出发，沿途游览了美国黄石公园和尼亚加拉瀑布，用了两周时间来到纽约的约克敦海

---

① 参考IBM研究院官网上有关钱伯林的个人介绍。

茨，气势恢宏的托马斯·沃森研究中心大楼给钱伯林留下美好的印象。这是钱伯林第一次到加州之外的地方长时间生活，此次实习给他留下了很多美好的回忆。在获得博士学位后，钱伯林果断放弃了其他工作机会，选择到 IBM 的托马斯·沃森研究中心工作。

钱伯林在托马斯·沃森研究中心的最初工作是为 System/370 设计分时操作系统，项目代号为 System A。钱伯林之前在托马斯·沃森研究中心实习时做的便是这个项目，汇报的经理也与实习时一样，就是后来曾担任宏碁集团（Acer Group）总裁的刘英武（Leonard Liu）。钱伯林所在小组的任务是为 System A 研究虚拟内存技术和处理器调度，比如内存页的分配策略以及科德做过的多程序编程技术。

IBM 机构众多，常常有多个部门研究相同的方向，为了减少重复，每过一段时间，部门之间就会协调合并，System A 项目也是如此。钱伯林所在小组的工作与开发部门的工作在很大程度上是重复的。大约在 1971 年年底，IBM 的管理层决定把 System A 项目的工作合并给位于波基普西园区的开发部门。因此，钱伯林的很多同事便搬到波基普西园区工作了。但是钱伯林选择留下来，一方面因为他喜欢从事研究工作，舍不得离开美丽的托马斯·沃森研究中心，另一方面他很喜欢将自己招聘到 IBM 的经理和导师刘英武。

对于刘英武来说，他需要为自己和留下来的员工确定新的方向。在四处寻找并做了很多调查和思考后，刘英武选择了数据管理方向。钱伯林相信刘英武的判断，他跟随刘英武的步伐也转到数据管理方向。于是，团队里的人开始分别调研各种数据库技术，包括 IBM 的 IMS、巴赫曼的 IDS 以及 CODASYL 语言等，他们一边学习、一边寻找新的机会。他们还调研了 IBM 的圣何塞实验室正在研究的方向，包括科德于 1970 年发表的论文及后续文章。

在参加科德于 1972 年的夏天举办的研讨会之前，钱伯林一直把自己主要的精力放在 CODASYL 语言上，认为这是数据库技术的核心。但在听了科德的讲解后，钱伯林的思想慢慢发生了改变。当科德介绍如何查询数据时，钱伯林很自然地在心中思考如何用自己熟悉的 CODASYL 语言实现同样的功能。让他感到诧异的是，对于可能要用 5 页的 CODASYL 程序才能实现的功能，科德只用一行就表达出来了。这让钱伯林感受到了关系模型的巨大潜能，他开始认同科德倡导的方向，与钱伯林一起参加这次研讨会的同事博伊斯也这么认为[1]。

研讨会结束后，钱伯林和博伊斯彻底调整了研究计划，把工作重心转移到了关系模型上。他们领会并认可科德的思想，包括数据独立（data independence）、用表来表达数据以及关系模型。但是他们不赞同科德使用大量数学符号的做法，科德为关系模型设计了关系代数和关系算子，但这些对于没有数学背景的人太不友好了，因此钱伯林和博伊斯便想解决这个问题。博伊斯在普度大学读博士时研究的方向是编程语言和结构化编程语言，他的博士论文名为《使用拓扑重组简化程序》（Topological Reorganization as an Aid to Program Simplification）。正因为如此，他们想到设计一种编程语言来替代深奥的数学语言。起初，他们将这种语言命名为 SQUARE，SQUARE 是 Specifying Queries As Relational Expressions（用关系表达式定义查询）的英文缩写[2]。为了验证 SQUARE 的有效性，钱伯林和博伊斯设计了一个游戏：一个人提出想要查询的问题，另一个人用 SQUARE 表达出来。例如，"找出那些工资比老板还高的员工的姓名"（Find names of employees who earn more than their managers）。

大约在 1972 年年底，IBM 研究院的管理层开始重视科德的关系数据库方向，并决定把研究院里所有从事关系数据库研究的团队集合到一起。于是，钱伯林、博伊斯和刘英武从托马斯·沃森研究中心转移到圣何塞实验室，聚集在科德的旗下。一起转移过来的还有弗兰克·金（Frank King）、薇拉·沃森（Vera Watson）和罗宾·威廉斯（Robin Williams），一共 6 人。在这 6 人中，薇拉是唯一的女性。1932 年，薇拉出生于中国大连，她的父母都是俄罗斯人，她在大连长大，直到 1950 年与母亲一起经巴西来到美国[3]。因为精通俄语，薇拉被招聘到 IBM，起初做翻译工作，后来成为程序员，她在 IBM 的很多部门工作过。

1973 年年初，钱伯林等人开始在圣何塞实验室工作，与本来就在这里工作的科德等人会师。他们的目标是一起开发关系数据库系统，根据 IBM 的传统，项目被取名为 System R，R 代表关系模型。

从管理角度看，System R 项目有两位一线经理，分别是博伊斯和伊尔维·特雷格（Irv Traiger），他们的汇报对象是弗兰克。这时，刘英武已晋升为更高级别的经理。用钱伯林的话来讲，每一次团队发生变动，刘英武就被

---

① 参考美国计算机历史博物馆于 2009 年 7 月 21 日对钱伯林所做的采访。

② 参考钱伯林的回忆文章《Early History of SQL》。

③ 参考 Fran Allen 撰写的纪念薇拉的文章。

提拔一次。钱伯林对技术更感兴趣，不愿意做经理，所以情愿汇报给自己的伙伴和好朋友博伊斯。

从任务分工角度看，来自托马斯·沃森研究中心的博伊斯团队负责编程语言，这里原来的圣何塞团队负责数据存储，称为关系化存储系统（Relational Storage System，RSS）。这两支团队刚到一起时，关系并不融洽。圣何塞团队的人给来自托马斯·沃森研究中心的博伊斯团队取了个阴森的代号——"约克敦黑手党"（Yorktown Mafia），但也有人持欢迎态度，其中之一就是莫顿·阿斯特拉汉（Morton Astrahan，1924—1988）。1924 年 12 月 5 日，莫顿出生于芝加哥，他在 1949 年从美国西北大学获得电子工程专业博士学位后便加入 IBM 工作，工作地点在波基普西园区。莫顿是 IBM 701 的逻辑设计者之一。1956 年，莫顿搬到圣何塞工作，研究语音识别技术。1970 年，莫顿改为研究数据库方向[①]。可能是因为自己有从美国东海岸搬到西海岸的经历，所以莫顿对新来的东海岸同事非常热情，"欢迎来到加州，我需要做些什么来让你们感觉就像到家里一样呢？"（Welcome to California. How can I make you guys feel at home? [②]）到了周末，莫顿常常邀请新来的同事带着家属到自己的木屋玩。莫顿的木屋建在一座山上。钱伯林多次带着女儿到莫顿的木屋过周末。山上空气清新，视野辽阔，景色很美。

虽然科德是整个 System R 项目的领导，但他感兴趣的既不是人员管理，也不是编码开发。科德除了四处演讲宣传关系模型之外，也经常做一些自己非常感兴趣的具体工作。比如，科德和博伊斯都对范式理论感兴趣，他们一起归纳关系数据库的设计规则，并把这些设计规则用数学语言定义出来，称为"设计范式"。科德已经定义了 4 种设计范式，按序号分别称为第 1 范式、第 2 范式、第 3 范式和第 4 范式。1973 年，科德与博伊斯合作，在第 3 范式的基础上进行扩展，定义了"博伊斯-科德范式"（Boyce-Codd Normal Form，BCNF）。

博伊斯身体强壮、精力充沛，除了管理团队以及与科德合作定义设计范式之外，他还与钱伯林合作，对以前定义的 SQUARE 语言进行改进。SQUARE 语言的明显不足就在于使用了很多下标符号，这些符号很难通过键盘直接输入。为此，他们想改进 SQUARE 语言，不再使用下标，而是直接用普通的英文来表达。他们给这种新的语言取名为 SEQUEL，SEQUEL 是 Structured

---

① 详情请参见 J. A. Lee 发表于 IEEE 历史网站上的计算机先驱介绍。
② 资料源自 SQL 重聚活动会议记录中的钱伯林发言。

English Query Language（结构化的英文查询语言）的英文缩写。

博伊斯和钱伯林一起从托马斯·沃森研究中心搬到加州，他们不仅在工作中一起合作，而且在生活中也是很好的朋友。钱伯林是加州人，更熟悉加州，博伊斯经常搭乘钱伯林的车上下班。他们密切合作，设计和改进SEQUEL，互相激发灵感，把奇思妙想变成精妙的设计。

在经过几个月的努力后，钱伯林和博伊斯的 SEQUEL 已经基本完成。他们选择一些很简单的英文单词作为关键字，通过使用这些关键字，用户就可以定义想要执行的各种操作。例如，如果想从员工表 EMP 中查询玩具部门 TOY 汇报给 ANDERSON 的员工，那么只需要像下面这样写代码：

```
SELECT NAME, SAL
FROM EMP
WHERE DEPT = 'TOY'
AND MGR = 'ANDERSON'
```

其中，SELECT 是用于提取数据的主关键字，FROM 用来指定想要查询的数据表，WHERE 用来指定查询条件。

对于钱伯林和博伊斯喜欢用的那个例子——"找出那些工资比老板还高的员工的姓名"，可以写成：

```
SELECT E.NAME
FROM EMPLOYEE E, EMPLOYEE M
WHERE E.MANAGER=M.NAME AND E.SALARY > M.SALARY
```

为了验证 SEQUEL 的易用性，博伊斯特别请团队里的语言学家菲莉丝·赖斯纳（Phyllis Reisner）来做实验。菲莉丝到圣何塞州立大学找了很多学生，教他们使用 SEQUEL，目的是测试他们的反应，看多久可以学会。

1974 年年初，钱伯林和博伊斯（见图53-5）将他们的成果写成论文，提交给了即将由 ACM（美国计算机协会）的 SIGFIDET（文件定义和编辑特别兴趣组，Special Interest Group on File Definition and Editing）举办的年度技术研讨会。SIGFIDET 后来改名为 SIGMOD（Special Interest Group on Management of

图 53-5　雷·博伊斯和唐纳德·钱伯林

Data，数据管理特别兴趣组）。

1974 年 5 月 1 日至 3 日，这场研讨会在密歇根大学的安娜堡（Ann Arbo）校区召开，博伊斯参加会议并公开介绍了 SEQUEL[①]，钱伯林因为出差经费问题没有到会议现场。科德和巴赫曼也参加了此次会议，并且他们展开了一场著名的辩论。巴赫曼刚获得 1973 年的图灵奖，是数据库领域的权威，由他开创的网络模型和数据"导航"理论已经得到很多人的认可，并且有很多实际应用；而关系模型当时尚处于理论阶段，没有可用的系统，更没有实际应用。因此，研讨会上有很多人质疑关系模型的可用性，他们向科德和博伊斯提出了各种问题。

在研讨会结束后的会议报告中，有一篇由钱伯林和博伊斯共同署名的 SEQUEL 论文，名为《SEQUEL：一种结构化的英文查询语言》（SEQUEL: A Structured English Query Language）。这不仅标志着如今仍在广泛使用的数据库查询语言正式诞生，也意味着由科德开创的关系模型又向前迈进一步。

但就在从安娜堡出差回来大约一个月后的一天，博伊斯早晨坐钱伯林的车上班。下午时，钱伯林听人说博伊斯在吃午饭时摔倒了。起初，钱伯林以为是谣传，因为博伊斯一直很健康，而且早上还好好的。但消息很快就被证实，钱伯林到硅谷医院看望博伊斯时，博伊斯已经因为大脑肿瘤和脑出血失去意识，几天后的 6 月 16 日，博伊斯去世，年仅 27 岁。

1975 年秋，保罗·麦克琼斯（Paul McJones）加入 RSS 团队，他的经理是伊尔维·特雷格，此时 RSS 团队的成员还有迈克·布拉斯根（Mike Blasgen）、吉姆·格雷（Jim Gray）、雷蒙德·洛里（Raymond Lorie）和弗朗哥·普措卢（Franco Putzolu）。图 53-6 是弗朗哥·普措卢、吉姆·格雷和伊尔维·特雷格的合影。

---

① 参考 DATE C J 撰写的《The Database Relational Model: A Retrospective Review and Analysis》。

图 53-6　开发 System R 时的合影（大约拍摄于 1977 年，左起依次为弗朗哥·普措卢、吉姆·格雷和伊尔维·特雷格，这张照片由吉姆·格雷在 2006 年 2 月 20 日发给保罗·麦克琼斯）

1949 年，麦克琼斯出生于洛杉矶，1963 年进入帕洛斯佛得斯高中（Palos Verdes High School）学习，1967 年高中毕业后，到加州大学伯克利分校学习工程数学专业。麦克琼斯喜欢编程，他从大学一年级开始就到伯克利的计算机中心做各种编程工作，包括巴特勒·W.兰普森（Butler W. Lampson）领导的分时操作系统项目（Cal TSS）。在做 Cal TSS 时，麦克琼斯结识了比他大几届的吉姆·格雷。1974 年，在格雷的介绍下，麦克琼斯加入 IBM 工作。

1976 年，System R 项目的阶段 0（Phase 0）任务完成，SEQUEL 的第一个原型实现开始工作。同年，科德被晋升为 IBM 院士。

1977 年，因为 SEQUEL 这个名字与其他公司注册的商标有冲突，所以

SEQUEL 被改名为 SQL。在这一年的 6 月 16 日，一个名叫拉里·埃里森（Larry Ellison）的年轻人受科德论文的启发开始创业，他自己拿出 1200 美元，与两个伙伴一起以 2000 美元投资成立了一家公司，名叫软件实验室（Software Development Laboratories，SDL）。

1978 年 10 月 17 日，SQL 团队的成员薇拉·沃森在攀登喜马拉雅山的安娜普尔纳峰时不幸遇难。薇拉是作为美国女子喜马拉雅探险队（American Women's Himalayan Expedition）的队员参加那次登山的，她在和伙伴从 4 号营地向最后一个营地攀登陡坡转移时坠落。薇拉热爱登山运动，曾在 1974 年独自攀登安第斯山脉的最高峰（阿空加瓜峰）并成功登顶。阿空加瓜峰是西半球的最高峰，也是亚洲之外的最高峰。薇拉的丈夫是著名的计算机科学家约翰·麦卡锡（John McCarthy，1927—2011），1971 年，麦卡锡因为在人工智能方面做出的贡献而获得图灵奖。

1979 年，拉里·埃里森创立的 SDL 公司改名为 Relative Software 并对外发布了第一个商业化的关系数据库产品，名叫 Oracle。1983 年，Relative Software 公司改名为 Oracle。Oracle 公司在 2021 年的净收入为 137.4 亿美元，员工总共约 13.2 万人[①]。在 2021 年发布的"福布斯全球 2000"世界最大上市公司排名中，Oracle 公司名列软件和编程（Software & Programming）行业第 2 名。

1981 年，科德获得图灵奖，科德获奖时所发表演讲的主题为"关系数据库：可行的高生产率基础"（Relational Database: A Practical Foundation for Productivity）。这一年离巴赫曼获得图灵奖已有 8 年，两个曾持不同意见并激励辩论的人都因为数据库技术而获奖，这代表着数据库技术在这 8 年里发生了方向性改变。从此，关系模型成为数据库技术的主流方向，直到今天。这一年离科德发表最初的关系模型论文差不多有 12 年，在这 12 年时间里，关系模型从无到有，从被质疑到被接受，在走过一段蜿蜒曲折的道路后，终于迎来胜利，为了这个胜利，很多人付出了努力。今天，人们把科德在 1970 年发表的关系模型论文看作现代数据库技术的开山之作，有"种子论文"（seminal paper）之称，作用犹如当年冯·诺依曼的《第一草稿》，是数据库技术的一个重大分水岭。

1986 年，SQL 成为 ANSI 标准，次年成为 ISO 标准。

---

① 参考 Oracle 公司 2021 年年报。

1988 年，钱伯林因为开发 System R 而获得 ACM 软件系统奖（Software Systems Award）。

1995 年 5 月 29 日，"SQL 团队重聚"活动在加州的阿西洛玛（Asilomar）海滨举行，曾参与 System R 或后续项目的 20 多位老同事团聚在一起，回忆当年一起工作的情景。钱伯林和伊尔维·特雷格参加了此次聚会。根据保罗·麦克琼斯（Paul McJones）整理的会议记录 "The 1995 SQL Reunion: People, Projects, and Politics"，参加此次聚会的还有 Roger Bamford、Mike Blasgen、Josephine Cheng、Jean-Jacques Daudenarde、Shel Finkelstein、 Jim Gray、Bob Jolls、Bruce Lindsay、Raymond Lorie、Jim Mehl、Roger Miller、C. Mohan、John Nauman、Mike Pong、Tom Price、Franco Putzolu、Mario Schkolnick、Bob Selinger、Pat Selinger、Don Slutz、Brad Wade 和 Bob Yost。当时，大家特别回忆了已经去世的博伊斯、薇拉和莫顿·阿斯特拉汉。莫顿于 1985 年 1 月 1 日从 IBM 退休，1988 年 6 月 2 日去世。

1998 年，SQL 团队的吉姆·格雷（Jim Gray，见图 53-7）因为在数据库事务处理方面做出的贡献而获得图灵奖。

1944 年，格雷出生于旧金山，1971 年加入 IBM 的托马斯·沃森研究中心工作，因为不适应纽约的气候，一年多以后便辞职了。1972 年 10 月，格雷再次加入 IBM，成为 System R 团队的一员，一直工作到 1980年。格雷为 System R 编写了很多底层（RSS层）代码，包括并发控制、事务处理、灾难恢复、系统启动、安全和管理机制等[1]。格雷在 1995 年加入微软研究院工作。格雷很喜欢航海，是一名经验丰富的水手，他有一艘 12 米长的帆船。2007 年 1 月 28 日，格雷独自驾驶帆船到旧金山附近的法拉隆群岛（Farallon Islands）抛洒母亲的骨灰，之后就再也没有返回。美国海岸巡逻队和亲朋

图 53-7　吉姆·格雷（来自吉姆·格雷在 1998 年获得图灵奖时的采访录像）

---

① 参考格雷获得图灵奖时的采访记录。

好友使用各种方法搜索都没有找到他[①]。

2009 年，钱伯林被授予美国计算机历史博物馆院士荣誉。

---

② 参考戈登·贝尔等人撰写的怀念吉姆·格雷的文章。

第 54 章　1978 年，VMS

1942 年 3 月 13 日，大卫·N.卡特勒（David N. Cutler）出生于美国密歇根州兰辛市的德维特小镇（Dewitt Lansing，Michigan）。兰辛市既是密歇根州的首府所在地，也是著名的汽车城。卡特勒的父亲名叫尼尔·卡特勒（Neil Cutler），在一家名叫奥斯莫比（Oldsmobile）的汽车工厂工作。奥斯莫比汽车工厂成立于 1897 年，是美国最早的 5 大汽车工厂之一。尼尔是一个十分严谨的人，他一生都在奥斯莫比汽车工厂工作，原先在运输部门工作，后来成了工厂的看门人。尼尔的身体不好，从小就被风湿病折磨，不能参加运动，同时尼尔的视力也很差，这导致他不能进行户外活动。尼尔不喜欢交际，喜怒无常，而且非常喜欢喝酒[1]。卡特勒的母亲名叫阿丽塔（Arleta），是镇子上一位医生的护士①。卡特勒出生时，他的父母已经有一个孩子——卡特勒的姐姐邦妮（Bonnie）。卡特勒一家 4 口住在离市中心 8 英里远的德维特小镇，他们住在卡特勒祖父母的楼上。德维特小镇的四周都是农田，人口约 1000 人，居民大多是退休的农民。

1949 年，卡特勒一家从德维特小镇搬到了离市中心更远的乡村。尼尔自己动手建造了一栋房子，阿丽塔修建了一个大花园，他们还在这里种了葡萄树。此时，卡特勒家里又多了两个孩子，作为最大男孩子的卡特勒成了家里的重要劳动力。冬天时，他锯木头、生火炉，其他季节则帮着种植和采摘蔬菜以及各种食物[1]。

除劳动外，卡特勒喜欢自己动手制作玩具。他使用不同的材料，做了很多大大小小、不同样式的模型飞机。卡特勒梦想着长大后成为一名飞行员[1]。

上学读书后，卡特勒经常在周末和假期通过打零工挣钱。在暑假的大部分时间里，卡特勒通常在为周围的农民干活，做各种零碎的工作，比如修建牲口棚。有一个暑假，卡特勒还曾在一家化肥工厂打零工。卡特勒经常和小伙伴一起捡旧报纸，积攒整整一车后卖给废品回收站[1]。

---

① 参考奥利韦学院官网上的文章《Dave Cutler '65 – Being MAD Has Benefits》。

读初中时，卡特勒的一些同学因为家庭困难等原因辍学，但是卡特勒坚持自己挣钱交学费，继续读书，因为他意识到："一旦离开学校，就意味着一辈子要做体力活。只要有可能，我就要享受高中生活，花的时间再长也不要紧。"（I knew that getting out of school meant a lifetime of work. I wanted to enjoy high school life as long as possible.[1]）

1956 年，14 岁的卡特勒考入德维特高中。他不仅学习成绩优秀，而且在体育方面出类拔萃，是学校里的头号运动健将。卡特勒身体强壮，能跑善跳，篮球、垒球和橄榄球样样出色，是校队里的运动员，在篮球队中担任副队长，在橄榄球队中做四分卫。在一次橄榄球比赛中，卡特勒两次触地得分，其中一次得分几乎穿越全场，奔跑的速度非常快。用他自己的话来说："我在德维特主要是个运动员，不是学生，不过我的各科考试成绩也很不错。"（I was primarily an athlete, not a student, although I had pretty good grades at Dewitt.[1]）

2013 年，成名后的卡特勒在德维特高中设立了"德维特•卡特勒奖学金"，用来奖励那些在学习和体育方面表现卓越的高中生。

1960 年，卡特勒高中毕业。卡特勒的毕业成绩很不错，处在班里的前 5 名。在卡特勒高中的纪念册中，有位同学在卡特勒的照片下用了这样一句话来描述卡特勒："只有他自己才可能与其匹敌。"

申请大学时，卡特勒很想去美国中央密歇根大学（Central Michigan University），但没有成功。密歇根州的奥利韦学院（Olivet College）看中了卡特勒。奥利韦学院虽然占地很小，也不是名校，但是同意为卡特勒提供体育和学术方面的多项奖学金，有了这些奖学金，基本就够学费了，而且离家很近。

进入奥利韦学院后，卡特勒继续投身于橄榄球运动，加入奥利韦学院校队——彗星队（OliVet Comets），打四分卫。卡特勒奔跑速度很快，百米跑在 11 秒以内，传球技术也非常精准。彗星队的教练斯图•帕塞尔（Stu Parsell）称卡特勒是"万里挑一的好球员"[1]。

读大二时（1961 年），卡特勒将自己的橄榄球特长发挥到了极致。在卡特勒加入之前的几年里，彗星队已经连续输掉 21 场比赛。但在这一年，彗星队在卡特勒的带领下，前 8 场比赛都赢了。遗憾的是，在那个赛季的最后一场比赛中，卡特勒与对方的后卫相撞，左腿骨折。到了下一个赛季，虽然卡特勒很想重返比赛，但他被医生告知，上场可能会导致腿伤加重，永远残疾。无奈之下，卡特勒只好结束了自己的橄榄球生涯[1]。

在左腿受伤养病的那段时间里，卡特勒意识到自己"不可能从事一辈子的体育运动"，他开始认真思考自己的前程。卡特勒对文科不感兴趣，他感兴趣的是数学和物理，于是他选择学习数学和物理专业。1965 年 1 月，卡特勒从奥利韦学院顺利毕业，获得数学和物理学学士学位①。

找工作时，没有公司到奥利韦学院做校园招聘，于是卡特勒向很多家公司发出了工作申请，包括洛克希德、通用汽车，还有杜邦公司。卡特勒收到 3 个录用通知（offer）：第 1 个来自克莱斯勒汽车的软装饰工厂；第 2 个来自卡特勒父亲工作过的奥斯莫比汽车工厂的计算机记账部门（当时，很多大公司开始把业务记录从纸上逐步转移到计算机中，因此需要招聘软件设计和操作人员）；第 3 个是杜邦公司，从事工程方面的工作。

卡特勒放弃了到奥斯莫比汽车工厂工作的机会，因为他当时对计算机还知之甚少，也不喜欢财务和记账工作。卡特勒选择了杜邦公司，主要原因在于从小就喜欢动手的卡特勒想要从事生产和工程类的工作，而杜邦公司的工作看起来是做工程技术的。

杜邦公司的工作地点在特拉华州的威尔明顿（Wilmington），位于美国东部。1802 年，杜邦公司在克里斯蒂娜堡（Fort Christina）附近成立，因为战争的巨大需求，生产火药的杜邦公司快速发展，杜邦公司所在地也发展成一座大的城市，这座城市就是威尔明顿，被誉为"世界化工之都"。

1965 年的夏天，卡特勒从家乡赶往 1000 公里外的威尔明顿。来到杜邦公司工作后，卡特勒吃惊地发现领导交给自己的工作和原来想象的根本不一样。卡特勒本以为自己要做真正的生产或开发工作，但他接手的第一份工作是当技术编辑，为杜邦的弹性材料部门（Elastomeric Materials Division）编写测试文档。

幸运的是，卡特勒所在的部门和销售服务部门共用实验室，这让他有机会了解到杜邦公司生产的材料是如何被应用到客户的产品中的。另外，销售服务部门与杜邦公司的很多其他部门有来往，这也让卡特勒有机会了解和认识其他部门的同事。数学和统计部门（Math and Stat Group）的经理听说卡特勒有数学专业背景，便找卡特勒交谈，双方都觉得卡特勒更适合到数学和统

---

① 参考 2016 年 2 月 25 日采访中大卫·N.卡特勒的口述记录，采访由 Grant Saviers Grant 主持。

计部门工作。

大约一年后，数学和统计部门接到一个新的建模任务——为斯科特纸业（Scott Paper）研发一种泡沫工艺模型来生产保温棉，用在夹克衫和其他外套上。因为这个模型相当复杂，需要利用计算机来做大量的计算，并且缺少人手，于是数学和统计部门的经理找到卡特勒，问他可不可以参与这个建模项目。卡特勒坚定地回答："可以。"卡特勒这样回答并不是因为他曾做过这样的建模任务，而是因为他厌烦写文档。他每天辛辛苦苦写的文档似乎没有人愿意看。这让他非常沮丧，他恨不得马上换一份工作。

数学和统计部门的经理把卡特勒借调到自己的部门。因为新的建模任务需要使用计算机做大量的计算，所以卡特勒被送到一所由 IBM 开办的学校里学习一种名叫 GPSS-3 的编程语言。GPSS 的英文全称是 General Purpose System Simulator（通用系统仿真器）。

使用 GPSS 进行建模的基本方法是：选择不同计算的"功能块"，把它们组合起来，形成仿真模型。学习了一段时间后，卡特勒和同事逐渐搭建起一个很大的模型。因为当时计算机的价格还很贵，培训学校里没有计算机，所以模型先是设计在纸上，之后被转换到 2000 多张卡片上。为了运行这些卡片，需要购买 IBM 计算机的机时。卡特勒和同事带着这 2000 多张卡片来到了位于费城的 IBM 计算中心，在得到机时上机后，他们开始把准备好的卡片提交给 IBM 7044 执行，但立刻就遇到各种错误，根本执行不下去。于是他们只好一点点理解每个错误的产生原因，然后纠正。他们花了一整天的时间也没能排除所有错误。

这次上机经历让卡特勒领悟到使用计算机的"真谛"。计算机只是非常严格地执行人类做好的设计。要想让计算机做事情，人类就必须非常清楚要做的每一步，而且必须准确地用程序表达出来。计算机不会通情达理，不会接受所谓的"差不多正确"，对于哪怕一丝一毫的细微误差，计算机也是零容忍的，而人类恰恰非常容易犯此类错误。

为了做好这个建模项目，斯科特纸业特意安排了一个人与卡特勒一起工作。但是这个人非常年轻，也没有什么经验。在大约一年的时间里，他们两人经常在 IBM 的计算中心工作。他们把调整好的模型发送给计算机，然后等待结果，拿到结果后，再做各种分析和改进。在经过不断努力后，他们终于得到一个令人满意的仿真模型。

这个建模项目结束后，卡特勒对计算机产生了浓厚的兴趣，他正式转到数学和统计部门，继续从事和计算机有关的工作，包括使用 UNIVAC 1107 和 UNIVAC 1108 做各种实验。

在数学和统计部门工作了大约两年后，卡特勒想从事更多的计算机工作，于是他转到杜邦公司工程部门（Engineering Department）的在线系统小组（Online Systems Group）。在线系统小组专门负责为生产和运营部门提供计算机方面的服务，比如生产线的过程控制软件。经过这次转岗，卡特勒从使用计算机的用户变成开发和维护计算机的专业技术人员。

在线系统小组的工作模式是面向项目的，没有项目时就会比较空闲。空闲时，卡特勒便钻研 UNIVAC 1107 和 UNIVAC 1108 的硬件及软件。卡特勒找到杜邦公司专门负责操作系统定制和维护的系统编程小组，问有没有什么活儿可以给他做。系统编程小组当时正好有一个长期无法解决的问题。UNIVAC 1107 和 UNIVAC 1108 使用的操作系统名叫 Exec II，杜邦公司根据自己的需要对其做了一些修改，修改的代码量大约有 2000 行。不知道是不是因为修改的代码存在问题，Exec II 说不定什么时候就会崩溃，整个系统都无法使用，只能重启。为了帮助寻找原因，每次系统崩溃时，错误处理程序就会把内存中的原始数据打印出来，输出的数据是 8 进制数，打印纸是折叠的，每次转储都会输出厚厚的一摞纸。分析这样的转储数据需要大量的时间，并且要求分析人员具有惊人的耐力。因为系统编程小组的人很少有时间和耐力做这项工作，所以很多转储数据都没有分析过。因此，当卡特勒主动找上门时，系统编程小组便让他帮着分析转储数据。拿到这些转储数据后，生性喜欢挑战难题和不服输的卡特勒一头扎进这些数据，他需要首先搞清楚系统的工作原理和正常工作时的内存状态，然后寻找哪些状态发生了异常。卡特勒从看起来千篇一律的 8 进制数中仔细寻觅可能导致系统崩溃的"异类"，抽丝剥茧，逐步推进。经过数天的缜密分析后，卡特勒成功找到一些系统崩溃的规律，并在杜邦公司修改的代码中找到了导致系统崩溃的根源。卡特勒找到崩溃原因后，系统编程小组的人对他刮目相看，大加赞赏，以后每当有新的转储数据时，就拿给卡特勒。过了一段时间后，卡特勒的办公室里积攒的转储打印纸越来越厚，堆在一起有 6 英尺（约 1.8 米）高。在这个过程中，卡特勒赢得系统编程小组的信任，他们每次做新代码修改时，都会请卡特勒检查代码，卡特勒成了系统编程小组里真正的技术骨干[2]。

与此同时，卡特勒自己所在的在线系统小组也在做一些项目，比如承担杜邦实验中心（Experimental Station）的一些软件项目，自动采集杜邦公司生产线上的仪表数据，进行分析，然后实现自动化控制。杜邦实验中心是杜邦公司最大的研发中心，坐落在威尔明顿市区北部的布兰迪万河谷岸边，布兰迪万河在此处蜿蜒曲折，形成"C形"。

杜邦实验中心的自动分析系统使用了 DEC 的双路 PDP-10（Dual PDP-10），两个处理器共用一套内存，操作系统名叫 TOPS-10。为了熟悉 PDP-10 的硬件和软件，卡特勒到 DEC 参加了 TOPS-10 的培训。

在完成自动分析系统项目后，卡特勒熟悉了 DEC 的硬件和软件，于是杜邦公司的工程部门又安排卡特勒在 PDP-11 上开发一个实时的控制软件，用于自动控制胶片的厚度。

在完成 PDP-11 上的控制软件后，卡特勒又一次开始思考自己的职业前途，此时他已经在杜邦公司工作 6 年。卡特勒 1965 年加入杜邦公司，从不愿意干的技术编辑做起，一年后被借调到数学和统计部门，因为使用 GPSS 进行建模开始走上计算机编程之路。而后，卡特勒从用户身份转到在线系统小组，成为专职的开发人员，从事应用软件开发；又因为帮助系统编程小组分析转储数据，卡特勒从应用软件领域转到操作系统领域。6 年时间里，卡特勒已经从丝毫不懂计算机编程的外行，成长为既有应用软件开发经验，又了解操作系统的人才。此时，卡特勒意识到软件不是杜邦公司的主要方向，为了在软件方向走得更远，自己需要到专门研发计算机的公司工作。因为在 PDP-10 和 PDP-11 上做过开发，到过 DEC，也认识 DEC 的不少人，所以卡特勒首先想到的是 DEC。DEC 当时正缺少懂操作系统的系统软件开发人才，所以卡特勒到 DEC 的梅纳德总部面试了一次就成功了。

1971 年，卡特勒离开杜邦公司，从威尔明顿搬家到马萨诸塞州的梅纳德，加入当时正处于上升期的 DEC[2]。此时的 DEC 有 6200 名员工，年收入约 1.46 亿美元①。1971 年时 DEC 的财务数据如图 54-1 所示。

---

① 参考 2005 年 6 月 23 日采访中戈登·贝尔的口述记录，采访由 Gardner Hendrie 主持。

FINANCIAL SUMMARY

FISCAL YEAR	1971
Total Operating Revenues	$146,849,000
Income Before Income Taxes	18,500,000
U.S. & Foreign Income Taxes	7,900,000
Net Income	10,600,000
Total Assets	150,142,000
Current Assets	110,865,000
Current Liabilities	24,288,000
Stockholders Equity	125,854,000
No. of Shares Outstanding at Year End	30,717,000
Net Income Per Share	$.35
EMPLOYEES AT YEAR END	6,200
SHAREHOLDERS AT YEAR END	7,420

图 54-1　1971 年时 DEC 的财务数据

卡特勒加入 DEC 时的第一份工作并不顺利。卡特勒的顶头上司名叫彼得·冯·洛肯斯（Peter van Roekens），团队要做的项目名叫 OS-45，目标是针对 PDP-11/45 型号的硬件对 TOPS-10 操作系统进行一次大的重构，实现升级换代。PDP-11/45 具有速度非常高的内存，访问时间为 300 纳秒，当时 PDP-10 高端机型的内存速度都在微妙级别。洛肯斯来自 RCA 公司，负责过 RCA 公司的虚拟内存操作系统项目，他很想在 OS-45 中实现新的内存技术。同时，OS-45 也是 DEC 编程部门的高管戴夫·斯通（Dave Stone）的一个梦想。但是，他们都忽视了 PDP-11 硬件方面的一个重要局限，那就是 PDP-11 的地址总线只有 16 位，整个地址空间只有 64KB。正因为如此，OS-45 项目进展缓慢，开发工作迟迟无法开始，团队成员的主要工作就是学习资料和思考解决方法，大家都比较空闲，这让一向喜欢忙碌和原来打算到 DEC 大干一番的卡特勒很难受。

卡特勒刚加入 DEC 时，他的办公室在 12 号楼的 2 层。卡特勒与 RSTS（PDP-11 上的分时系统）的开发者乔治·贝里（George Berry，1944—2014）共用一间办公室。

悠闲却痛苦的日子持续两三个月后，转机来了。DEC 的工业产品部（Industrial Products Group）正在为 PDP-11 开发 RSX-11C 操作系统，虽然已经花了几年的时间，但是还有很多问题，无法发布给任何用户使用。听说了卡特勒的经历后，RSX-11C 项目的人便询问卡特勒是否愿意和他们一起做这个项目。卡特勒立刻答应了，于是 RSX-11C 成为卡特勒在 DEC 的第一个真正项目。

RSX-11C 是 RSX-11 系列操作系统的第一代，是 DEC 为 PDP-11 小型机开发的多用户实时操作系统。RSX 这个名字是由 RSX 的架构师丹尼斯·布雷维克取的，源自英文 Real-Time System Executive（详见第 50 章）。

RSX-11C 完成后，DEC 又陆续开发了 RSX-11B 和 RSX-11D。在 RSX-11D 中，一个比较大的变化就是使用了多进程架构，几乎所有任务以一个单独的进程运行，进程之间使用跨进程（IPC）通信机制相互沟通。这样做的优点是进程之间的代码比较独立，耦合度低，容易开发和维护；缺点是跨进程通信会产生较大的开销，影响操作系统的性能，不符合 RSX 这个名字本身代表的含义。针对这个问题，卡特勒构想了一套新的改进架构，名为 RSX-11M，RSX-11M 与旧的架构差别很大。

DEC 的工业产品部在看了卡特勒的 RSX-11M 构想后，非常高兴，给他配了 9 个人来帮他实现这个构想。笔者在 2021 年采访卡特勒时，他仍清楚记得 RSX-11M 小组的最初成员——马里奥·佩利格里尼（Mario Pelligrini）、苏珊·杰克逊（Susan Jackson）、帕蒂·安克拉姆（Patty Anklam）、克拉克·伊莱娅（Clark Elia）、汤姆·米勒（Tom Miller）、查尔斯·莫尼亚（Charles Monia）、霍华德·列夫（Howard Lev）、彼得·李普曼（Peter Lipman）和罗杰·海嫩（Roger Heinen）。其中的汤姆·米勒后来追随卡特勒到微软工作，他们一起开发了 NT 操作系统，米勒是 NTFS 文件系统的两位核心开发者之一。

得到工业产品部的支持后，卡特勒开始了自己领导的第一个操作系统项目，时间大约在 1972 年年底。卡特勒先把自己的规划转变成详细的设计，并与马里奥一起把这些设计写成设计文档，名为"RSX-11M 施工设计文档"（见图 54-2）。

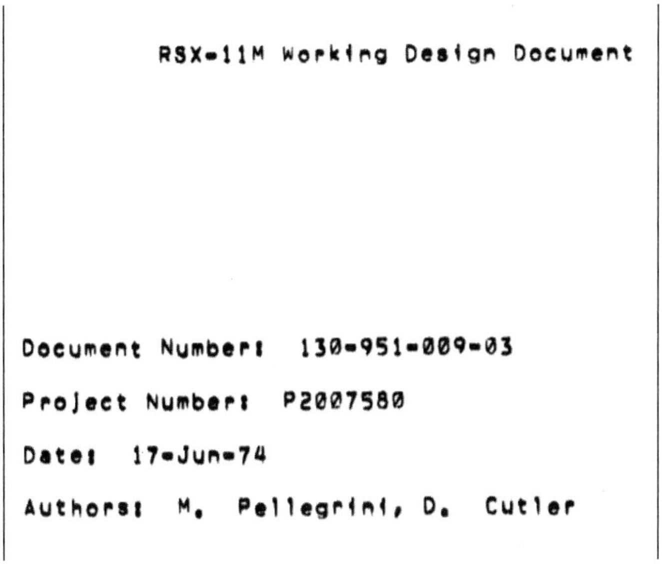
RSX-11M Working Design Document

Document Number: 130-951-009-03

Project Number: P2007580

Date: 17-Jun-74

Authors: M. Pellegrini, D. Cutler

图 54-2　“RSX-11M 施工设计文档”的封面

RSX-11M 面临的难题之一是需要与已经推出的 RSX-11D 兼容，而且需要解决 RSX-11D 内存开销太大的问题。针对内存开销问题，卡特勒想出一种非常有效的做法，就是为开发团队里的每一位程序员分配预算，如果使用的内存超出预算，就需要申请，重新讨论。为了鼓励大家节约内存，卡特勒特意制作了一个橡皮章，上面刻着“大小就是目标”（Size is the Goal）。

用了大约两年时间，卡特勒带领自己的开发小组，于 1974 年 11 月完成 RSX-11M 的第一个版本。RSX-11M 以非常精简的设计实现了强大的多任务功能，用户在 RSX-11M 中可以同时运行多个应用程序。在设备管理方面，RSX-11M 同样出色，用户可以很方便地读写磁盘等外部设备。同时，RSX-11M 还实现了“低内存占用”的目标，当运行在只有 32KB 内存的计算机上时，RSX-11M 仅占用 16KB 内存，剩下的 16KB 内存留给应用程序使用。RSX-11M 发布后，很快就有了大量用户。从此，RSX-11M 成为 PDP-11 小型机上使用最广泛的操作系统，一直持续到 20 世纪 90 年代。

1973 年下半年，DEC 开始开发 PDP-11 的新机型，名为 PDP-11/70。PDP-11/70 的基本目标之一就是解决长期存在的寻址能力限制问题，以访问更大的内存，PDP-11/70 最高可以支持 4MB 大小的内存。PDP-11 的基本架构是 16 位的，为了支持 4MB 大小的内存，一种方法是继续使用野蛮的方法对旧的架构进行扩展，另一种方法是重新设计架构。

经过一番讨论后，DEC 决定先组建设计团队开发一套全新的硬件架构，之后再为这套全新的硬件架构开发新的操作系统。新架构被命名为 VAX，英文全称是 Virtual Address eXtension（虚拟地址扩展）。VAX 这个名字代表了新架构的核心思想是使用虚拟内存技术彻底解决旧机型在内存方面的限制问题。用计算机系统部（Computer Systems Group）副总裁比尔·德默（Bill Demmer）的话来说："在计算机历史上，寻址能力可能一直是催生新架构的主要推动力。VAX 计算机的最初构想也完全基于这个原因。"（It's the addressing capability that has probably been, over history, the major driving force behind new computer architectures. It's what initially brought about the whole notion of the VAX computer.）

考虑到 VAX 项目的重要性，奥尔森亲自指派工程副总裁戈登·贝尔（Gordon Bell）领导 VAX 项目。1934 年 8 月 19 日，戈登出生于美国密苏里州的柯克斯维尔（Kirksville），他从小就在家族企业贝尔电气公司帮助修理电器以及为家庭布线。

1941 年，戈登 7 岁时，由于先天性心脏病，他不得不在床上躺了一年。在病床上，聪慧的戈登并没有无所事事，他开始摆弄电路，做化学实验，还用钢锯做出拼图玩具。

1946 年，戈登 12 岁，此时他就已经成为一名专业的电机师。

1956 年，戈登从 MIT（麻省理工学院）获得电气工程专业学士学位。

1957 年，戈登从 MIT 获得电气工程专业硕士学位。随后，戈登获得"富布赖特奖学金"（Fulbright Scholarship），前往澳大利亚的新南威尔士科技大学（如今的新南威尔士大学（UNSW））。在新南威尔士科技大学，戈登负责教授计算机设计课程，并在从英国电气公司购买的 DEUCE 计算机上从事编程工作。

回到美国后，戈登在 MIT 的语音计算实验室工作。1958 年年底，戈登开始攻读 MIT 的博士学位。

1960 年，戈登遇到 DEC 的创始人奥尔森，双方交谈后相互十分欣赏。戈登意识到 DEC 正是自己梦寐以求的公司，于是毅然决定放弃博士学位，于 1960 年加入 DEC。

戈登为 DEC 设计了 PDP-1 的 I/O 子系统，包括第一个 UART（Universal Asynchronous Receiver/Transmitter，异步收发传输器）。同时，戈登也是 PDP-4

和 PDP-6 的设计师。

1966 年，因为在技术方向上有分歧，戈登选择外出度假，任教于卡内基·梅隆大学（Carnegie Mellon University）。在那里，戈登负责教授计算机科学，同时以顾问身份仍与 DEC 保持联系。

1972 年，DEC 面临市场困境，在奥尔森的邀请下，戈登回到 DEC 担任工程副总裁，领导新技术的研发工作，包括优化和改进 PDP-11。

1975 年年初，VAX 架构设计委员会成立，目标是"构建一种与 PDP-11 风格兼容的计算机，但却具有更大的 32 位地址空间"（building a computer that is culturally compatible with PDP-11, but with increased address space of 32-bits）[①]。与以往先设计好硬件、再设计软件不同，VAX 从一开始就将硬件和软件一起设计。VAX 的硬件和软件方面各有 3 位技术领导，他们 6 人组成一个技术委员会，名为"蓝丝带委员会"（Blue Ribbon Committee），共同对重大技术问题做出决定。这是 DEC 历史上第一次直接让软件工程师参与新架构的设计。这样的软硬件联合设计可以让软件和硬件配合得更密切，软件充分发挥硬件的能力，而硬件里也没有软件不使用的多余设施。

1975 年 4 月，旨在实现 VAX 新架构的硬件项目开始，代号为"星"（Star）。

1975 年 6 月，对应的操作系统软件项目也正式启动，代号为"新星"（Starlet）。Starlet 常用来称呼初涉影坛的演员，特别是刚成名的演员。

VAX 软件方面的 3 位领导是卡特勒、迪克·赫斯特韦特（Dick Hustvedt）和彼得·李普曼（Peter Lipman）。

1946 年 2 月 18 日，赫斯特韦特出生于肯塔基州的拉德克利夫，他比卡特勒年轻大约 4 岁。在从加州大学伯克利分校的计算机科学专业毕业后，赫斯特韦特加入美国陆军安全机构（Army Security Agency）工作。之后，赫斯特韦特进入施乐公司的数据系统部，从事操作系统开发，在施乐数据系统的很多个产品中担任主要的内核开发者。1974 年，赫斯特韦特被 DEC 创始人奥尔森招聘到 DEC。

VAX 项目的最大创新，同时也是 VAX 项目面临的最大挑战在于内存，一方面要把内存空间扩展到 32 位，另一方面还要支持基于分页（paging）机制的虚拟内存技术。所谓的分页机制，就是把虚拟内存空间和物理内存空间

---

① 参考 VMS 历史。

划分成相同大小的若干内存页，可以对这些内存页在虚拟内存和物理内存之间进行交换：当物理内存紧张时，可以把暂时不用的内存页交换到空间很大的虚拟内存中；而当需要这个内存页时，再把这个内存页交换回物理内存。因为内存的换进和换出都是以内存页为单位的，所以称为"分页机制"。在VAX 之前，BBN 公司曾对 PDP-10 进行修改以实现分页机制，但是效果并不好。此外，MULTICS 项目也曾尝试过分页机制，但是速度很慢。

因为分页是一种复杂的新技术，所以 VAX 团队里的大多数人对其掌握不深，只是略微了解。理查德·拉里（Richard Lary）是真正能把分页的原理和细节讲清楚的少数人之一。

1948 年，拉里出生于美国纽约西南部的布鲁克林。拉里从小就表现出很高的数学天赋，他打算长大以后做会计师，但在读高中时拉里接触到计算机，他开始学习写 FORTRAN 程序，并且开始对编程着迷。在布鲁克林理工学院读书时，拉里开始在 PDP-8 上编程，因为沉迷计算机和编程，他很少去上课。毕业后，拉里参加了 DEC 的面试，由于自身出类拔萃的编程能力，拉里立刻就被录用了。6 年后，拉里成为 DEC 的技术骨干，在 VAX 项目中担任重要的架构设计任务。

从软件角度看，尽管 RSX-11M 也包含简单的内存交换技术，但与基于分页机制的虚拟内存技术相差甚远。为了把虚拟内存技术实现好，卡特勒等人做了十分认真的设计工作，他们仔细讨论了如何构建整个系统，以及如何实现关键的页管理和换页操作。他们把讨论好的做法写成文档，打印出来并装订成册，放进橙红色外壳的文件夹中，取名为"新星项目计划书"（Starlet Project Plan）。全部设计工作持续了大约 6 个月。

设计工作完成后，编码和实现工作开始了。因为此时新的硬件还没有做好，所以最初的软件开发是在运行 RSX-11M 的 PDP-11 上进行的。为了方便测试和编写代码，VMS 软件团队开发了一个模拟器来模拟 VAX 硬件。这种基于模拟器的开发方法非常有效，在 VMS 硬件团队开发出一套基于面包板的硬件后，软件工程师把软件装上去，系统就可以启动了，而且运行了很多功能。当时，VMS 软件团队的大多数成员在 3 号楼办公。

在 VMS 硬件团队制造出被称为"原型 4"（Proto 4）的开发机后，VMS软件团队从 3 号楼的 5 层搬到了 4 层。卡特勒带领大家把新的软件系统安装到了原型硬件上，开始对开发中的 VMS 进行测试性运行。

测试版 VMS 在原型硬件上开始运行后，卡特勒做了一个大胆的决定，要求所有软件工程师从此以后都在这个原型系统上做开发。因为 VMS 是支持多用户的，所以大家可以共用一套系统来工作。卡特勒给这种做法取了个生动的名字，叫"吃狗粮"，意思是"自己做出来的饭菜，自己要先吃，即便像狗粮一样难吃，也要先尝一下"。这种做法就好比要求工人们住在他们正在建造的房子里。这样做的好处是，每一名开发者时时刻刻都在体验自己正在开发的系统，大家非常熟悉系统的好坏，对于哪里需要改进也都很清楚。但这样做也有明显的不足，就是系统不稳定，随时可能出问题，而且一旦出了问题，就会导致整个开发停顿。为了避免影响大家工作，一旦开发机出了问题，卡特勒、赫斯特韦特和李普曼就会赶紧从各自的办公室里跑出来，一起排查是哪里出了问题，找到问题后，再赶紧回到各自的办公室修改代码。完成修改后，重启系统，这样大家就又可以在同一个新的版本上继续工作了。

VMS 的核心代码是使用汇编语言开发的，其中的部分工具是使用卡耐基•梅隆大学的 Bliss-32 语言开发的，比如应用程序调试器和 VMS 的连接器。

1977 年，DEC 向客户发布了 0.5 版本的 VMS，目的是收集这些客户试用后的意见。

1977 年 10 月 25 日，在股东年会上，DEC 向与会者发布了 VAX 的第一款产品，名为 VAX-11/780，DEC 还发布了与之配套的系统软件——VMS 操作系统。VAX-11/780 中的 11 代表可以兼容 PDP-11 上的应用程序，DEC 希望可以延续 PDP-11 的成功。

在发布 VAX-11/780 的珍贵合影（见图 54-3）中，左起依次为领导 VAX 项目的戈登•贝尔、精通分页机制的理查德•拉里、史蒂夫•罗斯曼（Steve Rothman）、从卡内基•梅隆大学获得博士学位后就加入 DEC 的比尔•斯特雷克（Bill Strecker）、戴夫•罗杰斯（Dave Rodgers）、大卫•N.卡特勒和计算机系统部的副总裁比尔•德默（Bill Demmer）。

图 54-3

VAX-11/780 发

布会上的照片

图 54-4 是 VAX-11/780 的硬件框图。

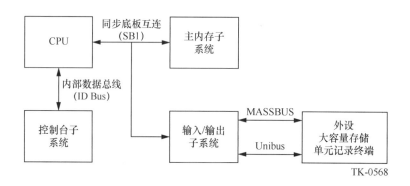

TK-0568

图 54-4　VAX-11/780 的硬件框图（来自 VAX-11/780 的硬件用户手册）

在《VAX-11/780 架构手册》（于 1977 年完成）的扉页上，有一张关于 VAX-11/780 系统的照片（见图 54-5），在这张照片中，最左侧是 VAX-11/780 的系统机柜（VAX-11/780 System Cabinet），机柜的长、宽、高分别为 1.53 米、1.18 米和 0.76 米，重量为 498 公斤，功耗为 6225 瓦。与主机柜并排在一起的依次是统一总线扩展机柜（Unibus Expander Cabinet）、两台磁带机和两台存储设备（硬盘）。前排的左侧是打印机，右侧是可以移动的操作控制台，带有键盘和显示器。

在内存方面，VAX-11/780 使用的是基于 MOS 半导体技术的 RAM 芯片，每颗芯片的容量为 4KB 或 16KB，多颗芯片安装在一个电路板上，称为内存阵列卡（memory array card），部件名为 MS780-CC/DD。这些卡与 VAX-11/780 的内存控制器相连，每个内存控制器最多可以安装 1MB 大小的内存。图 54-6 展示了包含内存子系统的 VAX-11/780 的硬件结构图。

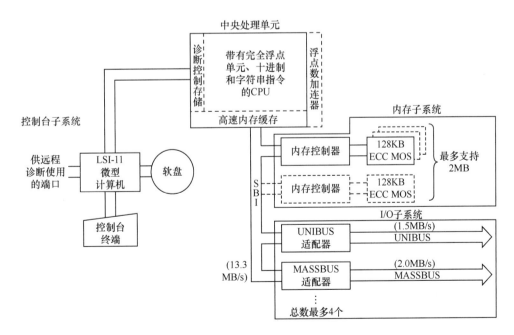

图 54-6　包含内存子系统的 VAX-11/780 的硬件结构图（来自《VAX-11/780 架构手册 》）

VAX-11/780 的 CPU 名叫 KA780，时钟频率为 5MHz，具有 2KB 的高速缓存。为了让操作系统更好地管理系统和维护系统的秩序，KA780 实现了"保护"机制，定义了 4 种特权模式：内核模式、执行体模式、管理者模式和用户模式。内核模式的特权级别最高，其他 3 种模式依次递减。CPU 在执行不同级别的代码时，会切换到相应的特权模式，并以对应的特权级别工作，这时的 CPU 不能访问更高级别的数据，从而防止特权级别低的代码破坏特权级别高的系统设施。在 VAX-11/780 的硬件用户手册中，这 4 种特权模式被画成了一幅环形图（见图 54-7）。

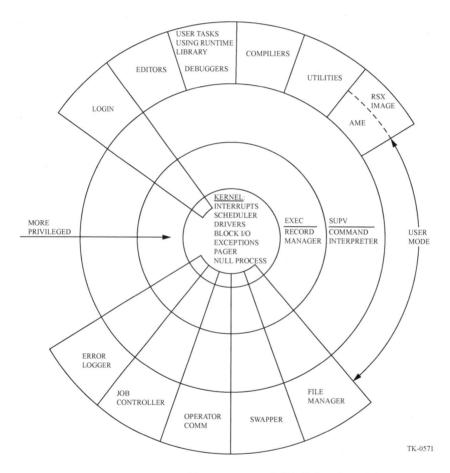

图 54-7　KA780 的特权模式环形图（来自 VAX-11/780 的硬件用户手册）

从应用程序角度看，KA780 有 16 个 32 位的寄存器，名为 R0～R15。其中：R12 寄存器又称为参数指针（Argument Pointer，AP），R13 寄存器又称为栈帧基地址（Frame Pointer，FP），R14 寄存器又称为栈指针（Stack Pointer，

SP），R15 寄存器又称为程序计数器（Program Counter，PC）。

当然，VAX-11/780 最大的特色在于支持虚拟内存，每个应用程序都有一个虚拟地址空间。这个虚拟地址空间的低地址部分是私有的，进程之间不可以访问对方的这部分私有空间，而高地址部分是共享的，每个进程都可以"看到"这部分空间，这部分空间是留给操作系统使用的，这样多个进程就可以很方便地共享操作系统提供的服务（参见图 54-8）。

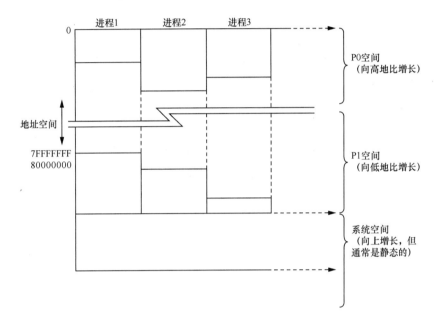

图 54-8　地址空间示意图

1978 年 8 月，开发团队已经修正所有已知的问题，但就在准备发布 VMS 的第一个产品版本时，他们又发现一个因为多任务竞争导致的问题。卡特勒带领大家一起调试分析，白天没有解决，于是晚上继续战斗，终于在夜里 11 点修正了这个问题，然后把编译好的二进制文件发给了生产车间。

VAX 推出后，因为具有 32 位的计算能力和卓越的虚拟内存支持而大受欢迎。在软件方面，VMS 有个名为 AME（Application Migration Executive）的子系统，可以直接执行 RSX-11M 系统中的二进制程序，这使得用户不必再担心软件的兼容问题。

参与 VMS 第一个版本开发的软件团队有 75 位成员，图 54-9 所示的这张合影包含了其中大多数人。

在图 54-9 所示的这张合影中，前排左起依次为莱恩·卡维尔（Len Kawell）、安迪·戈尔茨坦（Andy Goldstein）、黛安娜·林多尔（Diane Lindorfer）、卡罗尔·彼得斯（Carol Peters）、大卫·N.卡特勒、彼得·李普曼（Peter Lipman）、汉克·利维（Hank Levy）、迪克·赫斯特韦特（Dick Hustvedt）、凯茜·莫里斯（Kathy Morris）和赫布·雅各布斯（Herb Jacobs）。

1980 年 4 月，2.0 版本的 VMS 推出。

1991 年，DEC 将 VMS 改名为 OpenVMS。

1992 年 11 月，第一个支持 Alpha 处理器的 OpenVMS 版本发布。

20 世纪 90 年代，个人计算机（PC）流行后，DEC 没有能够继续延续辉煌，开始走下坡路。1998 年，DEC 被康柏（Compaq）公司收购。2002 年，康柏公司又被惠普公司收购。

2008 年 4 月 15 日，VMS 的 3 位技术领导者之一——赫斯特韦特去世。

2011 年 2 月 6 日，奥尔森去世，享年 84 岁。

如果说 12 位的 PDP-8 是第一款成功的商业化小型机，而 PDP-11 让小型机被越来越多的客户认可，那么 VAX-11 和 VMS 则代表着 DEC 和小型机时代的巅峰。自从 1978 年推出后，小型机在 20 世纪 80 年代广为流行，一直持续到 20 世纪 90 年代初。

从历史的角度看，VAX 和 VMS 第一次把虚拟内存技术成功实现在了计算机产品中。从此以后，虚拟内存技术成为后来大多数计算机系统的标准组成部分，一直持续到今天。在指令集方面，VAX 成功实现了复杂指令集（CISC），CISC 的很多特征被后来的 x86 指令集继承下来，至今仍在使用。

相对于 VAX 硬件，VMS 操作系统的影响更加深远和长久。2000 年以后，OpenVMS 被陆续移植到安腾和 x86 处理器的 64 位架构上，它在金融、医疗、无线通信等领域有很多应用。1988 年年底，卡特勒加入微软公司并开始设计 NT 操作系统，他把 VMS 的一些设计思想运用到了 NT 操作系统中。

2021 年，当笔者采访卡特勒时，他特别提到，除了 3 位主要设计者之外，对 VMS 初始版本做出重大贡献的还有罗杰·海嫩（Roger Heinen）、安迪·戈尔茨坦（Andy Goldstein）、特雷沃尔·波特（Trevor Porter）、比尔·布朗（Bill Brown）、斯科特·戴维斯（Scott Davis）、莱奥（Leo）和拉文德尔（Lavendure）。

参考文献

[1] 帕斯卡. 观止——微软创建 NT 和未来的夺命狂奔[M]. 张银奎，王毅鹏，李妍，等译. 北京：机械工业出版社，2009.

[2] RUSSINOVICH M. Windows NT and VMS: The Rest of the Story [M]. Penton, 1998.

第六篇

亢龙有悔

集成电路技术的出现和发展，让计算机硬件变得越来越小。1971 年，英特尔发布 4004 芯片，拉开了微型计算机时代的序幕。

1973 年，为英特尔做顾问的加里针对英特尔的 8008 芯片设计了一种新的编程语言，取名为 PL/M，意思是微型计算机编程语言。

1974 年 4 月，英特尔推出 8080 芯片。加里为这款芯片设计了一个小的操作系统，取名为 CP/M，意思是"微型计算机控制程序"。CP/M 操作系统很受欢迎，加里和妻子一起创建的 DRI 公司随之不断发展。

1980 年，佩特森根据 CP/M 手册开发了一个模仿 CP/M 的操作系统，最初取名为 QDOS，不久后改名为 86-DOS。

1981 年初，微软将买来的 86-DOS 改名为 MS-DOS，授权给 IBM。

1981 年 8 月，MS-DOS 与 IBM PC 一起推出。从此，个人计算机开始风靡全世界。

1984 年 1 月，斯托尔曼辞去 MIT 的工作，开始宏伟的 GNU 计划，目标是开发一个新的操作系统，名字叫 GNU。GNU 是自由的 UNIX，任何需要使用软件的人都可以使用 GNU。

30 多年过去了，直到今天，斯托尔曼的 GNU 操作系统还没有完工，关键的内核部分仍在开发。但是斯托尔曼开发的一系列工具已经非常流行，特别是用于编译程序的 GCC 和用于调试程序的 GDB。

1991 年圣诞节前夕，芬兰少年林纳斯发布了一个新的操作系统，名叫 Linux。与斯托尔曼的 GCC、GDB 类似，Linux 的源代码也是开放的。

1993 年 7 月，微软发布了新的 Windows NT 操作系统，领导开发这个操作系统的是曾在 DEC 领导 VMS 开发的大卫·卡特勒。

半个多月后，默多克公布了他正在开发的操作系统 Debian，使用的是 Linux 内核。1994 年 1 月，默多克发布了 Debian 的第一个公开版本，其中包含一个特别的说明文件，名叫《Debian 宣言》。在《Debian 宣言》中，默多克把 Debian 称作"一种新的 Linux 发行版"。

今天，很多种 Linux 发行版在世界上流行。这些系统软件与数量庞大的应用软件一起组成了多姿多彩的软件世界。

第 55 章　1972 年，4004

1968 年 7 月 18 日，一家名叫"N.M.电子"的公司在美国加州山景城成立。与 HP 公司的名字类似，这家公司名字中的 N 和 M 代表该公司的两位创始人：N 代表罗伯特·诺伊斯（Robert Noyce），M 代表戈登·摩尔（Gordon Moore）。然而没过多久（就在同一个月），"N.M.电子"公司就改名了，新的名字是英特尔（Intel，这个名字是从 Integrated（集成）和 Electronics（电子）两个单词中各取一部分组合而成的。

1927 年 12 月 12 日，诺伊斯出生于美国艾奥瓦州的伯灵顿（Burlington），是家里 4 个孩子中的第 3 个。

1945 年，诺伊斯进入格林内尔学院学习，读的是物理学专业。大学期间，诺伊斯选修了格兰特·盖尔（Grant Gale）教授的一门课程。盖尔在课堂上展示了新发明的晶体管，诺伊斯对此深深着迷。盖尔展示的晶体管是贝尔实验室生产的第一批晶体管，晶体管是贝尔实验室的 3 位科学家在 1947 年发明的半导体三极管。

本科毕业后，诺伊斯到麻省理工学院继续学习，于 1953 年获得物理学博士学位，他的博士论文名为《绝缘体表面状态的光电研究》（Photoelectric Study of Surface States on Insulators）。

1956 年，诺伊斯加入肖克利半导体实验室工作，肖克利半导体实验室位于加州山景城，其创办者威廉·肖克利（William Shockley）是晶体管的 3 位共同发明人之一。

1957 年，因为对肖克利的管理风格有意见，诺伊斯与戈登·摩尔（Gordon Moore）等 8 人一起辞职，他们被肖克利称为"叛徒 8 人组"（Traitorous Eight）。这 8 人在风险投资商阿瑟·洛克（Arthur Rock）和谢尔曼·费尔柴尔德（Sherman Fairchild）的资助下，创立了仙童半导体（Fairchild Semiconductor）公司。

1959 年，诺伊斯独立发明了一种新型的集成电路（见图 55-1），名为单片集成电路（Monolithic IC）。与杰克·基尔比（Jack Kilby，1923—2005）于 1958

年发明的混合集成电路（Hybrid IC）相比，诺伊斯的集成电路更实用。

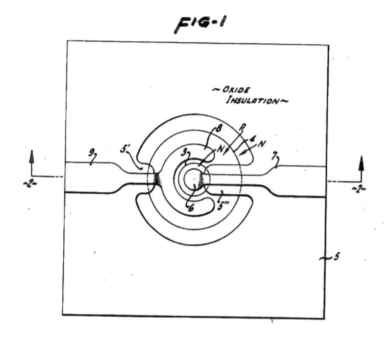

图 55-1　诺伊斯发明的集成电路（局部）

基尔比是 TI（德州仪器）公司的工程师，他在 1958 年的夏季发明了集成电路，并于 1959 年 2 月提交专利，专利的名称是"小型化电子电路"（Miniaturized Electronic Circuits）。基尔比在 2000 年获得诺贝尔物理学奖。

基尔比和诺伊斯分别独立地发明了晶体管，但他们的发明在实现方式上存在如下关键差异：与基尔比使用锗晶片制作集成电路不同，诺伊斯使用的是硅晶片，硅是地球上含量最为丰富的元素之一，成本更低，商业化的价值更大。

1959 年 7 月 30 日，诺伊斯为自己的发明提交了专利，专利的名称是"半导体器件和连线结构"（Semiconductor Device-and-Lead Structure）。诺伊斯的专利于 1961 年 4 月 25 日得到批准，专利号为 2 981 877。

1929 年 1 月 3 日，摩尔出生于旧金山，他比诺伊斯小两岁。

1950 年，摩尔从加州大学伯克利分校获得化学学士学位。毕业后，摩尔又到加州理工学院（California Institute of Technology）学习，并于 1954 年获得化学博士学位。

1956 年，摩尔加入肖克利半导体实验室并结识了诺伊斯（见图 55-2）。

图 55-2　诺伊斯（左）和摩尔（右）站在英特尔的 SC1 大楼前

（SC 为英特尔所在城市圣克拉拉（Santa Clara）的英文缩写，照片拍摄于 1970 年，英特尔新闻照片）

1965 年 4 月 19 日，摩尔在《电子学》（Electronics）杂志上发表了一篇名为《让集成电路填满更多的组件》的文章。在这篇文章中，摩尔归纳了集成电路的发展规律：集成度将越来越高，单位面积上的元件数量每年增加一倍，他推测至少未来 10 年以内都会继续如此，这便是后来广泛流传的"摩尔定律"的最初版本。

英特尔公司成立后，其最早的产品方向是使用半导体技术制作内存。1969 年 4 月，英特尔推出了第一个产品——型号为 3103 的静态随机访问内存，简称 SRAM。

在完成静态内存的研发工作后，英特尔继续研发动态内存。静态内存和动态内存的主要差异在于实现记忆的方式不同：静态内存需要 6 个晶体管才能记忆 1 比特信息，而动态内存只需要一个晶体管外加一个电容就能记忆 1 比特信息。因此，动态内存密度高、成本低，更容易生产出大容量的记忆体。但是动态内存也存在不足，就是需要经常刷新以防止数据丢失。从研发角度看，静态内存的研发难度小，而动态内存的研发难度则要大很多，需要进行大量的实验并收集最佳参数。为了做好这样的研发工作，英特尔从仙童半导体公司招聘了很多精通半导体技术的人才。但这同时也给年轻的英特尔带来较大的压力，如何支付高额的研发费用成为摆在眼前的切实问题。

恰巧此时，日本的 Busicom 公司找到英特尔，表示愿意出 10 万美元请英特尔帮他们制造一套定制化的芯片。

Busicom 原名日本计算机器有限公司（Nippon Calculating Machine Corporation Limited），成立于 1945 年，1967 年改名为日本商务计算机公司（Business Computer Corporation），简称 Busicom。

改名后，Busicom 的产品主要涉及 3 大领域：机械计算器、桌面计算器以及面向商业用途的大型机。与英特尔合作的是 Busicom 的桌面计算器部门。

1969 年 6 月，Busicom 派了 3 位代表到英特尔，芯片定制项目正式开始。在这 3 位代表中，一位是项目经理 Masuda，另一位是高级设计工程师 Takayama，还有一位是刚参加工作不久的岛正利（Masatoshi Shima，见图 55-3）。

1943 年 8 月 22 日，岛正利出生于日本的静冈市，1967 年毕业于日本东北大学（Tohoku University）的化学专业。岛正利毕业后，化学行业不景气，不好找工作，老师建议他改行做软件，于是岛正利加入 Busicom 的软件部门。但很快，岛正利觉得软件部门的工作就是使用 FORTRAN 等高级编程语言编写应用程序，缺乏挑战，于是他申请转到更有挑战性的硬件部门。经过 6 个月的培训后，岛正利转到位于大阪工厂的桌面计算器部门，正好赶上这个部门研发基于半导体芯片的新一代产品。

图 55-3　岛正利（大约拍摄于 1972 年，英特尔新闻照片）

英特尔方面安排了两个人做 Busicom 项目，分别是硬件经验丰富的特德·霍夫（Ted Hoff，见图 55-4）和软件经验丰富的斯坦利·马佐尔（Stanley Mazor），霍夫是领头人。

1937 年，霍夫出生于美国纽约的罗切斯特，1958 年从伦斯勒理工学院（Rensselaer Polytechnic Institute）获得电子工程专业的学士学位。本科毕业后，霍夫又到斯坦福大学继续深造，于 1961 年和 1962 年分别获得硕士和博士

图 55-4　特德·霍夫（Busicom 项目的领头人，英特尔新闻照片）

学位。霍夫于 1968 年加入英特尔，是英特尔的第 12 名员工。

1941 年 10 月 22 日，马佐尔出生在美国芝加哥的一个犹太家庭里。1959 年，马佐尔从奥克兰高中毕业后，到旧金山大学学习数学。大学期间，马佐尔喜欢上了计算机，他开始尝试在 IBM 1620 上编程。1964 年，马佐尔加入仙童半导体公司，成为一名程序员。1969 年，马佐尔加入成立刚一年的英特尔公司。

在与英特尔展开合作之前，Busicom 就已经做了一个设计方案，这个设计方案包含 12 颗芯片。岛正利等人将方案向英特尔介绍后，英特尔觉得方案太复杂了，于是双方开始了持续近半年的技术讨论，其间不断调整设计方案。

1969 年 8 月的一天，霍夫走进岛正利的办公室，他用一支铅笔画了 3 个方框，分别代表 4 位的数学单元、4 位的通用寄存器以及用来存放地址的栈单元。

岛正利听了霍夫的解释后，不仅觉得没有什么新奇之处，而且认为缺少很多的功能，比如键盘和打印功能[①]，而这个问题正是双方都不肯让步的争论的焦点。英特尔觉得 Busicom 的方案太复杂，要设计的电路太多，但又没有那么多的人手，因此希望将设计方案大幅简化，只做大规模集成电路（LSI）部分；Busicom 则希望做出一个完整的计算器产品，包括输入输出支持，并且舍不得砍掉任何功能，潜台词是——我们既然支付了 10 万美元的定制费，你们就应该按照我们的要求来做。

经过几个月的讨论后，到了 1969 年 12 月，双方终于讨论出一个包含 4 块芯片的方案，这 4 块芯片的型号分别被定为 4001、4002、4003 和 4004，它们担负的角色如下：

- 4001 是只读存储器（ROM），用于存放程序，大小为 2048 位，即 256 字节；
- 4002 是随机访问存储器（RAM）和输出端口，大小为 320 位，即 40 字节；
- 4003 是移位寄存器和输入输出端口。
- 4004 是 4 位的中央处理器（CPU），设计的最大时钟频率是 750kHz。

4 芯片方案基本确定后，岛正利等人回到了日本。

1970 年 3 月，岛正利再次来到英特尔，他原本期望在自己回日本的几个月里，英特尔能把项目推进一大步，结果发现项目根本没有什么实质性进展，唯一的大

---

① 参考岛正利的口述记录，由 William Aspray 记录，1994 年发表于 IEEE 的历史中心。

变化是英特尔招聘了一名新员工来接手 Busicom 项目，霍夫去忙别的项目了。这名新员工在岛正利到达前一周刚加入英特尔，名叫费德里科·法金（Federico Faggin，见图 55-5）。

图 55-5　费德里科·法金　（英特尔新闻照片）

1941 年，法金出生于意大利的维琴察（Vicenza）。法金的父亲是高中老师，教历史和哲学；不仅如此，法金的父亲还是一位高产的作家，出版了四五十本著作。法金的母亲是小学老师。法金是家里的第二个孩子，他还有一个哥哥，后来又有一个妹妹和一个弟弟。法金一家本来住在维琴察的市区，大约在 1943 年，法金全家为躲避战火搬到了乡下。搬走后，法金家的房子被炸弹炸毁了。法金 8 岁时，法金全家又搬回维琴察。法金小时候就很喜欢动手制作各种东西。11 岁时，法金看到一个比自己大很多的孩子在广场上玩航模，精巧的航模深深吸引了法金。当航模飞起来时，法金惊呆了，他激动不已，追着航模奔跑。回到家里，法金知道自己没有钱买那个模型，便自己动手制作。法金找到母亲用来裁剪衣服的硬纸板，做成飞机的样子，但是当他拿到广场上试飞时，模型根本飞不起来，他还遭到那个大孩子的嘲笑。法金没有气馁，他回到家里做了新的模型，但第二次仍然没有成功。法金用自己的零花钱买了本介绍制作航模的书，这是他用自己的钱买的第一本书。法金认真读完了整本书中的每一页，然后按照书中介绍的方法制作第 3 个版本的模型，这一次终于可以飞起来了[①]。

从这本介绍制作航模的书中，法金还学到了可以通过无线电来遥控航模，这让他对电子和无线电技术充满了向往。因此，法金在初中毕业后，选了一所包含航空工程专业的职业技术高中，学制 5 年，毕业后便可以工作。

进入职业技术高中一年后，由于航空工程专业停办，法金重新选了无线电和电子专业。在这所职业技术高中，法金不仅学习了微积分等高等数学知识，还学习了电子技术，法金在实验课上做了很多项目。临近毕业时，法金迷上了计算机，他通过各种渠道自学计算机。

从职业技术高中毕业后，法金加入好利获得（Olivetti）公司的电子计算机研发实验室，工作地在米兰附近，法金加入时的职位是助理工程师。

在接受了晶体管和逻辑电路等方面的培训后，法金很幸运地参与了一个

---

① 参考费德里科·法金的口述记录，由 Gardner Hendrie 记录，存放于美国计算机历史博物馆。

计算机项目。这个计算机项目的目标是研制一台原型计算机，为正式产品做准备。整个项目组只有两名工程师，由于其中一名工程师要去军队服役，所以法金担负起这名工程师的职责，和另一名工程师一起设计这台原型计算机。在另一名工程师的带领下，法金开始了设计工作。糟糕的是，一段时间后，另一名工程师出了车祸，整个项目组只剩法金一个人，但法金坚持完成了设计方案，并领导 5 名技术员实现了设计方案。他们使用二极管、电容、锗晶体管等器件实现中央处理器和 I/O，并用磁核内存做记忆体，于 1961 年完成了这台原型计算机。

在工作了大约一年后，法金想继续学习一些基础知识，比如晶体管的工作原理。于是，法金进入帕多瓦大学（Padua）学习物理专业，他用 4 年时间拿到了通常需要 6 年时间才可能获得的博士学位。

1965 年 12 月，获得博士学位后，法金不想留在大学里，他觉得那里的节奏太慢了。法金加入了一家初创的小公司，名叫 CERES。CERES 的主要业务是为美国硅谷的 GMe（General Micro electronics）做欧洲代理。于是法金被派到 GMe 接受培训，培训的目的是让法金学习 GMe 的 MOS 电路技术，以便培训结束后可以回到米兰开展业务。

但没过多久，GMe 就被菲尔科-福特（Philco-Ford）收购了，而菲尔科-福特在欧洲已经有代理公司，CERES 的代理资格被取消。因此，法金从美国回到意大利后，便离开了 CERES，于 1966 年 5 月加入 SGS 与仙童半导体公司合作成立的 SGS-仙童公司。SGS 是意法半导体（STMicroelectronics）的前身，当时已经获得仙童半导体公司的许可，在欧洲生产和销售仙童半导体公司的晶体管产品。

1966 年年底，作为双方合作的一部分，SGS-仙童公司的意大利实验室与仙童半导体公司设在硅谷的帕洛阿尔托实验室各派一名员工到对方实验室工作，时间是 6 个月。于是法金再次来到硅谷，进入仙童半导体公司的帕洛阿尔托实验室工作。

1967 年 9 月，法金与相识很久的女友结婚，当他结束蜜月回到工作单位时，他的老板保罗·贝内托（Paul Beneteau）找到他，用英语问他能否想办法克服英语障碍，法金立刻用英语回答，让贝内托相信自己完全可以克服语言上的困难。然后贝内托又问法金，是否可以想办法克服困难到仙童半导体公司的帕洛阿尔托实验室工作。

法金听完后，高兴得几乎跳起来，赶紧说："当然可以！"

1968 年 2 月，法金带着新婚不久的妻子从意大利来到美国。他先是到费城参加了一个技术会议，之后来到加州，当时正值加州的春天，与寒冷、多雾的米兰相比，阳光灿烂的加州太迷人了。

在仙童半导体公司的帕洛阿尔托实验室，法金的本地经理是莱斯利·瓦达斯（Leslie Vadasz）。瓦达斯于 1936 年出生在匈牙利首都布达佩斯，于 1956 年移居加拿大。1961 年，瓦达斯获得加拿大麦吉尔大学电子工程专业的学士学位。毕业后，瓦达斯来到美国工作，于 1964 年加入仙童半导体公司。

1968 年夏季的一天，瓦达斯找法金谈话，告诉法金仙童半导体公司已经把 SGS-仙童公司的股权卖掉，并询问法金是否愿意留在仙童半导体公司工作。法金高兴地接受了。

1968 年 7 月 1 日，法金成为仙童半导体公司的正式员工。美丽的加州让法金乐不思蜀，加州太好了，不仅阳光充足、天气好，而且工作好，前途一片光明。但就在法金转为正式员工，开始在仙童半导体公司的实验室里工作时，整个实验室里都在议论诺伊斯和摩尔辞职的事。一周后，匈牙利裔的安迪·葛洛夫也辞职了，成了英特尔的第 3 名员工。又过了一周，同样是匈牙利裔的瓦达斯也辞职了，成了英特尔的第 4 名员工。

又过了一些天，操作聚蒸发机（poly evaporation machine）的技术员也辞职了。这个消息一出来，法金就猜出了英特尔要做的方向。他找到自己的老板鲍勃·西兹，法金说："看起来，英特尔要做的是基于硅的门电路技术（Silicon Gate Technology）。"西兹说："如果他们敢做，我们就起诉他们。"

法金的推测是正确的。实际上，英特尔就是在做基于硅的晶体管技术，而根本没有选择基于金属的方向。

在接下来的大约半年时间里，法金使用基于硅的门电路技术研发出一颗芯片，名叫仙童 3708，这颗芯片用于替代仙童 3705。与使用金属门工艺的仙童 3705 相比，仙童 3708 的速度快了 5 倍，漏电量只有仙童 3705 的百分之一，可靠性也更高，达到可以销售的程度。仙童半导体公司的晶圆实验室制作了仙童 3708 样品，并销售出去一些，这让仙童 3708 成为第一颗商业化的集成电路芯片。但是仙童半导体公司的弱点就是不善于产品化，法金把自己的研究成果移交给工程部门，但不知道何时才能量产，这让他感到非常沮丧。

过了差不过一年，1970 年春，法金再次对仙童半导体公司感到失望。迷惘之际，他想起已经跳槽到英特尔的瓦达斯，于是打电话给瓦达斯，说自己很沮丧，希望改变角色，从工艺研究改为芯片设计。瓦达斯听完后，对他说："过来吧，我们聊一下。"

瓦达斯（见图 55-6）是英特尔 MOS 设计部门的领导，当时正缺少人手做 Busicom 项目，法金想做设计，双方一拍即合。瓦达斯知道法金在芯片工艺方面很有经验，不需要多问，但他不知道法金有没有设计经验，便问法金以前做过哪些设计工作。于是法金介绍了自己在好利获得公司开发计算机原型的经历，法金的上述经历征服了瓦达斯。但是瓦达斯并没有向法金提 Busicom 项目，只是说："我们刚好有一个很有挑战性的设计项目，但是我现在还不能告诉你。"对于法金来说，有挑战性就够了，他们两个人很快就谈妥了。

图 55-6　莱斯利·瓦达斯（英特尔的第一位非雇主员工）

1970 年 3 月，法金正式到英特尔报到。第一天工作时，霍夫出差不在办公室，马佐尔抱了一堆文档给法金，并且告诉法金，岛正利明天就到美国，他很快就会来检查项目的进展。

几天后，岛正利来到英特尔公司的办公室，看到项目没啥进展后，他很生气，但是当他与法金聊完之后，他对法金的经验很满意。在接下来几个月的时间里，岛正利负责画逻辑电路，法金负责集成电路设计，两个人密切协作，工作得非常开心。

岛正利画好逻辑电路后，便使用霍夫开发的工具做模拟测试，同时他还把逻辑电路发回 Busicom，让日本的同事通过面包板做测试。

1970 年年底，岛正利完成最终版本的逻辑电路，离开了英特尔。回到日本后，岛正利开始开发系统。系统开发完之后，岛正利首先收到了 4002 和 4003 芯片，他使用特殊的内存板模拟 4001 芯片测试了 4002 和 4003 芯片。

1971 年 3 月，4004 芯片（见图 55-7）终于到了日本，因为之前从来没有过这样的进口商品，所以办理海关手续花的时间比其他进口商品都要长。当 4004 芯片姗姗来迟，终于抵达 Busicom 的实验室时，岛正利早已做好各种准备，很多人也都过来参观。岛正利把 4004 芯片安装好后，先通过 IBM 的卡片阅读器加载了一个简单的测试程序。感觉测试程序开始工作之后，岛正利加载了完整的桌面计算器程序，总大小为 1KB。然后，岛正利按下复位键，所有指示灯都亮了起来。当岛正利松开复位键时，指示灯开始跳动，显示的地址和标志信息不断变化。从指示灯的状态看，岛正利觉得芯片工作得很好，整个桌面计算器程序已经能够完全工作。于是，岛正利使用键盘输入 123、+、456，然后按等号键，打印机立刻打印出结果 579。一切顺利，软硬件都工作了[①]。

图 55-7　4004 芯片（照片版权属于英特尔）

一个月后，Busicom 推出了基于 4004 芯片的计算器产品，型号为 141-PF（见图 55-8）。除自己销售外，Busicom 还把这个计算器产品授权给了 NCR 等公司，允许这些公司以 OEM 形式销售 141-PF 台式计算器。

4004 芯片成功后，霍夫和法金等人看到了这个产品的潜力，便向英特尔的管理层提出建议，继续开发这个方向的芯片。1971 年 5 月，英特尔与 Busicom 协商，向 Busicom 退还 6 万美元，换回 4004 芯片的所有专利。

图 55-8　基于 4004 芯片的 141-PF 台式计算器（照片版权属于英特尔）

---

① 参考 Kildall G 撰写的《Computer Connections》。

1971 年 11 月 15 日，英特尔正式对外发布 4004 芯片。此后，英特尔开始以多种方式宣传和推广 4004 芯片（见图 55-9），并逐渐把整个公司的重心转移到微处理器方向。

图 55-9　英特尔为 4004 芯片做的广告

4004 芯片包含 2300 个晶体管，用 10 微米工艺生产，使用的材料是 2 英寸（约 5 厘米）直径的晶圆（wafer），封装好的 4004 芯片有 16 个管脚（见图 55-10）。

从软件角度看，4004 芯片支持 46 条指令，其中 41 条指令的长度为 8 位，5 条指令的长度为 16 位。4004 芯片内部有 16 个 4 位长的寄存器。

在 1972 年秋季举办的美国计算机大会（National Computer Conference）上，穿着一身海军制服的格蕾丝来到英特尔展台，他见到了帮着看管展台的英特尔顾问加里·阿伦·基尔德尔（两人见过多次面，已经成为朋友）。寒暄过后，格蕾丝把手伸进提包，神秘地拿出一块英特尔 4004 芯片，轻声对基尔德尔说："这是未来[①]。"

---

① 参考 Kildall G 撰写的《Computer Connections》。

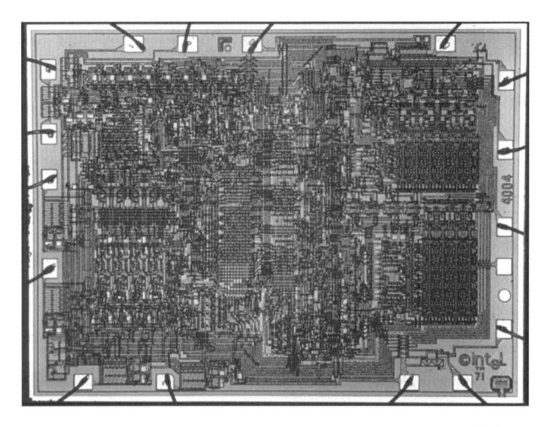

图 55-10 4004 芯片的原理图

4004 芯片成功后，霍夫、法金和马佐尔又继续开发出 8008 和 8080 芯片。

1974 年，法金离开英特尔创立了 Zilog 公司。1975 年，岛正利加入 Zilog 公司。两人再度合作，一起开发出著名的 Z80 微处理器。

1980 年，霍夫成为英特尔的第一位院士，这是英特尔当时最高的技术职位。

2009 年，法金、霍夫、马佐尔、岛正利成为美国计算机历史博物馆的院士，以表彰他们开发出第一颗微处理器，让现代计算机进入大规模集成电路时代。

2010 年，霍夫、法金和马佐尔获得美国科技创新奖（National Medal of Technology and Innovation）。同年 11 月 17 日，在白宫举行的颁奖仪式上，美国政府为他们颁发了奖章。

第 56 章　1974 年，CP/M

1942 年 5 月 19 日，加里·阿伦·基尔德尔（Gary Arlen Kildall）出生于美国西雅图。加里的祖父名叫哈罗德（Harold），是一名海员。20 世纪 20 年代，哈罗德经常随着蒸汽机轮船往返于西雅图和新加坡，是船上的大副。后来，哈罗德创办了一所专门培养海员的学校，名叫基尔德尔航海学校（Kildall's Nautical School）。加里的父亲名叫约瑟夫，约瑟夫继承了哈罗德的事业，父子两人一起经营基尔德尔航海学校。

加里在读高中时有些不务正业，学习成绩很不好。高中毕业后，加里开始在基尔德尔航海学校工作，他的父亲和祖父希望加里能成为这所航海学校的新一代继承人。但是加里有自己的想法，他觉得要成为像父亲和祖父那样优秀的航海专业教师对于自己来说实在太难了，他想继续读大学接受高等教育。但是他的这个想法不仅与父亲的愿望相左，而且自己的高中成绩并不好，似乎不太可能进入大学。但加里没有放弃，他认真书写申请书，把自己在基尔德尔航海学校当教员的经历写了进去。因为基尔德尔航海学校培养出了数万名海员，在华盛顿州有些影响力，所以华盛顿大学接受了加里的申请，时间是 1963 年。

进入华盛顿大学后，加里十分珍惜这来之不易的学习机会，一改高中时的懒散作风，学习非常努力，考试成绩名列前茅。同时，加里继续在父亲和祖父的航海学校里做兼职，日子过得很忙碌，但很有趣，并且有收获。

1964 年，加里开始学习数学分析，讲这门课的是一位即将退休的老教授，有 80 多岁。在这门课上，老教授教大家如何使用机械式的商用计算器（Marchant Calculator）做计算。这种计算器不仅难以操作、容易出错，而且结果也不精确。

在讲数学分析课的老教授退休几天后，加里的同学和好朋友戴尔·莱瑟曼（Dale Leatherman）在教室外叫住了加里，戴尔打开笔记本，给加里看里面的一张打孔卡片，上面写着用 FORTRAN 语言编写的程序语句。戴尔对加里说:"这种计算机用的东西是有大机会的。"

从此,加里便和戴尔一起学习计算机,他们从汇编语言学起,使用的计算机是 IBM 大型机 7094。他们需要首先到打孔机房间排队,等待使用打孔机把翻译好的指令打孔到卡片上;然后到计算机机房排队,把打好孔的卡片交给里面的操作员。提交卡片后,等待结果。但他们往往等到的是执行错误,于是需要寻找并修正错误,并再次排队等待打孔和提交执行。

加里毕业前,华盛顿大学买了一台新的计算机——宝来公司的 B5500。这台计算机拥有 ALGOL 编译器,支持使用 ALGOL 语言编写程序。随着编程水平不断提高,加里对编译器产生了浓厚的兴趣,他深入钻研编译器的工作原理,阅读编译器的源代码,甚至把编译器的源代码清单打印出来,当作艺术品挂在墙上。

1966 年,加里读大四,他开始为华盛顿大学维护 ALGOL 编译器,这给了加里充足的时间来学习 B5500。加里经常在计算机中心过夜,到了午夜,他便把一块写着 "B5500 停机维护" 的牌子放在门口。加里先把 B5500 停机,再重启,之后便一个人独自使用整台计算机。加里通宵沉浸在计算机的世界里,直到次日清晨 6 点开放给学生们使用。加里还真的发现了 ALGOL 编译器的几个瑕疵。

B5500 的设计源自英国电气公司的 KDF 9,是世界上最早使用栈的大型机。B5500 上安装了分时操作系统,可以支持多个用户同时使用。加里经常通过调制解调器从远程连接到 B5500,在通过用户名和密码验证后,系统就会提示如下信息:

"University of Washington B5500 Remote Access, Version 1.0"

然后出现一个星号,等待输入命令。

加里通过 B5500 学习到很多知识,包括栈、数据结构、编译器和操作系统。

1969 年 12 月,加里从华盛顿大学获得硕士学位。

因为读研期间参加了美国海军的军事训练,所以加里在硕士毕业时有两个选择,要么到驱逐舰上当军官,要么到美国海军研究生院(Naval Postgraduate School,NPS)担任计算机科学专业的教员,加里选择了后者。

美国海军研究生院有一台 IBM 的 System/370,但加里并不喜欢这台计算机，主要原因是 System/370 既缺少高层编程语言，也不能像 B5500 那样可以由加里独占使用。

加里在 NPS 教授的课程是"数据结构"，代号是 CS3111。

1972 年年初，加里回到母校华盛顿大学（UW）读博士，并于同年 5 月成功获得博士学位，他的博士论文名为《编译期的全局优化》（Global Expression Optimization During Compilation）。

获得博士学位后，加里回到 NPS，担任副教授，他被授予终身职位。

NPS 位于加州的蒙特雷（Monterey），距离硅谷不远，只有一个多小时的车程。NPS 鼓励教授们去为硅谷的企业做咨询，以便把业界的最新动态带回学校。

1972 年的夏天，加里因为一次偶然的机会，看到了英特尔在《电子工程时代》（Electronic Engineering Times）上做的 4004 芯片广告：英特尔提供 25 美元的计算机。"（Intel Corporation offers a computer for $25.）

4004 芯片的广告打动了加里，他立刻向英特尔要了 4004 芯片的技术手册，并仔细学习了 4004 芯片的所有指令。随后，加里在 IBM 370 上写了一个模拟器来模拟 4004 芯片。加里还在这个模拟器上为 4004 芯片实现了一个编译器，使用的是他自己非常熟悉的 PL/I 模式。加里这样做是为了实现父亲的"导航仪之梦"。加里的父亲曾梦想有一天能有一个自动导航的仪器，他把希望寄托在了加里身上，希望加里有朝一日可以实现这样的仪器。

1972 年下半年，加里应邀访问位于硅谷的帕洛阿尔托研究中心（Palo Alto Research Center）。在那里，加里见到了艾伦·凯（Alan Kay），艾伦向加里展示了自己的面向对象系统 Smalltalk。Smalltalk 使用了面向对象技术，能够在高分辨率的显示器中显示窗口，技术水平在当时非常领先。但因为加里当时感兴趣的仍是编译器技术，所以加里只是觉得 Smalltalk 的图形界面很新鲜，而没觉得有太大意义。

在模拟器上调试好自己为 4004 芯片设计的编译器后，加里还设计了一些三角函数。为了得到英特尔的 4004 开发系统，加里联系了英特尔，并且见到了英特尔市场部门的鲍勃·加罗（Bob Garrow）。鲍勃有硬件背景，他虽然对加里的软件模拟器不感兴趣，但却觉得加里为 4004 芯片编写的三角函数很有用。鲍勃觉得基于这些三角函数为 4004 芯片开发一套函数库有很大的意义，因为这样可以为 4004 芯片赢得更多用户。鲍勃热情接待了加里，请他到英特尔办公室附近的意大利餐厅吃午餐。最重要的是双方达成合作，加里如愿获得英特尔的 4004 开发系统 SIM4-01。除最核心的 4004 芯片之外，SIM4-01 还包含 1024 字节的随机访问内存（RAM）以及 4 块 256 字节的电可擦写只读内存（EPROM），此外还有电源等配件。基本的编程过程如下：首先使用烧录器把程序烧写到 EPROM 中，然后把 EPROM 插到 SIM4-01 上。如果需要修改程序，则必须将 EPROM 从 SIM4-01 上拔下来，重新烧写。

SIM4-01 上有一些 LED 灯，程序可以通过这些 LED 灯将数字显示出来，这是调试程序的一种主要方法。

1973 年，加里成为英特尔顾问，每周到英特尔工作一天。加里的工作内容是为英特尔的 8008 芯片设计模拟器。8008 芯片是在 1972 年年中推出的，是一种 8 位的微处理器，功能相比 4 位的 4004 芯片更强大。当时英特尔的软件部刚起步，算上加里只有 3 个人，另外两个人是比尔·拜尔利（Bill Byerly）和肯·伯吉特（Ken Burgett），他们的顶头上司是汉克·史密斯（Hank Smith）。当时，英特尔的微处理器部只有两个厨房大小，创始人诺伊斯偶尔会出现，面带微笑地鼓励大家几句。诺伊斯当时主要关心的是内存芯片，而不是微处理器。

在完成为 8008 芯片设计模拟器的工作后，加里向汉克提议为 8008 芯片设计编译器，从而让客户可以使用高级语言进行编程。汉克没有听明白，加里解释说，有了高级语言，用户就可以像写 X = Y + Z 这样写程序，而不用直接写汇编指令。听了加里的解释后，汉克同意了加里的提议，面带微笑地说："行，干吧。"[①]

加里给自己的高级语言取名为 PL/M，意思是"微型计算机编程语言"（Programming Language for Microcomputers）。PL/M 推出后，加里经常代表英特尔宣讲这种语言的用法。使用 PL/M 编程不仅简单，能够极大缩短编程时间，而且占用的内存空间与直接使用汇编语言编写的程序基本相当。这些特征让 PL/M 大受用户欢迎。

1974 年 4 月，英特尔推出 8080 芯片，与 8008 芯片相比，8080 芯片的地址总线从 14 位扩展到 16 位，可以访问 64KB 的内存空间。

根据汉克的指示，加里继续为 8080 芯片设计模拟器。英特尔继续让加

---

① 参考加里未正式出版的回忆录《计算机因缘》。

里开发模拟器的目的是想让更多的客户先在模拟器上针对英特尔芯片开发软件,一旦软件开发成功,这些客户就可能购买芯片进行产品化,从而推动英特尔芯片的销售。

随着英特尔微处理器芯片的不断发展,加里为之编写的软件越来越多、越来越复杂。利用自己编写的 8080 模拟器,加里设计了一个操作系统,并为其取了一个与 PL/M 类似的名字——CP/M,意思是"微型计算机控制程序"。

加里是在小型机上运行 8080 模拟器并设计 CP/M 的,使用的编程语言主要是 PL/M。在完成 CP/M 的核心功能后,加里还设计了一个应用软件——一个小的编辑程序,名为 ED。

在模拟器上完成 CP/M 的初始版本后,加里希望 CP/M 能在真实的硬件上运行。此时的加里已经有一套名为 Intellec 8/80 的开发系统,上面虽然有 8080 芯片、内存和 ROM,但是 ROM 太小了,根本无法容纳 CP/M。为了让 CP/M 运行起来,加里需要把 CP/M 放在大容量的外部存储器中。大型机和小型机上的硬盘太贵了,与 8080 这样的微处理器不般配。为了解决外存问题,加里想办法找到一个软盘驱动器,这个软盘驱动器可以读写 8 英寸的软盘。

软盘是由 IBM 的几位工程师一起发明的,时间是 1967 年,地点是 IBM 的加州圣何塞(San Jose)实验室。从 1971 年起,IBM 开始对外销售软盘驱动器和软盘。在软盘出现之前,卡片和纸带是低成本的可移动存储介质,但是纸带和卡片的存储密度太低了,而且读写速度慢。相对而言,软盘不仅读写方便,而且容量大。第一张软盘的容量为 80KB,相当于 3000 张卡片,后来持续增大到 1.44MB[①]。

1969 年,IBM 软盘发明团队的产品经理艾伦·舒加特(Alan Shugart)从 IBM 辞职,加入 Memorex 公司,成为副总裁,领导研发与 IBM 兼容的软盘驱动器。舒加特在成功为 Memorex 公司开创软盘业务后,于 1973 年离开。舒加特召集到几位 IBM 的老同事,一起创立了舒加特联合(Shugart Associates)公司。加里的软盘驱动器就来自舒加特联合公司。1979 年,舒加特与菲尼斯·康纳(Finis Conner)创立了舒加特科技公司,而后很快改名为希捷科技(Seagate Technology)公司。希捷的第一款产品便是与 5 英寸大小软驱兼容的硬盘,容量为 5MB。直到今天,希捷品牌的硬盘仍很流行。

---

① 参考 IBM 官网关于软盘的介绍。

让我们回到 1974 年，虽然有了来自舒加特联合公司的软盘驱动器，但是加里的 Intellec 8/80 开发系统还无法使用这个软盘驱动器，因为缺少一个控制器来把 Intellec 8/80 开发系统与软盘驱动器连接起来，从而建立通信、指挥软盘驱动器工作并读写数据。这个控制器需要一些硬件电路，加里虽然懂一点硬件，但他尝试了几次都失败了。

正当加里无计可施时，他想到了约翰·托罗德（John Torode）。托罗德是加里在华盛顿大学认识的朋友，作为华盛顿大学电子工程系的博士，托罗德精通电子技术和硬件。在加里看来，如果连托罗德都搞不定这个控制器，那就没有人能够搞定了。

加里联系了托罗德，托罗德接受了加里的邀请，从华盛顿来到蒙特雷的帕西菲克格罗夫（Pacific Grove）小镇。帕西菲克格罗夫小镇位于蒙特雷半岛的最东端，也就是伸向太平洋的部分。这个小镇上最著名的建筑便是建于 1855 年的皮诺斯点灯塔（Point Pinos Lighthouse，见图 56-1）。1969 年，加里与妻子搬到了这个太平洋边的小镇上。他们很喜欢这里，他们的家就在距离皮诺斯点灯塔不远的湾景路。小镇很宁静，可以看到大海，与西雅图有些相似。

图 56-1 皮诺斯点灯塔

几个月后，托罗德设计的控制器慢慢成形，从电路图变为电路板。在把各种元器件焊到电路板上之后，托罗德和加里一起上电调试。

经过很多天的努力后，控制器终于在某天的下午开始工作了，时间大约是 1974 年的春天。加里和托罗德一起把 CP/M 程序从纸带复制到软盘上，再把软盘插进已经与控制器连接好的软盘驱动器，最后开机上电。LED 灯跳动几次后，软盘开始旋转，加里知道，那是在加载 CP/M 程序，他们屏住呼吸，不知下一秒会发生什么。过了一会儿，加里使用多年的电传打字机打印出一个星号，这是加里设计的命令提示符，看到这个命令提示符后，加里兴奋不已——CP/M 启动成功了。

接下来，加里使用 ED 输入程序，软盘驱动器再次转动并发出声音，过了一会儿，程序运行起来。加里于是输入几个字符，保存到软盘上。加里先用 DIR 命令显示文件，发现文件存在；加里又用 TYPE 命令观察文件，刚才输入的字符出现了。

加里和托罗德非常兴奋，不知不觉已经到了晚上，他们都累了、饿了。他们找到小镇上最好的一家餐馆，打开一瓶红酒，吃了一顿丰盛的晚餐。吃完晚餐后，他们一起步行回到住处，他们边走边聊，加里对托罗德说："这将是一件大事"。托罗德也说："这确实将是一件大事。"

1974 年下半年，加里与妻子多萝西·麦克尤恩（Dorothy McEwen）创立了一家公司，目的是推广 CP/M，这家公司最初的名字是星系数字研究（Intergalactic Digital Research），后来改名为数字研究（Digital Research），简称 DRI。DRI 公司的最初办公地点就是加里夫妻在帕西菲克格罗夫小镇上的房子，地址为湾景大道 781 号（781 Bayview Avenue）[①]。房子的后院有间简易的屋子，这是 DRI 公司最初的办公室（见图 56-2）。

1975 年，加里夫妇的 DRI 公司有了第一批客户，美国欧姆龙（Omron of America）、劳伦斯利弗莫尔实验室（Lawrence Livermore Laboratories）和数字系统等单位先后购买了 CP/M 的商业授权。同样是在 1975 年，加里的学生格伦·尤英（Glenn Ewing）当时为一家名叫 IMSAI 的微型计算机公司做顾问，格伦建议 IMSAI 公司使用 CP/M 作为操作系统，而不要自行开发。IMSAI 公司采纳了格林的建议，于是格林找到加里，希望加里按照 IMSAI 公司的微型计算机的硬件特征修改 CP/M。加里听完后，立刻觉得如果自己为每一种硬件都修改一遍 CP/M 的话，自己的"手指都要断了"。于是，加里想出了一个非常好的方法来解决这个问题，就是设计一个兼容层，用这个兼容层适配硬件差异，他给这个兼容层取了个名字，叫基本输入/输出系统（Basic I/O System），简称 BIOS。

---

① 参考 David A. Laws 写的回忆文章《Gary Kildall: In Memorium》。

图 56-2
DRI 公司最初
的办公室

1976 年，基于 BIOS 思想重构后的 CP/M 1.3 发布，从此 CP/M 开始使用 BIOS 来处理硬件差异，这样就很容易支持新的硬件。

1977 年 4 月，DRI 公司扩大了规模，办公室从加里夫妇家中的后院搬到帕西菲克格罗夫小镇上的灯塔街 716 号。除 OEM 方式外，DRI 公司还增大了市场推广力度，向技术爱好者销售 CP/M（见图 56-3）。

1978 年 11 月，DRI 公司已经有 9 名员工，公司每个月的收入也增长到 10 万美元，税前利润率大约 57%，这足以支撑 DRI 公司租一间更大的办公室。于是，DRI 公司搬到了灯塔街 801 号——一栋维多利亚风格的建筑，图 56-4 是加里和 DRI 公司的员工在灯塔街 801 号建筑前的合影。这栋建筑建于 1905 年，由

图 56-3　出现在 1978 年 12 月 InfoWorld 杂志上的 CP/M 广告

当时的镇长建造而成①。这栋建筑的上一租户是一位牙医。随着 CP/M 的用户不断增加，越来越多衣着正式的商务人士来到这栋建筑，与 DRI 公司洽谈合作。当会议室不够用时，他们就在后院的野餐桌旁交谈。

1979 年，2.2 版本的 CP/M 发布，此时 CP/M 已成为最流行的微型计算机操作系统，成为行业的标准。

随着业务的增多，软件工程师的人数也不断增多，他们的办公室是由马车房改造的。到了 1980 年，DRI 公司已经销售出超过 100 万份的 CP/M。DRI 公司又租了灯塔街 734 号给软件工程师们使用，但很快就无法容纳快速增长的团队。

大约在 1980 年年底，DRI 公司搬到位于中央大街 160 号的新场地（见图 56-5），新场地占地 16 000 平方英尺（约 1486 平方米），建筑面积 7000 平方英尺（约 650 平方米），两栋维多利亚风格的建筑可以俯瞰蒙特雷海湾[1]。

图 56-4 加里和 DRI 公司的员工在灯塔街 801 号建筑前的合影（台阶右侧站立者为加里）

---

① 参考 Redfin 网站上有关这栋建筑的销售描述。

大约在 1980 年年底，DRI 公司搬到位于中央大街 160 号的新场地（见图 56-5），新场地占地 16 000 平方英尺（约 1486 平方米），建筑面积 7000 平方英尺（约 650 平方米），两栋维多利亚风格的建筑可以俯瞰蒙特雷海湾[1]。

图 56-5　1981 年时的 DRI 公司总部（照片版权属于 DRI 公司）

1981 年 11 月，针对英特尔 8086 和 8088 处理器的 CP/M-86 上市，这代表着 CP/M 进入 16 位时代，此前的 CP/M 是 8 位的。

正当 DRI 公司期望新的 CP/M-86 可以热卖和大流行时，市场上出现一个强有力的竞争产品，名叫磁盘操作系统，简称 DOS。

参考文献

[1] SALAVERRIA R. Digital Research 25 Year Worldwide Reunion [J]. El profesional de la información, 2019, 28(1):1699-2407.

第 57 章　　1981 年，DOS

1978 年 6 月，22 岁的蒂姆·佩特森（Tim Paterson）从华盛顿大学的计算机科学专业毕业，加入西雅图计算机产品（Seattle Computer Products，SCP）公司工作。参加工作后，佩特森的第一个任务是为微软公司设计一张软卡，上面有一颗 Z80 CPU，可以运行 CP/M 操作系统。

微软公司成立于 1975 年 4 月 4 日，两位创始人在小学时就是同学和好朋友。其中一位是比尔·盖茨，当时 20 岁，从哈佛大学辍学；另一位 22 岁，名叫保罗·艾伦。他们创立的公司名叫微软（Microsoft），最初的写法是 Micro-Soft——Microcomputer Software（微型计算机软件）的英文简写。

成立之初，微软的主要业务是销售 BASIC 解释器。BASIC 是一种简单的脚本语言，适合初学软件的人使用。1978 年，微软的年收入首次达到 100 万美元。

微软的软卡是为 Apple II 设计的，最初是为了方便移植软件，这个想法来自微软的联合创始人保罗·艾伦。用今天的话来讲，软卡是用来运行软件的卡，而不是使用虚拟化技术虚拟出来的东西。

软卡自 1980 年推出后，伴随着热销的苹果电脑也非常畅销，销售出去的 CP/M 许可数在一年时间里就赶上了 DRI 公司自己销售的 CP/M 许可数。

在完成软卡项目后，佩特森开始设计针对 8086 CPU 的单板机（见图 57-1），并于 1979 年 11 月推出。用今天的话来讲，这个单板机就是针对 8086 CPU 的开发板。

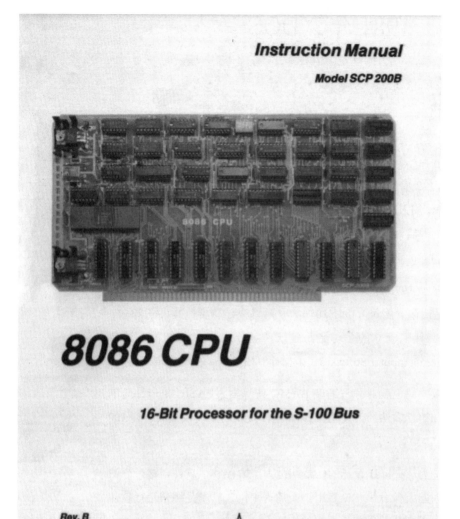

图 57-1 8086
开发板的用户手
册的封面

8086 芯片是英特尔于 1978 年推出的。在宣传 8086 芯片的海报（见图
57-2）上，画着一轮朝阳，写着"8086 的时代已经来了"（The Age of the 8086
has arrived）。

佩特森的 8086 单板机上市后遇到的一个问题就是软件太少，特别是缺
少操作系统，因为当时还没有支持 8086 芯片的 CP/M 版本。

面对这样的境况，佩特森既没有联系 DRI 公司催促新版的 CP/M，也没有消极等待，而是决定自己动手做一个操作系统。从 1980 年 4 月开始，佩特森根据 CP/M 的手册并模仿 CP/M 的特征，设计出一个新的操作系统，并且很顺利地在 3 个月后完成了，他给这个操作系统取名为 QDOS，意思是快速但不干净的系统（Quick and Dirty Operating System）。

因为模仿了 CP/M 的接口和底层特征，包括系统调用的编号和参数传递的方式，所以 QDOS 可以与 CP/M 兼容。QDOS 在完成后不久，被改名为 86-DOS。

操作系统是软件世界里的管理者。正因为有这种特殊地位，操作系统的技术也更加复杂，让人感到神秘且令人向往。在深刻认识软件世界后，很多人有了动手做操作系统的想法。佩特森如此，比尔·盖茨亦如此。

The Age of the 8086 has arrived.

Intel introduces the 16-bit evolution of our 8080 and 8085.

图 57-2　8086 芯片的宣传海报（来自英特尔）

1980 年年初，微软决定进入操作系统领域。为此，微软首先从 AT&T 公司购买了 UNIX 的授权并加入了一些新的功能，取名为 XENIX 对外销售。笔者在 20 世纪 90 年代初读大学时，前两年的一些实验课用的就是 XENIX——机房里放着 XENIX 服务器，每个学生用一个终端。

1980 年 7 月，正在开发个人计算机的 IBM 找到微软，希望微软可以像为苹果公司提供可以运行 CP/M 的软卡那样，也为 IBM 提供 CP/M 操作系统。

1980 年 12 月，微软总裁比尔·盖茨与 SCP 公司签订协议，微软以 2.5 万美元购买了 86-DOS 的源代码和目标代码。

1981 年 4 月，佩特森离开 SCP，加入微软，佩特森的主要工作是将 86-DOS 移植到 IBM 个人计算机（IBM PC）上。

微软在购买 86-DOS 后，将其改名为 MS-DOS，MS-DOS 的最初版本在

1981 年 8 月 12 日与 IBM PC 一起推出。

IBM PC 推出后，正式开启个人计算机时代。几年后，与 IBM 兼容的个人计算机纷纷推出，如雨后春笋，不可遏制。

MS-DOS 随着 PC 大潮持续热销，其间不断更新和发展，一直到 2000 年 9 月，最后一个版本为 MS-DOS 8.0。

DOS 的快速流行，无情夺走了 DRI 公司的客户。DRI 公司苦心经营近 10 年的微型计算机操作系统市场被微软接管，DOS 取代 CP/M 成为市场的新宠。

出现竞争对手 DOS 后，DRI 公司起初的做法是为 CP/M 增加功能来与 DOS 竞争。于是 DRI 公司开发出支持多用户的 CP/M，称为 MP/M-86 或"并发的 CP/M-86"。1984 年，DRI 公司又推出支持多任务的"并发 DOS"，简称 CDOS。

1987 年，应一些 OEM 厂商的请求，DRI 公司开始研发与 MS-DOS 直接竞争的操作系统，称为 DR-DOS。

1988 年 5 月 28 日，DR-DOS 的第一个版本发布。从此，DR-DOS 与 MS-DOS 开始进行你追我赶般的直接竞争。

1991 年，Novell 公司在收购 DRI 公司后，开始以 Novell DOS 为名销售 DR-DOS。

1994 年 7 月 8 日，加里·基尔德尔（见图 57-3）在蒙特雷市区的一家酒吧里头部受伤，3 天后的 7 月 11 日不幸去世，详细的受伤经过和死亡原因至今仍不为公众所知。

加里在去世前便开始写自传，书名为《计算机因缘：个人计算机产业革命中的人物、地点和事件》。在正式出版前，加里还制作了一些预览版本（见图 57-4）发给身边的好友阅读。

图 57-3　加里·基尔德尔（1942—1994）

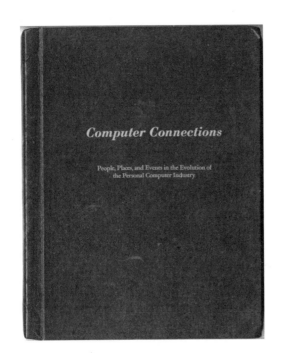

图 57-4　加里自传《计算机因缘》
的封面

　　1999 年 9 月 4 日，纪念 DRI 公司成立 25 周年的聚会在加州卡梅尔的霍尔曼农场（Holman Ranch）举行，来自世界各地的 DRI 公司前员工参加了此次聚会，他们一起回忆当年在 DRI 公司工作的精彩时刻，怀念和加里一起工作的日子。霍尔曼农场的主人就是与加里一起创立 DRI 公司的多萝西·麦克尤恩（1943—2005）。多萝西与加里在 1983 年分居，后来离婚。多萝西与加里是高中同学，他们在 1969 年搬到蒙特雷居住，他们的儿子和女儿分别在 1969 年和 1971 年出生。

　　加里在 20 世纪 70 年代投身于微型计算机的早期研发，为英特尔的微型处理器编写模拟器。加里不仅设计了 PL/M 语言，而且开发出第一个微型计算机操作系统 CP/M，CP/M 是微型计算机技术的开路先锋。加里为后来的个人计算机时代做出了卓越的贡献。

　　在软件技术方面，加里倡导软件的兼容性。加里最先提出通过"基本输入输出系统"（BIOS）隔离硬件差异性的思想并付诸实践。借助 BIOS，CP/M 操作系统可以在数百种硬件上工作。这种思想被后来的 ACPI 和 EFI 等固件标准继承，在 PC 时代得到了广泛应用，是实现跨厂商兼容和全产业协作的关键技术。这种通过 BIOS 和固件层来实现系统兼容的技术一直沿用至今。

　　2014 年 4 月 25 日，100 多位 DRI 公司前员工、海军代表以及加里的家人聚集到灯塔路 801 号，为新竖立的 IEEE 纪念碑（见图 57-5）揭幕。
IEEE 纪念碑的主标题为"IEEE 电子工程和计算里程碑"，副标题为"CP/M
微型计算机操作系统，1974"，碑文如下：加里·基尔德尔博士于 1974 年
在帕西菲克格罗夫实践了 CP/M 的第一个工作原型。基尔德尔的操作系统
与其发明的 BIOS 一起工作，允许基于微处理器的计算机与磁盘存储单元
通信，为个人计算机革命提供了重要基础。

这块纪念碑竖立在 801 号建筑前的人行道旁，是在计算机历史作家和蒙
特雷半岛居民大卫·A.劳斯（David A. Laws）的提议下竖立的。

对于 DRI 公司错失良机走向没落，有人嘲笑加里不是一位成功的商人。
但正如加里的女儿克里斯廷·基尔德尔（Kristin Kildall）所说，"加里的事业
从一开始就是为了分享思想、推动科技进步以及让社会变得更美好，他的热
情和主要动力始终在于创新和思想[①]"。

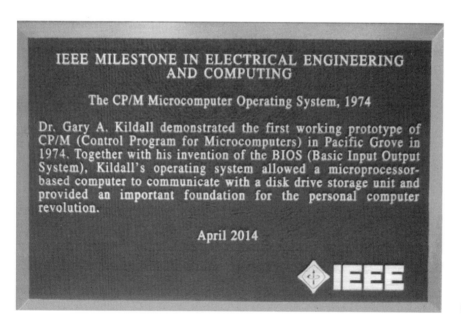

图 57-5　IEEE
纪念碑

2004 年 10 月，利特尔&布朗出版社（Little, Brown and Company）出版了一
本科技史文集，书名为《They Made America - From the Steam Engine to the Search
Engine: Two Centuries of Innovators》。在这本文集中，有一章介绍了加里，认为
加里"预见了未来并将其变为现实，他是个人计算机革命的真正创立者，是

---

① 参考 2017 年 9 月出版的《Life in Pacific Grove, California》中的文章《Gary Kildall: In Memorium》。

PC 软件之父。"这本史文集还特别提到：佩特森的 QDOS 复制了 CP/M 的接口，模仿了 CP/M 操作系统的"外观和行为"。佩特森为此起诉作者和利特尔&布朗出版社诽谤。2007 年 7 月 25 日，西雅图地方法官托马斯 S.奇利（Thomas S. Zilly）认为这本文集表述了受美国宪法保护的观点，而且不能证明有错（constitutionally protected opinions and not provably false），驳回了佩特森的起诉①。

加里为个人计算机革命拓荒开路，历史会铭记加里的贡献。

参考文献

[1] SALAVERRIA R. Digital Research 25 Year Worldwide Reunion [J]. El profesional de la información, 2019, 28(1):1699-2407.

[2] KILDALL G, ROWLEY J, JONES B. Rapid expansion marks DRI history [J]. Digital Dialogue, 1982, 1(1):7-8.

---

② 参考西雅图地方法院关于佩特森起诉案件的判决书。

第 58 章　1983 年，Word 1.0

1979 年 1 月 1 日，微软把公司搬到了盖茨和艾伦的家乡华盛顿州，选址在贝尔维（Bellevue）市北部的雷德蒙德（Redmond）小镇，贝尔维市西面隔着华盛顿湖与西雅图相望，东面是萨马米什湖（Lake Sammamish）和贝克-斯诺夸尔米（Baker-Snoqualmie）山。

1981 年年初，比尔·盖茨的办公室来了一位客人，名叫查尔斯·希莫尼（Charles Simonyi）。

1948 年，希莫尼出生于匈牙利首都布达佩斯。17 岁时，希莫尼离开匈牙利到丹麦的雷格内森特拉伦（Regnecentralen）公司工作。雷格内森特拉伦公司成立于 1955 年，是丹麦的第一家计算机公司。

在雷格内森特拉伦公司，希莫尼先是与布林克·汉森（Brinch Hansen）等人一起开发实时操作系统，后与彼得·诺尔（Peter Naur）一起开发 ALGOL 编译器。

1968 年，希莫尼离开丹麦到美国的加州大学伯克利分校读书。4 年后，希莫尼获得数学和统计学专业的学士学位，导师是巴特勒·兰普森（Butler Lampson）。读书期间，希莫尼结识了也在加州大学伯克利分校读书的保罗·麦克琼斯（Paul McJones）并成为好朋友，他们一起在伯克利计算机中心（Berkeley Computer Center）做实习工作，并在 CDC（Control Data Corporation）的 6000 系列大型机上实现了 Snoho14 语言的编译器。他们还参与了兰普森领导的 Cal 分时系统（Cal Time Sharing System，Cal TSS）的开发。Cal TSS 项目始于 1968 年，目标是开发一种通用的操作系统来支持批处理和多用户分时操作，开始时针对的硬件是 CDC 6400。1969 年 10 月，Cal TSS 的开发工作已经可以在 Cal TSS 系统上进行，项目团队开始设计永久的文件系统和命令处理程序。但是在 1971 年 11 月，Cal TSS 项目因为资金用完而被迫停止。

1971 年，兰普森加入施乐公司的帕洛阿尔托研究中心（PARC），成为计算机科学实验室（CSL）的首席科学家。PARC 成立于 1970 年，里面汇聚了很多一流的物理学家和计算机科学家，目标是创造"未来的办公室"（Office of the Future）。

1972 年，希莫尼从加州大学伯克利分校毕业后，便投奔导师兰普森到 PARC 工作。在那里，兰普森正领导着 CSL 团队开发个人计算机。希莫尼与艾伦·凯（Alan Kay）、罗伯特·梅特卡夫（Robert Metcalfe）等著名的计算机科学家一起工作，他们研发出了名为施乐阿尔托（Xerox Alto）的个人计算机（见图 58-1）。

施乐阿尔托计算机的主机被装在一个小柜子里，配备了 128KB 的内存（当时的内存成本为 4000 美元），柜子上是显示器，除键盘外，还有鼠标作为输入设备。施乐阿尔托计算机的显示器支持 800×600 像素的分辨率，操作系统支持重叠式窗口，可以通过图形界面与用户交互。施乐阿尔托计算机的制造成本为 12 000 美元，第一批生产了 80 套。

图 58-1　施乐阿尔托个人计算机（照片版权属于施乐公司）

施乐阿尔托计算机在 1973 年 3 月 1 日对外销售，很受市场欢迎。

大约在 1973 年年初，兰普森和希莫尼一起着手设计一种窗口界面的编辑器，取名为 Bravo。Bravo 可以在窗口中显示出指定大写和格式的文字，是第一个具有"所见即所得"（What You See Is What You Get，WYSIWYG）特征的文字处理程序。根据 Bravo 的培训文档，Bravo 的开发者主要有 Tom Malloy、Carol Hankins、Greg Kusnick、Kate Rosenbloom 和 Bob Shur[①]。Bravo 的开发语言是 BCPL。

Bravo 在 1974 年发布后，希莫尼又领导团队开发了 Bravo 的下一代软件，称为 Bravo X。

———————————

① 参考 Suzan Jerome 写的《Bravo Course Outline》。

1978 年，理查德·布罗迪（Richard Brodie）加入 PARC，成为 Bravo X 的开发者。布罗迪出生于 1959 年 11 月，出生地是美国马萨诸塞州的纽顿市。1977 年，布罗迪进入哈佛大学读书，专业为应用数学。读完大二后，布罗迪从哈佛辍学，来到加州，加入 PARC 工作。布罗迪的直接经理就是希莫尼。

1979 年，乔布斯与 PARC 签订合作协议，用股票交换了施乐阿尔托计算机的设计方案。

现在回到上文提到的希莫尼与盖茨的那次会面。希莫尼是在梅特卡夫的建议下来找盖茨的。他们交谈了一段时间后，盖茨邀请希莫尼加入微软并开创微软的应用程序开发部（Applications Division）。当时微软有大约 70 名软件工程师，其中大多数属于操作系统部门，他们正忙着整编和改进从 SCP 买来的 DOS 操作系统。

希莫尼接受了邀请，很快便加入微软，成为微软应用程序开发部的领导和第一位员工。

1981 年 5 月，希莫尼在 PARC 工作时的下属布罗迪也加入微软，成为应用程序开发部的第 4 名成员，同时也是微软的第 77 名员工[①]。

加入微软后，布罗迪的第一个任务是开发一个特殊的编译器，名叫"p 码 C 编译器"（p-code C compiler），目的是把微软的应用程序很快地移植到不同的计算机硬件上。这个特殊的编译器是用来支持希莫尼提出的所谓的"收入爆炸"（revenue bomb）策略的，这种策略的基本思想是：首先使用通用的表达方式开发各种应用软件（横向），然后使用 p 码编译器编译为可以在很多个平台上运行的产品（纵向），这样两个维度一起发展，部门的收入就会像炸弹爆炸一样快速增长。希莫尼后来将这种开发方式称为"元编程"或"软件工厂"。

在横向选择应用程序的种类时，希莫尼的首要目标是与当时已经很成功的电子表格程序 VisiCalc 竞争。起初，希莫尼将微软的电子表格程序取名为 EP，EP 是 Electronic Paper（电子纸）的英文缩写，后来改名为 Microsoft Multiplan。

1982 年的夏天，随着 Microsoft Multiplan 的开发工作进入尾声，应用程序开发部的很多人开始转向一个新的秘密项目，目标是开发一个文字处理软

---

① 参考 Jack Canfield 和 Jacqueline Miller 合著的《Heart AT Work: Stories and Strategies for Building Self-Esteem and Reawakening the Soul AT Work》。

件，这个文字处理软件便是后来的 MS Word。希莫尼的"收入爆炸"策略在横向发展上又迈出了一大步。

1982 年 8 月，Microsoft Multiplan 发布。

因为布罗迪在施乐公司工作时曾经开发过文字处理程序 Bravo X，所以在微软开发 Word 时，布罗迪可谓轻车熟路，生产率非常高，以他为主力，用了不到 7 个月的时间，第一个版本的 Word 便成形了。布罗迪写了大约 80% 的代码，弗兰克·梁（Frank Liang）写了大部分打印相关的代码，在项目末期，另外 4 位开发者也做了一些贡献。[①]

1983 年 4 月，在 COMDEX 春季展会上，微软展示了支持鼠标的文字处理软件，名为 Multi-Tool Word。

1983 年 10 月，Word 的第一个版本发布，正式的名称是 MS Word。此时，微软的应用程序开发部已经有 30 多名员工。

Word 的最初版本是运行在 XENIX 和 MS-DOS 操作系统上的，后来微软又发布了支持其他操作系统的 Word 版本。

兰普森在 1984 年离开施乐公司，加入 DEC。1995 年，兰普森加入微软，目前是微软的技术院士。因为领导施乐阿尔托计算机的研发以及在设计 Bravo 和 Smalltalk 等软件方面做出的贡献，兰普森获得 1992 年的图灵奖。在 Cal TSS 团队重聚的照片（见图 58-2）中，万斯·沃恩（Vance Vaughan，左三）手里举起的是 CDC 6400 的手册，仰头看手册的是后来的另一位图灵奖（1998 年）得主吉姆·格雷（左二），大卫·雷德尔（David Redell）腿上放的大活页夹里是 Cal TSS 的磁盘文件系统的部分源代码。

---

② 参考 VC&G 的采访文章《Charles Simonyi and Richard Brodie, Creators of Microsoft Word》，采访者为 Benj Edwards。

图 58-2　Cal TSS 团队重聚

（拍摄于 1991 年 12 月 14 日，从左向右依次为 David Redell、Jim Gray、Vance Vaughan、Gene McDaniel、

Bruce Lindsay、Paul McJones、Charles Simonyi 和 Butler Lampson，照片由保罗·麦克琼斯提供）

从 1995 年起，微软把 Word、Excel、Access 等软件组合成微软 Office 套件，取名为 Office 95，之后微软差不多每一两年就更新一次版本，直到今天。

希莫尼一直在微软工作到 2002 年，除了领导开发最初版本的 Office 程序之外，希莫尼发明的匈牙利命名法在微软和 Windows 平台上也被广泛采用。

2007 年 4 月 7 日，希莫尼乘坐 TMA-10 号载人飞船进入太空，在国际空间站生活大约两周后于 4 月 21 日返回地球。2009 年 3 月 26 日，希莫尼在哈萨克斯坦的拜科努尔航天中心乘坐 TMA-14 号载人飞船再次进入太空，于 4 月 8 日在哈萨克斯坦着陆。希莫尼成为人类历史上两次自费进入太空旅游的第一人[①]。

---

① 参考 NBC 新闻稿《U.S. Space Billionaire Back on Earth》。

第 59 章　1983 年，Turbo Pascal

1981 年 8 月，3 位丹麦公民在爱尔兰创立了一家名叫宝蓝（Borland）的有限责任公司，他们分别是尼尔斯·詹森（Niels Jensen）、奥利·亨里克森（Ole Henriksen）和莫恩斯·格拉德（Mogens Glad）。

尼尔斯于 1979 年创立了 Midas ApS 公司，专门从事软件开发，他继续创立宝蓝公司是为了在全球销售软件。

宝蓝公司成立后推出的第一款软件名叫 MenuMaster（"菜单专家"）——运行在 CP/M 操作系统中的一个辅助工具，核心功能是把 CP/M 命令变成屏幕上的菜单，以易于用户操作（见图 59-1）。

为了把软件卖到美国，除了在美国的杂志上做广告之外，宝蓝公司还到旧金山参加了 1982 年的 CP/M 展会。在此次展会上，尼尔斯等人意识到：要想打入美国市场，就必须创立一家美国公司。刚好在那段时间里，他们遇到了刚搬到硅谷不久的法国人菲利普·卡恩（Philippe Kahn）。

1952 年 3 月，菲利普出生在法国巴黎的一个犹太移民家庭里。他的母亲是一名歌手、演员和小提琴家。很不幸的是，菲利普 15 岁时，他的母亲因为

图 59-1　宝蓝公司在 1982 年 4 月的 Byte Magazine 上为"菜单专家"做的广告

车祸去世了。1970 年[①]，菲利普进入苏黎世联邦理工学院学习数学专业。在大学读书期间，菲利普开始为法国研制的 Micral 个人计算机编写软件。

1983 年 5 月 2 日，菲利普、奥利、莫恩斯和尼尔斯一起在美国加州创立了宝蓝国际公司（Borland International, Inc.），4 人的股份分别如下：尼尔斯·詹森 25 万股，奥利·亨里克森 16 万股，莫恩斯·格拉德 10 万股，菲利普·卡恩 8 万股。

宝蓝国际公司的总部最初设在美国加州的斯科茨谷（Scotts Valley），菲利普担任董事长、总裁和 CEO。

宝蓝国际公司成立后，开发的第一个项目就是把本来运行在 CP/M 中的"菜单专家"软件移植到新兴的 DOS 中。因为资金紧张，菲利普除担任管理职务外，还负责市场和销售，同时也是主要的程序员，他几乎无事不管。

在准备成立宝蓝国际公司时，菲利普等人找了一家名叫 Infoplan 的咨询公司，老板名叫蒂姆·贝里（Tim Berry）。贝里出生于 1948 年，做过新闻记者。1983 年，贝里成立了这家咨询公司，Infoplan 咨询公司成立不久后，贝里便认识了菲利普等人。贝里为他们设计了宝蓝国际公司的商业计划书并帮助他们办理相关事宜，此外还可能担任了监事之类的职务。

1983 年的夏天，贝里经常向菲利普询问"菜单专家"软件移植项目的进展，但每次询问时，菲利普总是回答："别着急，我正在写 Pascal 编译器。"

对于懂一些软件知识的贝里来说，听了这样的回答，基本等同于听到"没戏，忘了这件事吧"。因为懂一些软件知识的人都知道开发一个编译器不是小工程，不知道什么时候才结束。为了移植一个软件而开发一个编译器根本不合逻辑，这两件事的轻重程度相差太悬殊。

夏天很快结束了，菲利普还在忙着写 Pascal 编译器。10 月的一天，菲利普打电话给贝里，邀请他周六到公司开会，并再三叮嘱他一定要来。

贝里有 4 个孩子，周末有很多事要做，因此他不喜欢把工作会议安排在周末，但是菲利普的再三叮嘱让他难以拒绝。贝里知道，菲利普做事勇敢果断，看准的事从不犹豫。比如，菲利普不久前用自己的信用卡在一本杂志上做了整版广告，欠下 2 万多美元。如果广告没作用，菲利普根本不会这么做，因为宝蓝国际公司和菲利普当时都没有钱。幸运的是，广告的效果十分明显，宝蓝国际公司很快就有了两倍于广告费的销售收入。因此，尽管不是很情愿，

---

① 参考菲利普·卡恩个人的 LinkedIn 主页。

但贝里还是开了一小时的车，于周六早上来到宝蓝国际公司的办公室，除了见到菲利普，他还见到另外两个股东。

人员到齐后，菲利普招呼大家围拢到一台计算机前。贝里原以为菲利普要给大家演示移植好的"菜单专家"软件，但菲利普展示的却是 Pascal 编译器，他如数家珍般介绍了 Pascal 编译器的每个功能。在讲了很久之后，菲利普也没提"菜单专家"软件。

1983 年 11 月 20 日，宝蓝国际公司推出一款新的产品，名叫 Turbo Pascal 1.0，也就是菲利普在那个周六向贝里等人展示的 Pascal 编译器。

在 Turbo Pascal 出现以前，编译器都是以命令行方式工作的，通常分为多个命令，如编译命令、链接命令等。Turbo Pascal 的用法则完全不同，Turbo Pascal 将宝蓝公司擅长的菜单技术应用到了软件开发场景中，以菜单方式列出开发程序时需要执行的各种操作，用户只需要选择菜单就可以执行操作，而不需要输入冗长的命令。

例如，Turbo Pascal 的主菜单（见图 59-2）中包含了 Edit（"编辑"）、Compile（"编译"）、Run（"运行"）、Save（"保存"）、eXecute（"执行"）、Dir（"列目录"）、Quit（"退出"）和 compiler Options（"编译选项"）6 个菜单项，用户在一个界面里就可以把编程的几件事都做了。

图 59-2 Turbo Pascal 的主菜单

Turbo Pascal 1.0 很小，总共只有 68KB。Turbo Pascal 1.0 是以软盘形式发行的，其中包含如下文件。

- TURBO.COM：主程序，里面包含编译器、编辑器等核心功能。
- TURBOMSG.OVR：主程序的字符串文件。
- TINST.COM：安装程序。
- TINSTMSG.OVR：安装程序的字符串文件。

- TLIST.COM：浏览工具。
- ERROR.DOC：对《Turbo Pascal 参考手册》（见图 59-3）的补充。
- CALC.PAS：电子表演示程序 MicroCalc。
- CALCMAIN.PAS：示例程序，用于演示包含文件的用法。
- CALC.HLP：电子表演示程序的在线手册。
- CALCDEMO.MCS：电子表演示程序的数据定义文件。

让菲利普忙碌了整个夏天的 Pascal 编译器并不是菲利普一个人从头开发的，其中的编译器核心部分来自一家名为 Poly Data 的丹麦公司，Poly Data 公司的创始人是安德斯·赫格斯伯格（Anders Hejlsberg）。

图 59-3 《Turbo Pascal 参考手册》封面（1984 年）

安德斯于 1960 年 12 月出生于丹麦首都哥本哈根。1979 年，安德斯进入丹麦科技大学（Technical University of Denmark）学习电子工程专业[①]。在大学读书期间，安德斯便开始为 Nascom 微型计算机编写各种程序，他还特别开发了一个 Pascal 语言编译器，名为"蓝标 Pascal 软件"（Blue Label Software Pascal），并与合作伙伴一起成立了 Poly Data 公司来经营这个软件。后来，安德斯又将这个编译器移植到 CP/M 和 DOS 操作系统中，先是取名为 Compas Pascal，后来改名为 Poly Pascal。

Pascal 是由尼克劳斯·沃思（Niklaus Wirth，见图 59-4）设计的一种编程语言，于 1968 年开始设计。Pascal 在 ALGOL 60 的基础上做了改进，于 1970 年 10 月发布，因为简单易学，Pascal 很快就受到人们的青睐。1934 年，沃思出生于瑞士温特图尔，1959 年从瑞士联邦理工学院获得电子工程专业的学士

图 59-4 尼克劳斯·沃思

---

① 参考安德斯的 LinkedIn 个人主页。

学位。沃思后来到加拿大和美国继续深造，于 1963 年从加州大学伯克利分校获得计算机科学博士学位。博士毕业后，沃思先后在斯坦福大学和苏黎世大学任教，1969 年成为苏黎世联邦理工学院的教授。1976 年，沃思撰写的《算法+数据=程序》（Algorithms + Data Structures = Programs）出版，这本书对包括安德斯在内的很多程序员影响很大。1984 年，沃思获得图灵奖。

在 1984 年 4 月的 Byte Magazine 上，我们可以看到这样一则 Turbo Pascal 广告：艺术字形式的 Turbo Pascal 图标的下面引用了数学家杰里·伯奈尔的话——"Turbo Pascal 在正确的方向上前进了一大步。"

Turbo Pascal 的零售价为 49.95 美元，这个价格在当时来说并不算高。重要的是，Turbo Pascal 把编写软件的频繁操作集中到了一个界面中，使得用户可以在一个软件中完成"编写""编译""运行"这样的工作循环，用户不必在工具间切换来、切换去，从而把注意力集中在自己的问题上，提高开发效率，因此 Turbo Pascal 大受欢迎。渐渐地，人们为这样的开发工具取了个特别的名字——集成开发环境（Integrated Development Environment，IDE）。

1986 年，宝蓝国际公司在伦敦上市，上市时的董事会成员名单中就包括上文提到的蒂姆·贝里。

1987 年，宝蓝国际公司推出面向 C 语言的 Turbo C 开发工具（见图 59-5），采用的仍是与 Turbo Pascal 类似的 IDE 形式。因为卓越的编译速度、开发效率以及很低的价格，Turbo C 很快赢得大量用户。图 59-6 是发布于 1989 年的 Turbo C 2.0 的运行截图。

安德斯毕业后便在自己创立的 Poly Data 公司工作，但公司发展得并不好。1989 年，安德斯从欧洲来到美国，加入宝蓝国际公司，成为首席工程师，领导开发新版的 Turbo Pascal 和其他开发工具。

1990 年 5 月，宝蓝国际公司将 Turbo C 产品改为 Turbo C++。

图 59-5　Turbo C 开发工具的产品宣传册封面

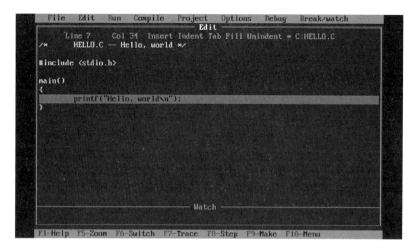

图 59-6　1989 年发布的 Turbo C 2.0 的运行截图

1992 年，Borland C++ 3.1（简称 BC3.1）推出。与之前运行在 CP/M 和 DOS 操作系统中的字符界面 IDE 不同，BC3.1 运行在 Windows 操作系统中，是 Windows GUI 程序，界面更加精细和美观。在功能方面，BC3.1 引入了名为 OWL（Object Windows Library）的类库。当时，微软的视窗操作系统和图形界面已经开始流行，但微软的应用程序编程接口（API）是函数形式，OWL 通过使用面向对象技术把函数形式的 API 封装为简单易用的类库，极大提高了开发效率，因而在开发者中迅速流传开来。

1995 年，由安德斯担任架构师设计的 Borland Delphi 发布。Delphi 使得开发者可以使用拖曳方式在几分钟内开发出一个包含图形控件的图形界面应用软件，开创了"快速应用程序开发"（Rapid Application Development）模式。

Delphi 推出后，宝蓝进入鼎盛时期，遍布全球的员工有 1000 人左右。但随着微软的 Visual C++、Visual Basic、Visual FoxPro 等开发工具陆续推出和不断发展，宝蓝面临严峻竞争。1995 年，因为与董事会发生严重分歧，菲利普辞去 CEO 职务。1996 年，安德斯离开宝蓝加入微软。2009 年，宝蓝被 Micro Focus 收购。

Turbo Pascal 开创的 IDE 模式极大提高了软件开发效率，从此 IDE 成为软件开发的基本工具，"Turbo Pascal 在正确的方向上前进了一大步"。

参考文献

[1] BERRY T. True Story:A Product Takes Off [EB/OL]. [2022-04-7]. https://articles. bplans.com/true-story-a-product-takes-off/.

第 60 章　1984 年，GNU

1953 年 3 月 16 日，理查德·马修·斯托尔曼（Richard Matthew Stallman）出生在美国纽约曼哈顿皇后区的一个犹太家庭里。斯托尔曼的父亲丹尼尔·斯托尔曼在第二次世界大战时是军人，退伍后，在图书和印刷行业经商；斯托尔曼的母亲艾丽斯（Alice）是一名老师，他们在 1948 年结婚，理查德是他们唯一的孩子。

1958 年，斯托尔曼大约 5 岁时，他的父母离婚了。1960 年，艾丽斯搬到纽约上西区居住。在接下来的 10 年里，斯托尔曼工作日住在上西区的母亲家里，周末到位于皇后区的父亲家里。

斯托尔曼的大多数童年和少年时光是在曼哈顿西区和皇后区度过的，95 街、93 街和 89 街是他常去的地方。

斯托尔曼在幼年时就对数学和物理感兴趣。8 岁时，有一次斯托尔曼的母亲对一本杂志上的一道数字游戏题束手无策，斯托尔曼竟然给出了答案。除数学外，斯托尔曼从小就喜欢历史，识字后，他便经常阅读有关古代历史和人类文明的书。

父母离婚后，斯托尔曼很喜欢到祖父母和外祖父母那里，感受亲情的温暖，把那里当作避风的港湾。但是，当他 10 岁左右时，他的祖父母和外祖父母相继去世，这给他很大打击。

在 12 岁那一年的暑假，斯托尔曼参加了科学夏令营，科学夏令营的顾问老师送给斯托尔曼一本 IBM 7090 计算机的手册。迷恋数学和科学的斯托尔曼如获至宝。在那个暑假，斯托尔曼认真读了这本手册里的每一页，他还在纸上写了一些程序。从此，斯托尔曼对计算机产生了浓厚的兴趣[①]。

1967 年，斯托尔曼的母亲再婚，嫁给了莫里斯·李普曼（Maurice Lippman）。

---

① 参考理查德·马修·斯托尔曼 1999 年年初在纽约和马萨诸塞州剑桥市接受的采访《Richard Stallman: High School Misfit, Symbol of Free Software, MacArthur-Certified Genius》，采访由 Michael Gross 主持。

斯托尔曼随母亲搬到了莫里斯的住处——纽约皇后区的一个公寓楼里。

斯托尔曼在 15 岁左右时，便经常到图书馆读书，他每周都要读好几本书，内容可能涉及历史、数学或科学。有一段时间，斯托尔曼决定学拉丁语，于是他从一年级的拉丁语教材开始看，用一个月时间看完一本后，下个月再看另一本。

读高中时，斯托尔曼参加了哥伦比亚大学针对高中生的周六编程课程，他开始在真实的计算机上编写程序，这个课程名叫"科学之星计划"。

读完 11 年级①后，斯托尔曼的妈妈根据心理医生的建议，将斯托尔曼转到路易斯·D.布兰德斯高中（Louis D. Brandeis High School）（见图 60-1）学习，布兰德斯高中是以所公立学校，位于 84 街。在这所学校里，很多文科和艺术课程都是必修课，斯托尔曼再也没办法躲过这些课程了。大约 1 年后，斯托尔曼以很优秀的成绩从这所高中毕业。虽然他仍然不喜欢写作文，但是英语的成绩很不错（96 分）。

图 60-1 位于 84 街的布兰德斯高中

1970 年秋，斯托尔曼进入哈佛大学学习数学和物理。读大一时，斯托尔曼的数学成绩特别优秀。

1971 年，当大一即将结束时，斯托尔曼听说学校附近的 MIT（麻省理工

① 美国的小学 5 年，初中 3 年，高中 4 年，11 年级相当于中国的高二。

学院）有个特殊的实验室，里面正在研究他感兴趣的 AI（人工智能）技术。哈佛大学的数学系和物理系都与 MIT 距离很近，只有 3 公里多，步行半个多小时就到。当斯托尔曼找到 MIT 校园边上的科技广场，来到位于 9 楼的 AI 实验室时，他立刻就感到一种不同的氛围。与哈佛大学计算机实验室的严格管理方式不同，MIT 的 AI 实验室很开放，没有门卫，并且也没有像哈佛大学计算机实验室那样到处贴"严禁触摸"的标签。

斯托尔曼走进 AI 实验室，不知道如何才好，于是怯生生地走到一个人面前，询问是否可以给他一份用户手册。对方很热情，问了斯托尔曼的基本情况后，立刻就给了斯托尔曼一个到这里兼职的机会。

MIT 的 AI 实验室成立于 1959 年，由马尔温·明斯基（Marvin Minsky）和约翰·麦卡锡（John McCarthy）创建。1963 年，AI 实验室的成员加入 MIT 与美国军方合作的 MAC（Multiple Access Computer 和 Machine-Aided Cognition）项目，旨在研发基于 CTSS 的下一代分时操作系统。1970 年，在马尔温·明斯基的努力下，AI 实验室从 MAC 项目中独立出来。独立出来之后，明斯基的很多同事先后聚集到 AI 实验室，包括 LISP 专家理查德·格林布拉特（Richard Greenblat）和数学家比尔·高斯伯（Bill Gosper），此外 AI 实验室还招聘到一些包括斯托尔曼在内的优秀程序员。AI 实验室的成员喜欢自称黑客（Hacker），以代表他们对计算机技术的精通和执迷。

因为 MIT 校园就在波士顿的市中心，办公空间一向很紧张，所以 AI 实验室的办公场地严格来说并不在 MIT 校园内，而是在 MIT 校园北面的 NE43 大楼里。NE43 大楼的外观很普通，这是一栋方方正正的灰色混凝土建筑，一共有 9 层，上面的 3 层属于 AI 实验室，剩下的 6 层主要属于 MAC 项目组。

NE43 大楼处于主街和百老汇街交汇的三角地带，详细地址是剑桥主街 545 号（545 Main Street, Cambridge）。NE43 大楼有个通俗的名字——科技广场（Tech Square）。1975 年，MAC 项目改名为计算机科学实验室（Laboratory for Computer Science，LCS）[①]。

斯托尔曼通常周五的下午到 MIT，他在 MIT 或附近的中国城吃一顿中餐后就住在 MIT，一直待到周日的晚上，再吃一顿中餐后，回到哈佛大学。斯托尔曼不喜欢哈佛大学宿舍的饭菜，因此他会尽可能在 MIT 吃晚餐。

---

① 参考 2004 年 3 月 17 日发表在 MIT News 网站上的文章《MIT Leaves Behind A Rich History In Tech Square》。

1973 年，AI 实验室开始研制特别针对 LISP 编程语言进行优化的"LISP 机器"，基本思想是通过专门的硬件单元对 LISP 编程语言的一些语句进行加速。

1974 年，斯托尔曼从哈佛大学毕业，获得物理学学士学位。斯托尔曼曾考虑留在哈佛大学，但他最终决定去 MIT 读物理专业的研究生。不过，斯托尔曼在读了一年后就放弃了，改到 AI 实验室工作。

除了"LISP 机器"项目之外，AI 实验室的另一个长期大型项目是操作系统，名为 ITS，意思是"不兼容的分时系统"（Incompatible Timesharing System）。斯托尔曼是 ITS 的开发者之一，ITS 实现了终端无关的显示支持（terminal-independent display support）[①]。

1975 年前后，AI 实验室里的一些人联手改进了 TECO（Tape Editor and Corrector，源自 PDP-1）编辑器，增加了对宏（macro）的支持：用户可以把一组命令录制成一个宏，进而提高编程速度。斯托尔曼是这个项目的主力之一，他还将这个新的编辑器命名为 EMACS（Editing Macros 或 E with Macros），斯托尔曼选择字母 E 是因为在 ITS 中这个字母还没有被使用。图 60-2 展示了斯托尔曼编写的《EMACS 参考手册》的封面局部。

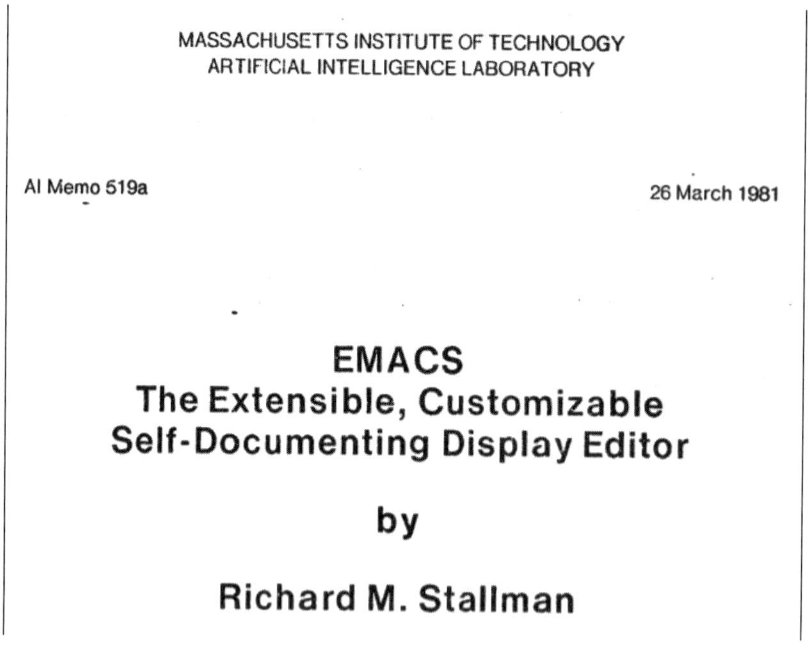

MASSACHUSETTS INSTITUTE OF TECHNOLOGY
ARTIFICIAL INTELLIGENCE LABORATORY

AI Memo 519a   26 March 1981

EMACS
The Extensible, Customizable
Self-Documenting Display Editor

by

Richard M. Stallman

图 60-2　斯托尔曼编写的《EMACS 参考手册》封面局部（来自 MIT）

---

① 参考 GNU 最初的宣言。

1979 年，LISP 机器的软硬件逐渐成熟，大家开始讨论如何把这种技术推广到外界，但他们内部却发生十分严重的分歧。罗素·诺夫斯克（Russell Noftsker）非常看好 LISP 机器的商业前景，建议引入风险投资，按照商业化的方法进行销售和推广。但是格林布拉特不同意，他不愿意进行纯粹的商业化运作，而是希望保持和重建 AI 实验室的"黑客"文化。

双方争论很久，但又都无法说服对方，最后只好从 AI 实验室分出两家公司：一家名叫 Symbolics，由诺夫斯克和 Bill Gosper 一起成立；另一家名叫 LMI（Lisp Machines, Inc.），背后的主要人物是格林布拉特和 Thomas Knight。这两家公司首先争夺的就是 AI 实验室里的人才，Symbolics 从 AI 实验室要走 14 个人，LMI 要走 3 个人。但也有两个人没有加入其中的任何一家公司，一位是斯托尔曼，另一位则是马尔温·明斯基本人。

斯托尔曼虽然没有加入任何一方，但是他不喜欢 Symbolics 的纯商业化作风，认为 Symbolics 破坏了"黑客"文化。因此，斯托尔曼常常暗中支持 LMI。当他看到 Symbolics 做了不错的改动后，便自己想办法实现，然后把开发好的代码分享给 LMI。

MIT 把 LISP 机器授权给了这两家公司，但在授权时，MIT 没有保留可以重新发布这两家公司对 LISP 所做修改的权利。这就带来一个问题，这两家公司都不允许把自己所做的修改放到 MIT 的系统中，更不允许 MIT 把他们的代码分享给第三方，目的都是希望用户逐步切换到自己的系统，让竞争对手破产。

经过这场变故后，AI 实验室一下子冷清起来，这件事对斯托尔曼触动很大，激发他思考如何缓解软件共享和商业竞争的矛盾。

不久后又发生了一件事，对斯托尔曼触动更大。这件事需要从施乐公司向 AI 实验室捐赠新打印机说起。施乐公司捐赠的新打印机（Xerox 9700）使用了先进的激光技术，打印速度非常快，比 AI 实验室的旧打印机快十几倍，但也有个缺点，就是不知道何时会因为卡纸而停工。

在新打印机到来之前，AI 实验室的旧打印机也存在卡纸的问题，但是斯托尔曼利用自己的编程技能给出了一个很完美的解决方法。旧打印机的打印装置和控制单元是分开的，控制程序运行在 PDP-11 小型机上，斯托尔曼找到控制程序的源代码，在关键的地方加入一个检查动作，发现卡纸后，就扫描后面排队的打印任务，同时向执行这些打印任务的人发一封邮件，通知他们打印机卡纸了。收到通知的人里面只要有一位过来取出卡纸，恢复打印机就可以了。斯托尔曼的方法虽然不能根治卡纸问题，但是简单实用。

对于新打印机，斯托尔曼想继续使用原来的方法解决卡纸问题，但是他手里没有新打印机控制程序的源代码。

正当斯托尔曼想方设法寻找新打印机控制程序的源代码时，斯托尔曼听说卡内基·梅隆大学来了一位新教授，这位教授之前在施乐公司的帕洛阿尔托研究中心（PARC）工作过，所在部门就是研发激光打印机的。卡内基·梅隆大学也有 AI 实验室，并且与 MIT 的 AI 实验室互有来往，因此斯托尔曼经常去卡耐基·梅隆大学。于是，斯托尔曼在下一次访问卡内基·梅隆大学时，便找到来自 PARC 的那位教授，他刚好在办公室，简单寒暄之后，斯托尔曼表明了自己的来意——想要一份施乐激光打印机的源代码。话说出口后，斯托尔曼看着对方，期待着对方的答复。出乎斯托尔曼预料的是，对方断然拒绝了："不行，我答应公司不能泄露源代码。"

亲自登门要源代码，却遭到断然拒绝，这让斯托尔曼非常愤怒。斯托尔曼转身就走，用力关上了门。

如果说 AI 实验室里的同事因为 LISP 机器各奔东西，让斯托尔曼失去了在 MIT 工作的快乐土壤；那么不久后发生的打印机事件，则成了激发斯托尔曼改变人生轨迹的强大推力。斯托尔曼不想留在 MIT 继续过普通的生活，他想要开创一番全新的事业。

1983 年 9 月 27 日，美国东部时间 12:35:59，斯托尔曼通过 net.unix-wizards 和 net.usoft 新闻组公布了自己的伟大计划。斯托尔曼发言的主题为"新的 UNIX 实现"（new UNIX implementation），开头的第一句话就是"Free UNIX！"（自由的 UNIX！），如图 60-3 所示。

```
From CSvax:pur-ee:inuxc!ixn5c!ihnp4!houxm!mhuxi!eagle!mit-vax!mit-eddie!RMS@MIT-OZ
From: RMS%MIT-OZ@mit-eddie
Newsgroups: net.unix-wizards,net.usoft
Subject: new Unix implementation
Date: Tue, 27-Sep-83 12:35:59 EST
Organization: MIT AI Lab, Cambridge, MA

Free Unix!

Starting this Thanksgiving I am going to write a complete
Unix-compatible software system called GNU (for Gnu's Not Unix), and
give it away free [1] to everyone who can use it.
Contributions of time, money, programs and equipment are greatly
needed.

To begin with, GNU will be a kernel plus all the utilities needed to
write and run C programs: editor, shell, C compiler, linker,
assembler, and a few other things.  After this we will add a text
formatter, a YACC, an Empire game, a spreadsheet, and hundreds of
other things.  We hope to supply, eventually, everything useful that
normally comes with a Unix system, and anything else useful, including
on-line and hardcopy documentation.
```

图 60-3　斯托尔曼 GNU 计划的最初宣言（来自 GNU 网站）

斯托尔曼说，"从这个感恩节开始，我要开始写一个完整的与 UNIX 兼容的软件系统，名叫 GNU（Gnu's Not UNIX），并把它免费发放给每个需要使用它的人。"

UNIX 自 20 世纪 70 年代初诞生于贝尔实验室后，便开始不断传播，进入 20 世纪 80 年代后，商业化的 UNIX 版本逐步增多。因此，斯托尔曼提出自己要开发另一个系统，这个系统虽然与 UNIX 兼容，但却不是 UNIX，它的名字叫 GNU。

接下来，斯托尔曼描述了 GNU 的蓝图，"在起步阶段，GNU 将是一个内核并加上编写和运行 C 程序所需的各种工具：编辑器、外壳、C 编译器、链接器、汇编器以及其他一些工具。有了这些工具以后，我将增加一个文本格式化工具、一个 YACC（一个用来生成编译器的编译器）、一个帝国游戏、一个电子表格工具以及数以百计的其他东西。最终，我希望能提供 UNIX 系统通常包含的所有有用的工具以及其他一些有用的文档，包括在线文档和硬拷贝（hard copy）的文档。"

最后，斯托尔曼说："GNU 将能够运行 UNIX 程序，但 GNU 不会与 UNIX 一模一样。我会根据自己使用其他操作系统的经验进行各种改进。"

斯托尔曼发表 GNU 计划的最初宣言的时间是 1983 年 9 月。斯托尔曼在宣言中提到从感恩节开始行动，但实际上，斯托尔曼是在 1984 年 1 月辞去自己在 MIT 的工作，开始全身心投入 GNU 事业的。

因为编译器是开发软件的必备工具，所以 GNU 计划启动后，斯托尔曼首先想到的就是开发一个编译器。斯托尔曼听说有一个名叫 Free University Compiler Kit 的编译器，但联系到作者后对方表示，虽然名字中含有 Free，但这个编译器并不是免费的。于是斯托尔曼决定，GNU 项目的第一个程序便是支持多种语言和平台的编译器。

1984 年 9 月，斯托尔曼开始开发 GNU 版本的 EMACS。GNU 版本的 EMACS 于 1985 年年初基本完成，可以使用。斯托尔曼把开发好的 GNU EMACS 发布到了 MIT 的匿名 FTP 服务器（prep.ai.mit.edu）上。但是当时由于很多人无法上网，因此斯托尔曼宣布：需要的人只需要付 150 美元，就可以给对方邮寄一份。

1985 年 10 月，斯托尔曼与几位好朋友一起成立了自由软件基金会（Free Software Foundation，FSF），创始的董事会成员除斯托尔曼外，还有杰拉德·杰伊·萨斯曼（Gerald Jay Sussman）、哈尔·埃布尔森（Hal Abelson）和罗伯特·查塞尔（Robert Chassell）。萨斯曼和埃布尔森是 MIT 的教授。查塞尔曾在 LMI 工作，是一名程序员。

FSF 成立之初没有正式的办公室，董事会成员查塞尔兼财务、出纳和资产保管员，他把所有东西都放在自己的桌子下。一两个月后，LMI（Lisp Machines，Inc.）给 FSF 提供了一些地方，并且允许 FSF 使用 LMI 的地址与外界联系，收发邮件。这个地址便是出现在第一期"GNU 简报"上的马萨诸塞大道 1000 号（见图 60-4），完整的写法如下：

```
Free Software Foundation, Inc.
1000 Mass Ave
Cambridge, MA 02138
```

图 60-4　成立之初，FSF 在这栋大楼里办公

　　LMI 为 FSF 提供办公场地的主要原因是斯托尔曼与 LMI 的关系很好，斯托尔曼曾经帮助 LMI 对抗竞争对手 Symbolics。

　　马萨诸塞大道 1000 号离斯托尔曼喜欢的 MIT 校园不远，与他当时居住的前景街 166 号（166 Prospect St）更近。斯托尔曼的住处大约在马萨诸塞大道 1000 号和 MIT 校园的中间，他步行到 FSF 办公室大约 15 分钟，步行到曾经工作过的科技广场大楼也是 15 分钟。马萨诸塞大道 1000 号离斯托尔曼的母校哈佛大学也不远，就在查尔斯河的另一侧。相比哈佛大学，斯托尔曼更喜欢 MIT 的"黑客"文化和轻松氛围。

　　大约在 1986 年年初，伦纳德·H.托尔（Leonard H. Tower）成为自由软件基金会的第一名全职员工。1947 年，托尔出生于美国纽约市，1971 年从 MIT 毕业。加入 FSF 后，托尔参与开发了 GCC、diff 等很多程序，他在 FSF 一直工作到 1997 年。

　　除全职员工外，还有一些人以志愿者身份为 FSF 做贡献，较早加入志愿者队伍的有杰里·普佐（Jerry Puzo）等人。杰里不仅帮助处理邮件、邮寄磁带（当时用来存储软件），他还是第一期"GNU 简报"（GNU's Bulletin）的编辑。在第一期的"GNU 简报"中，开篇以"GNU 动物园"为标题介绍了 GNU 的成员，这篇文章把 GNU 的每个成员比喻成一种动物：斯托尔曼被比喻为豪猪，杰里被比喻为海鬼，两位澳大利亚人迪安·L.埃尔斯纳（Dean L. Elsner）和理查德·米纳里克（Richard Mlynarik）分别被比喻为鸭嘴兽和袋鼠（埃尔斯纳加入 FSF 后负责 GNU 的汇编器，米纳里克是 GNU EMACS 高手），来自美国西海岸的保罗·鲁宾（Paul Rubin）被比喻为蜘蛛（鲁宾把 GNU EMACS 的各种命令编成了一张卡片，以便于用户快速找到想要的命令，鲁宾还为新版的《GNU EMACS 参考手册》设计了漂亮的封面）。埃里克·艾伯特（Eric Albert）于 1986 年 1 月 24 日加入 FSF，负责优化 GNU 的 LD 程序，此时 GNU 相比 UNIX 已经快很多，艾伯特把自己比喻为鳞鲀——夏威夷独有的一种稀有鱼类。上述成员都是在 1986 年 3 月之前加入 FSF 的。

完成 GNU EMACS 后，斯托尔曼开始开发 GNU 的调试器，名叫 GDB。GDB 借鉴了伯克利 UNIX 的 DBX 调试器，可以看作对 DBX 功能的进一步扩展。

1986 年 10 月左右，FSF 发布了 GDB 的第一个版本。

1987 年年初，UNIX 中的一些经典工具都有了 GNU 版本，包括 ls、grep、make 和 ld 等。

1987 年 3 月 22 日，FSF 发布了 GCC 的第一个版本，仍放在 MIT 的匿名 FTP 服务器上，用户可以免费下载或支付 150 美元让 GNU 邮寄。GCC 的英文全称是 GNU C Compiler，在加入多种语言支持后，英文全称改为 GNU Compiler Collection，但仍简称 GCC。

大约在 1987 年年底，日本东京的 SRA（Software Research Associates）公司向 GNU 捐赠 1 万美元，这是 GNU 成立以来收到的第一笔大额捐赠[①]。

SRA 公司成立于 1967 年 11 月 20 日，创始人是岸田孝一。1936 年，岸田孝一出生于日本东京，1955~1961 年在东京大学学习天文专业。读大学时，岸田孝一就已经开始编程，兼职开发软件。1961 年毕业后，岸田孝一加入 OKI 商务机器公司（冲电气工业株式会社），后于 1967 年创立 SRA 公司。

除现金外，SRA 公司还向 GNU 捐赠了一台索尼工作站，并且答应派一名开发人员，为 GNU 免费工作 6 个月（SRA 公司实际派了两名员工——美惠子与其丈夫引地信之）。

1988 年年初，GNU 团队更换办公场地，从成立之初的马萨诸塞大道 1000 号（1000 Massachusetts Ave）搬到同一条街的 675 号（见图 60-5）。

---

① 参考 1988 年 2 月发表的"GNU 简报"第 1 卷的第 4 期。

图 60-5　FSF
办公过的马萨诸
塞大道 675 号
（图中右前方的
高楼）

大约在 1988 年年初，乔尔·比翁（Joel Bion）、马克·鲍什克（Mark Baushke）和林恩·斯莱特（Lynn Slater）一起创作了《GDB 之歌》[①]。歌词如下：

When you're learning to sing, its Do, Re, Mi; （学习唱歌时，是 Do、Re、Mi；）

When you're learning to code, its G, D, B. （学习编程时，是 G、D、B。）

G, D, B.（背景音）

The first three letters just happen to be, G, D, B.（前 3 个字母刚好就是 G、D、B。）

G, D, B.（背景音）

（合唱）

G!,

GNU!, it's Stallman's hope（它是斯托尔曼的梦想），

B,

---

① 资料引自 GNU 官网。

A break I set myself（一个我自己设置的断点）.

D,

Debug that rotten code（调试腐烂的代码）.

Run（运行），

A far, far way to go（有很远、很远的路要走）.

1988 年 3 月，美惠子与其丈夫引地信之来到美国波士顿，他们是 SRA 公司的员工，代表 SRA 公司为 GNU 工作，他们的一切费用都由 SRA 公司承担。引地信之参与 GCC 的开发，美惠子起初的工作是把 GNU 的各种文档翻译为日文，后来她又帮助编辑和检查文档，并在"GNU 简报"上撰写"GNU 在日本"专栏。在 1988 年 12 月举办的日本东京 UNIX 博览会上，德川藤川介绍了 GNU，并且发放了 500 份由美惠子翻译的日文版"GNU 简报"。

1989 年上半年，GNU 收到一位不愿透露姓名的英国人捐赠的 10 万美元，此外还收到惠普公司捐赠的 10 万美元以及由开放软件基金会（Open Software Foundation）捐赠的 2.5 万美元，这些捐赠让 GNU 招聘了多位全职员工。

美惠子和引地信之回到日本后，继续为 GNU 做贡献。在 1990 年 12 月举办的 JUS 研讨会（JUS Symposium）上，他们组织了一次 GNU 聚会（GNU BOF）。

进入 20 世纪 90 年代后，GNU 的编辑器、编译器、调试器、构建工具和其他各种工具先后进入成熟状态，但作为操作系统核心的内核部分却一直难产。1986 年年初，斯托尔曼想使用 MIT 教授史蒂夫·沃德（Steve Ward）开发的 TRIX，TRIX 兼容 UNIX，但 TRIX 是在旧的摩托罗拉 68000 上开发的，有大量移植工作要做。1986 年 12 月，针对 TRIX 的开发工作开始。但在 1987 年上半年，斯托尔曼对 MACH 内核产生了兴趣。MACH 内核是由卡内基·梅隆大学的理查德·拉希德（Richard Rashid）教授开发的，使用了微内核设计——最敏感的内核代码运行在一个单独的地址空间，文件系统等执行体以服务的形式运行在其他的地址空间，因此微内核具有更好的安全性。但因为内核和执行体不在同一个地址空间，需要频繁进行通信、性能较差，所以使用 MACH 内核的人不多。

MACH 内核的另一个问题是许可证，起初因为包含 BSD 的文件系统，MACH 的开发者同意替换为自由代码或者搬动用户空间，完成时间先是定为 1988 年 12 月，后来又改为 1990 年 5 月。在等待 MACH 内核期间，斯托尔曼开始考虑使用 BSD 内核。

1991 年春，一直进展缓慢的 GNU 内核开发终于向前迈了一大步，旨在基于 MACH 内核构建 GNU 内核的 GNU Hurd 开发工作启动，架构师是托马斯·布什内尔（Thomas Bushnell）。根据布什内尔的解释，Hurd 的英文全称为 Hird of UNIX-Replacing Daemons，而 Hird 又是 Hurd of Interfaces Representing Depth 的缩写，二者可以相互引用。现实中，人们更愿意把 Hurd 理解成 MACH 内核上的一群服务[①]。

GNU Hurd 项目虽然开始了，但是进展缓慢。为了为 FSF 募集资金和宣传 GNU，斯托尔曼经常到世界各地演讲，他希望通过宣讲自己的软件理念，争取到更多的支持者。为了加快 GNU 项目的开发速度，斯托尔曼既是核心领导者，也是重要的开发者，他亲自编写了大量代码和文档。为了降低旅行对开发进度的影响，斯托尔曼经常在旅行中拿出笔记本电脑，随便找个地方就坐下来，进入工作状态，开始写代码或文档（见图 60-6）。

图 60-6 工作中的斯托尔曼（拍摄于秘鲁兰巴耶克文化遗址，获斯托尔曼先生授权使用）

正当 GNU 内核的开发工作举步维艰之际，另一个自由的内核出现了。对于斯托尔曼和他的 GNU 计划来说，是多了一个伙伴还是一个竞争对手呢？

---

① 参考 1991 年 6 月发表的 "GNU 简报" 第 1 卷的第 11 期。

参考文献

[1] 威廉斯.若为自由故[M].邓楠，李希凡，译. 北京：人民邮电出版社，2015.

第 61 章　1985 年，C++

　　1950 年 12 月 30 日，比亚尼·斯特劳斯特鲁普（Bjarne Stroustrup）出生在丹麦的奥胡斯（Aarhus）郡。比亚尼的父亲是名工匠，少年时便辍学开始靠双手谋生，年轻时经常去干铺设地板的活，后来到医院里做搬运工。比亚尼的母亲受过中等教育，是名书记员。到了读书的年龄，比亚尼被父母送到离家不远的学校上学。这所学校虽然不太好，但比亚尼还是通过努力考上了高中（见图 61-1）。

图 61-1　高中时的比亚尼（大约拍摄于 1967 年，获比亚尼授权使用）

　　高中毕业后，比亚尼考上一所非常好的大学——奥胡斯大学（Aarhus University）。奥胡斯大学是丹麦最好的大学，经常出现在世界前 100 所大学排名中。

　　比亚尼在 1969 年考入奥胡斯大学，所学的专业是计算机科学。比亚尼选择这个专业并不是事先就想好的，而是误打误撞。高中毕业时，与很多同学一样，比亚尼也没有想好自己将来从事什么工作。比亚尼想过成为历史学家，因为他一直很喜欢历史。比亚尼还想过当建筑师、社会学家、工程师等。

比亚尼想过考哥本哈根工程大学，但考虑到自己的家境并不是特别好，到哥本哈根那样的大城市学习 6 年要花很多钱，他放弃了，改为选择奥胡斯本地的大学。但奥胡斯没有工科大学，比亚尼考虑到自己高中时的数学成绩不错，同时他想学一些实用的东西。于是，比亚尼便想选一个应用数学方面的专业。他选了一个看起来像应用数学的专业，其实这个专业就是计算机科学（丹麦语的专业名词中并没有计算机字样）。

进入大学后，比亚尼仍觉得自己学的是应用数学，直到上了大学二年级，在学了很多编程、数据结构和计算机原理的课程之后，他才意识到自己学的不是数学专业。但这时比亚尼已经对编程发生了兴趣，计算机方面的其他知识也都挺有意思，于是他没有再改自己的专业。

课余时间，比亚尼喜欢上一本书，书名是《为数字计算机构建编译器》（Compiler Construction for Digital Computers），作者是大卫·格里斯（David Gries）。这本书使比亚尼对编程语言产生了兴趣，他懂得了如何实现一种编程语言。读大学期间，比亚尼一共学习了 20 多种编程语言。

除了编程语言，比亚尼对操作系统、微指令编程（microprogramming）和硬件架构也非常感兴趣。比亚尼花很多时间实现了马丁·理查兹（Martin Richards）描述的 O 码机（O-Code Machine），并以微指令方式实现了每条 O 码指令，这样就可以使用硬件来执行 BCPL 程序的中间码（称为 O-Code）。用今天的话来讲，这种执行方式与 ARM 架构中让 CPU 直接执行 Java 程序的字节码十分类似。

除了在校内寻找实践机会之外，比亚尼还从校外寻找实习机会，他曾在宝来公司实习了很长时间。除了写代码，比亚尼还经常跟着销售人员去拜访客户，了解客户的需求，然后开发演示程序，展示给客户看，客户满意签了合同并付款后，再进行完整的实现。有时候，比亚尼也会到客户现场察看软件的安装过程，了解客户实际使用软件的情况。有一次，比亚尼发现客户是做教育的，于是他便坐下来与孩子们聊天，因为他意识到如果把代码写错了，就可能伤害到孩子们。在宝来公司的这段实习经历让比亚尼见识了完整的软件开发过程，从了解需求到初步设计，再到发生意外后应该如何处理等等。这段经历也让比亚尼意识到：要构建出与客户需求完美匹配、可靠性高，同时又让客户能负担得起的系统并不是一件容易的事，需要的能力在课堂上是学不到的。

1974 年春，因为微码编程硬件方面的事情，比亚尼到英国出差。在英国待了一段时间后，比亚尼发现那里有很多有趣的计算机，并且有很多东西值得学习，于是他便想在英国多待些时间。怎么才能做到呢？他想到一个办法，就是申请读博士。

在确定了读博的方向后，比亚尼便向自己知道的几所大学发出了申请。比亚尼发出的申请很快就有了回应，这几所大学都接受了他的申请。正当比亚尼准备选纽卡斯尔大学时，他的女朋友（后来的妻子）给了他一个建议：如果有剑桥大学的邀请，那么应该选剑桥大学。

根据女朋友的建议，比亚尼向剑桥大学发出了申请并且得到面试的机会。面试比亚尼的便是莫里斯·威尔克斯（Maurice Wilkes）和罗格·尼达姆（Roger Needham）。莫里斯是 EDSAC 的总设计师，也是剑桥大学计算机学科方面的带头人，同是还是微码编程的发明者。罗格在 1962 年加入剑桥大学数学实验室（1970 年改名为计算机实验室），后来成为剑桥大学的副校长和微软欧洲研究院的首任院长。

面对眼前的这位年轻人，两位资深的面试官轮番提问。当其中一人提问时，另一人便在旁边听。一个问题结束后，刚才听的人提问，前面提问的人则一边听，一边准备下一个问题。对于接受面试的比亚尼来说，他并不清楚面前坐着的是什么人。比亚尼只管根据问题把自己知道的东西都讲出来，并且一一做了详细解答。在交谈了半个多小时后，问题转到未来的研究方向，比亚尼在侃侃而谈了一阵后，两位面试官对比亚尼说，"你说的完全不对"。这一下子让比亚尼有点不知所措，他只好在紧张的面试现场调整思路。整个面试一共持续大约 105 分钟。多年之后，当比亚尼因为获得美国计算机历史博物馆的院士荣誉而接受采访时，他仍对这次面试经历记忆犹新，因为他以后"再也没有经历过就像那次面试一样困难的 1 小时 45 分钟"。

虽然面试过程很痛苦，但结果却非常让人愉快，比亚尼通过了面试。这不仅满足了女朋友的心愿，比亚尼也为自己走出关键的一步。这一步让他迈入了在全世界都享有声望的剑桥大学计算机实验室。

得到去剑桥大学读博士的机会后，比亚尼回到丹麦，继续在奥胡斯大学完成了本科和硕士学业，时间是 1975 年。

从奥胡斯大学毕业后，比亚尼来到英国，开始了自己在剑桥大学的读博生活，他的导师便是 EDSAC 的设计者之一——戴维·惠勒（见图 61-2）。惠勒在 1945 年进入剑桥大学学习，并在读硕士期间参与了 EDSAC 的开发，享有"EDSAC 的第一位程序员"的美誉。惠勒在为 EDSAC 编写软件时，实践并总结出子函数和软件库的思想，他是子函数的发明者。1951 年，惠勒获得剑桥大学的第一个计算机科学博士学位，他的导师便是莫里斯。

图 61-2　戴维·惠勒　（拍摄于 2002 年 5 月 1 日，照片由剑桥大学 Simon Moore 教授提供）

在正式开始读博士的第一天，比亚尼走进惠勒的办公室。在做了简单介绍后，比亚尼找了个位置坐下来，想听听导师安排自己做什么。比亚尼没想到惠勒提出了一个问题："你知道读博士和读硕士的差别在哪里吗？"

比亚尼回答："不知道。"

惠勒说："如果一定需要我告诉你应该做什么，那么你就是来读硕士。"

比亚尼明白了，导师是希望自己寻找研究方向。因为已经有了硕士学位，按照剑桥大学的教学制度，比亚尼不需要再学任何课程，他要做的就是选择研究课题。

起初，比亚尼觉得自己有很多伟大的想法，选择研究课题不是什么难事，于是他在做了些准备后，便再次来到惠勒的办公室。比亚尼坐下来，信心满满地向惠勒介绍了自己的想法。惠勒坐在那里听完介绍后，仿佛已经深思熟虑过，很认真地说："你说的对，比亚尼。这是个不坏的主意。不过，你知道吗？我们在做 EDSAC II 时，差一点就做了。"听了这话，比亚尼的心情立刻一落千丈。EDSAC II 是 20 世纪 50 年代的项目，那时比亚尼还没有上中学，比亚尼自以为很好的想法，惠勒在差不多 20 年前就考虑过了，现在肯定不值得做了。在比亚尼仿佛变成一个泄气的皮球后，惠勒开始滔滔不绝地演说，他仔细解释了当初为什么没有做这个方向，而实际上又做了什么方向，实际做的方向遇到了哪些问题，他们又是如何解决这些问题的等等。在惠勒翻来覆去讲了一个小时后，比亚尼心服口服。

过了几天，比亚尼在准备了一个新的想法后又向惠勒汇报，没想到情况与第一次汇报时几乎一模一样。在连续受挫后，比亚尼总结出一些规律。看来惠勒教导学生的风格是这样的：首先听学生兴高采烈地介绍想法；然后非常礼貌地开始反驳，直到对方千疮百孔、体无完肤；最后，就着这个主题和相关的领域做一场即席演说。比亚尼总结出的另一个规律，就是与惠勒见面也不能太频繁，比较适合每周见一次面。

除了定期见自己的导师之外，比亚尼还经常去见面试过自己的罗格·尼达姆（见图 61-3）。罗格对学生很亲切，他经常和学生们一起吃中饭，而且喜欢喝杯酒。学生们下午还要上课不能喝酒，罗格便自己喝。比亚尼经常与罗格讨论技术问题。与惠勒的风格不同，罗格在讨论问题时喜欢在房间里走来走去。比亚尼如果站在屋子的中央，就需要跟着罗格的步伐不停地把头转来转去。一段时间后，比亚尼找到一个与罗格谈话的关键技巧，就是在进入讨论热点之前，先站到房间的一角，这样当罗格走来走去的时候，自己就不需要把头转来转去了。

经过一年多的调查、分析以及与惠勒和罗格的讨论后，比亚尼终于选定自己的博士研究方向，就是分布式计算。

选择分布式计算作为研究方向在当时可谓超前于时代，因为要想做分布式计算，就必须把多个计算机系统通过网络连接在一起，但当时剑桥大学的局域网还没有搭建好，于是比亚尼只好用软件来模拟分布式系统。比亚尼选择使用 Simula 语言来实现自己的模拟系统。

图 61-3　罗格·尼达姆

Simula 是一种仿真编程语言，由挪威计算中心的奥利-约翰·达尔（Ole-Johan Dahl，1931—2002）和克里斯滕·尼高（Kristen Nygaard，1926—2002）设计。Simula 的第一个版本（Simula I）是在 1961～1965 年设计的，另一个更著名的版本 Simula 67 是在 1965～1968 年设计的。

Simula 语言的基本思想是把软件世界看作对现实世界的仿真，编写软件的基本方法是在软件中模拟现实世界。为此，Simula 语言引入了对象、类和继承等概念。Simula 是最早的面向对象编程语言。2001 年，Simula 语言的两位设计者一起获得图灵奖。

比亚尼在奥胡斯大学读书时就学习了 Simula 语言，而且是向克里斯滕本人学习的。

比亚尼在把自己的模拟系统用 Simula 语言实现出来以后，便到剑桥大学的大型机上做实验，希望可以得到满意的数据。但是比亚尼的模拟器只运行了几次后，机器的管理员便找到他，因为比亚尼的模拟器占用的资源太多，影响了其他用户，而且受影响的用户有天文学家、化学家、计算机科学家等。

为了继续做实验，比亚尼只好换计算机。他换了一台很少有人用的剑桥大学自己研制的特殊计算机，名叫 CAP。CAP 计算机的结构非常特别，编程方法也很少有人听说过。以上因素导致 CAP 计算机很难用，如此一来，那些天文学家、化学家和计算机科学家也就不会与比亚尼争资源了。但是，因为 CAP 计算机不支持 Simula 语言，所以比亚尼原来用 Simula 编写的代码需要重写。比亚尼有两个选择：要么使用 ALGOL 68C，要么使用 BCPL。比亚尼在奥胡斯大学实现过 BCPL 的 O 码解释器，他对 BCPL 很熟悉，于是比亚尼选择了 BCPL。

比亚尼在把原来用 Simula 编写的模拟程序用 BCPL 重写后，发现原来十分漂亮的语言结构没有了，一些用来帮助调试的信息也没有了。比亚尼只好使用非常简陋且效率低下的方法来寻找问题，痛苦而漫长的调试过程耗费了比亚尼很多的心血，他的头发掉了差不多一半。

在耗费大量精力把用 BCPL 编写的模拟程序在 CAP 计算机上跑起来后，模拟程序的运行速度非常快，得到的数据也十分令人满意，比亚尼顺利获得剑桥大学的博士学位。

把程序代码从 Simula 转换到 BCPL 的过程，在比亚尼的脑海中打下深刻烙印。用 Simula 写的程序虽然漂亮，但是运行速度慢；用 BCPL 写的程序虽然速度很快，但是代码的可读性太差，根本谈不上优雅。但比亚尼又不得不选择其一。这次痛苦的经历让比亚尼树立了一个目标：设计一种编程语言，用户不需要在效率和优雅之间做选择，而是可以兼具。这一目标成为引领比亚尼后来成功的灯塔。

博士毕业后，比亚尼曾想回丹麦，但那里的工作机会都没有什么吸引力。正当比亚尼对未来感到迷茫时，他突然想到了一次谈话。剑桥大学计算机实验室的国际知名度很高，并且与美国的贝尔实验室有很多联系。有一次，贝尔实验室的几个人到剑桥大学出差，比亚尼陪着他们吃饭和闲逛，他们一起坐在酒吧里边喝边聊。在聊天过程中，贝尔实验室的人对比亚尼说："当你想找工作时，给我们打个电话。"

抱着试一试的想法，比亚尼拨通了贝尔实验室的电话，接电话的是桑迪·弗雷泽（Sandy Fraser）。弗雷泽说："好的，你可以过来转转。虽然我们无法承诺为你支付旅费，但是过来转转吧，做个演讲，我们谈一谈。"

渴望机遇的比亚尼听完后，便购买了机票，远越重洋从英国飞到美国，辗转一番后，比亚尼到了新泽西，见到了弗雷泽。

弗雷泽对比亚尼说："坐下。"

比亚尼说："什么？"

弗雷泽又说："坐下。"

比亚尼这下听清楚了，他拉把椅子坐了下来。

弗雷泽说："你来得真不是时候。我们没有任何职位。"

比亚尼听了弗雷泽的话，就像被泼了一盆冷水。比亚尼本来期望能像当年在剑桥大学申请读博时那样接受一场技术面试，但却没想到对方根本没给自己机会。想到自己大老远从英国赶过来，身上带的钱也不多并且还在倒时差，比亚尼顿时感觉筋疲力尽，不知道如何是好。

双方沉默了一会儿后，弗雷泽带着比亚尼来到一个更注重研发的贝尔实验室分支机构，让比亚尼在那里做一场演讲。多年的积淀再加上想要施展才华的急切心情，让比亚尼的演讲非常精彩，打动了在场的每个人，包括弗雷泽。比亚尼演讲结束后，弗雷泽改变了主意，他把比亚尼请到自己的车里，一路奔驰到了 1127 中心，然后安排人对比亚尼做了一场完整的面试。一周之后，比亚尼收到 1127 中心的工作邀约，比亚尼远跨重洋的面试之旅取得圆满的结果。这次面试的时间是 1978 年的夏天。

1979 年 3 月，比亚尼告别生活了 3 年多的剑桥大学，带着妻子和女儿举家搬迁到美国的萨米特（Summit），萨米特离贝尔实验室的默里山园区只有 10 分钟左右的车程。

在比亚尼加入之前，1127 中心就已经人才济济，并且因为发明了 UNIX 和 C 语言而名扬天下。比亚尼的办公室在 2 号楼的 2C-521 房间，与里奇的办公室非常近。

来到这样的新环境，比亚尼既感到幸运，又感到很有压力。安顿下来后，比亚尼找到自己的主管弗雷泽，询问自己应该做什么。弗雷泽的回答非常简单："做点有趣的"。

回想起自己当年在剑桥大学第一次接受惠勒导师指导的经历，比亚尼对这个回答已经不再感到惊异，而是感到非常高兴，因为他可以按照自己的想法大干一场。

做什么呢？比亚尼想起自己做博士研究时遇到的问题——不得不在优雅的 Simula 语言和高效的 BCPL 语言之间做出选择，而不能两者兼得。比亚尼一直想开发一种既优雅又高效的编程语言，现在机会来了。C 语言是 BCPL 语言的后代，具有高效的优点，但缺少 Simula 语言的面向对象功能。想到这里，一个伟大的想法浮现在比亚尼的脑海里：设计一种新的编程语言，使其既有 C 语言的高效性，又有 Simula 语言的自然和优雅。

确定好方向后，比亚尼便开始动手，时间是 1979 年 4 月。比亚尼最先设计了类（class）的构造函数和析构函数，前者用来分配资源，后者用来释放资源。因为是在 C 语言的基础上增加"类"这样的面向对象特征，所以比亚尼将自己设计的新语言临时命名为"带有类的 C"（C with Classes）。

6 个月后的 1979 年 10 月，比亚尼完成了一个预处理器，名为 Cpre（C 的前端）。Cpre 可以把使用"带有类的 C"编写的代码翻译成 C 程序，然后交给 C 编译器编译。比亚尼是在 PDP-11/70 小型机上进行开发的，系统的内存为 128KB[①]。

比亚尼的第一个用户是其顶头上司弗雷泽，但不久后，比亚尼就有了其他用户。

有了用户后，比亚尼更加忙碌了。他既需要继续增加功能，又需要编写文档、设计学习教程、教会用户使用等。更麻烦的是，用户一旦遇到问题，就会找比亚尼帮助解决。

1980 年 4 月，比亚尼在贝尔实验室的《计算机科学技术报告》上发表了文章"类：用于 C 语言的抽象数据类型系统"（Classes: An Abstract Data Type Facility for the C Language）。

1982 年春，比亚尼开始设计和实现名为 Cfront 的编译器前端，并于 1983

① 参考 Computer Literacy 网站上的文章《Design and Use of C++ by Bjarne Stroustrup》。

年的夏天完成初始版本。与 Cpre 相比，Cfront 更进一步，是真正意义上的编译器前端。Cfront 实现了完整的语言解析器，可以产生符号表、为每个类和函数生成抽象的语义树、产生内部表示供编译器后端（仍复用 C 编译器的后端）产生目标代码等。

随着用户不断增多，大家对比亚尼设计的新语言有了很多种叫法，有的叫"带类的 C"，有的叫"新 C"，于是有些人不得不把原来的 C 叫"普通 C"或"旧 C"。为了解决这样的混乱局面，比亚尼很想为自己设计的新语言取个独特的名字。1983 年年中，里克·麦塞蒂给比亚尼提了一个很好的建议——叫 C++。这个名字既包含了与 C 的关系，代表这种新语言是在 C 的基础上发展起来的；又表明了与 C 的不同——对 C 有了增加和发展；而且++也刚好是 C 和这种新语言里的运算符。比亚尼采纳了里克的这个建议，1983 年 12 月，C++这个名字开始正式使用。

1984 年，一些大学开始申请使用 C++编译器，比亚尼（见图 61-4）为其发布了特殊的教学版本。申请教学版本的费用是 75 美元，包含编译器的源代码。

1985 年 10 月，C++的第一个商业版本 Cfront 1.0 发布，获得源代码授权的费用是 4 万美元。同年 10 月，比亚尼编写的《C++编程语言》出版，这是关于 C++语言的第一本书。

1989 年，ANSI 成立 C++标准委员会，代号为 J16。1990 年，C++标准委员会的第一次技术会议在新泽西州的萨默塞特（Somerset）举行。

1996 年，贝尔实验室被分拆。比亚尼与弗雷泽一起被分到新成立的 AT&T 实验室，他们离开默里山园区，搬到了弗洛勒姆园区。在那里，比亚尼担任大规模编程研究部（Large-Scale Programming Research Department）的负责人。弗洛勒姆园区与默里山园区相距不远，只有 20 分钟左右的车程，弗洛勒姆园区在大沼泽（Great Swamp）的东北侧。

图 61-4　比亚尼在贝尔实验室（拍摄于 1984 年，照片由比亚尼本人提供）

1998 年，ISO 通过了 C++的第一个标准，这个标准被称为 C++98。

2002 年，比亚尼离开 AT&T 实验室，到得克萨斯农工大学担任计算机科学和工程系（Computer Science and Engineering）的教授。在贝尔实验室积累 24 年的经验之后，比亚尼觉得自己有足够的实践经验来教书育人。

在大学里工作了十几年后，比亚尼意识到大学里的学术研究解决的是抽象问题，经常是对问题做完抽象后再做抽象，问题经过几次抽象后，可能已经与最初的问题关系不大。因此，比亚尼为避免自己偏离现实问题，开始考虑回归软件产业。

2013 年，比亚尼受邀到摩根士丹利（Morgan Stanley）做演讲。可能又是因为演讲太精彩了，比亚尼意外收到一份工作邀约，于是他加入摩根士丹利，工作地点刚好离他的纽约住所不远，也方便他去照看自己的孙儿。

图 61-5　获奖前的比亚尼（拍摄于 2017 年 12 月 1 日，照片由比亚尼提供）

在日常生活中，比亚尼很平易随和，他经常出现在世界各地的技术会议上，分享自己对软件和编程语言的见解。当然，比亚尼讲的大多是自己发明的 C++ 语言。

除了软件之外，比亚尼还喜欢历史，他把 C++ 语言的早期文档和 Cfront 的源代码捐赠给了美国计算机历史博物馆（CHM）[1]。

2015 年，比亚尼获得美国计算机历史博物馆（CHM）的院士荣誉。在接受 CHM 的采访时，比亚尼说："大多数学生是历史文盲。没人教他们历史，他们不懂历史，而且他们认为历史与自己无关。他们认为所有东西都是昨天发明的，一切都是新的。我觉得这是最大的不幸，我认为学校助长了这种风气。另外，不少媒体和舆论在宣传最好的职业就是可以在最短时间内赚到最多钱的。这样的激励是不能长久的。以这种方式取得成功并不好，这些人把自己的童年、青年和壮年都局限在了一个非常窄的领域，只盯着职业而排斥了其他一切，这不是什么好事。我觉得一个人应该多读一些历史，学学如何与人交往。"

2018 年 2 月 20 日，在位于华盛顿的 NAE（美国国家工程院）大楼里，一场盛大的德雷珀奖颁奖典礼正在举行。在 90 多位与会者的瞩目下，比亚

---

① 参考 Paul McJones 发表于 Software Preservation Group 网站上的文章《C++ Historical Sources Archive》。

尼被授予德雷珀奖的奖章和证书，德雷珀奖是美国工程学界最高荣誉，图61-5 所示的照片是比亚尼在获奖前拍摄的。在获奖演说中，比亚尼把 C++语言的成功归功于拥有 400 万成员的 C++社区。在如今最为流行的几大编程语言中，有很多是由商业公司推动的，C++是为数不多的依赖社区力量发展起来的编程语言之一。为此，比亚尼在过去 20 多年里一直投身于 C++标准委员会。在获奖演说的末尾，比亚尼说：“未来的挑战让人生畏。我们必须向年轻人证明他们可以有好的生活、好的朋友，并且能很好地平衡工作和生活，努力工作，建设更美好的世界。我们必须倡导专业精神。我们必须证明生命不是无情地追逐金钱，也不是在职场上向上爬。我们必须鼓励人们去做伟大的事情，要做出他们原本没有想象到的成就，要有所不同。我们的文明必须依赖好的工程师和好的工程，当然还有好的软件。”

参考文献

[1] McJONES P. Oral History of Bjarne Stroustrup [EB/OL]. (2015-05-14) [2022-04-07]. https://mcjones.org/dustydecks/archives/2015/04/06/799/.

第 62 章　1985 年，Windows 1.0

1981 年，苹果公司与微软签订协议，请微软为研发中的苹果电脑开发应用软件。谈判时，苹果公司向微软展示了苹果电脑的原型。正因为如此，协议中有个限制条款，就是要求微软在 1983 年 9 月前不可以发布任何基于鼠标的应用软件。

鼠标的研发始于 20 世纪 60 年代。斯坦福研究院（SRI）的工程师比尔·英格利希（Bill English）在 1964 年制作出第一个鼠标原型。SRI 在 1967 年申请鼠标专利，1970 年获得批准。SRI 把鼠标专利授权给了多家公司，包括施乐、苹果公司等。

1982 年 11 月，在 COMDEX 秋季展会上，VisiCorp 公司展示了一款运行于 IBM PC 上的图形用户界面（GUI）软件，名叫 Visi On。VisiCorp 公司在 1983 年发布了 Visi On，但是没有得到市场的认可。1984 年，VisiCorp 公司被控制数据公司（Control Data Corporation）收购。

DOS 操作系统的界面是字符格式的，与用户沟通的主要媒介是命令——用户通过键盘输入想要执行的命令，软件以字符方式输出执行结果。这种方式对于软件开发者和专业用户来说，快捷高效；但是对于非计算机专业的普通用户来说，他们常常不知道有哪些命令，并且他们也不熟悉命令的各种参数和用法，DOS 不够简单和友好。相对而言，操作图形界面则简单得多，更适合普通用户使用。每天都在思考软件的盖茨当然深知这一点。可能是因为在 1982 年 11 月的 COMDEX 秋季展会上看了 Visi On 的演示，也可能时间更早，盖茨就有了开发 GUI 软件的想法。

1983 年年初，在盖茨的邀请下，斯科特·麦格雷戈（Scott McGregor）加入微软，领导新成立的"交互系统部"（Interactive Systems Group），目标就是开发支持图形界面的窗口系统。

1956 年，麦格雷戈出生于美国密苏里州的圣路易斯，1974 年进入斯坦福大学学习，4 年后获得心理学专业的学士学位和计算机科学专业的硕士学位。

读大学时，麦格雷戈就已经开始在离学校不远的帕洛阿尔托研究中心

（PARC）做兼职，他所在的团队隶属施乐公司的系统开发部（System Development Division）。施乐公司的系统开发部当时正在开发名为"施乐星"（Xerox Star）的软件系统，"施乐星"的窗口系统名叫"云杉"（Cedar），麦格雷戈的主要工作就是开发"云杉"窗口系统。

　　"施乐星"是施乐公司专为 8010 硬件研发的软件系统（见图 62-1），8010 硬件是在施乐·阿尔托计算机的基础上研发的新一代个人计算机。

图 62-1　使用中的"施乐星"软件系统（施乐公司历史照片）

　　1981 年 4 月 27 日，由 8010 硬件和"施乐星"软件系统一起构成的"施乐星 8010 信息系统"（Xerox Star 8010 Information System）正式发布，成为人类历史上第一个具有图形界面的商业化计算机产品。

　　"施乐星"把整个屏幕看成桌面，就好比现实中的办公桌，在桌面上可以用不同的图标来表示各种文件夹和文件（见图 62-2）。用户只需要单击文件夹图标便可以打开对应的文件夹，看到里面的文件。当用户单击文件图标时，"施乐星"便启动应用程序打开对应的文件，把里面的内容呈现给用户。这种面向文档的图形化人机交互方式一直沿用至今。"施乐星 8010 信息系统"的零售价为 16 595 美元，一共销售了数万台。

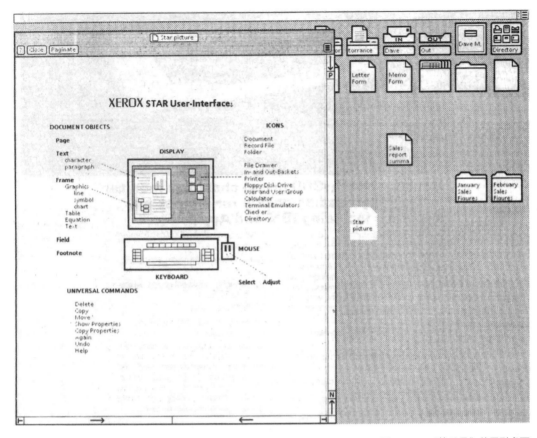

图 62-2　"施乐星"的图形桌面

（右侧是一些文件夹和文件图标，左侧是打开的文档窗口，里面的内容描述的就是"施乐星"的图形桌面）

大卫·坎菲尔德·史密斯（David Canfield Smith）是"施乐星"的用户界面设计师（User Interface Designer），"施乐星"中的一些关键设计元素和思想都来自史密斯。史密斯出生于 1945 年，他在 1967 年从奥柏林学院获得学士学位后，便到斯坦福大学读博士。在斯坦福大学，史密斯结识了在那里做助理教授的艾伦·凯（Alan Kay）。

1975 年，史密斯获得博士学位，史密斯的博士论文名为《Pygmalion：一个用于激发创新思想并对其建模的计算机程序》（Pygmalion: A Computer program to Model and Stimulate Creative Thought）。在这篇论文中，史密斯发明了使用图形表达软件对象的方法，他将这样的图形命名为图标（见图 62-3）。史密斯还在这篇论文中特别讨论了图像对于人类思维的重要意义，他引用了亚里士多德的名言："如果没有任何展示，那么智力就无法活动。"（Without a presentation, intellectual activity is impossible.）

Part II - PYGMALION 67

Chapter 4 : Principles of Iconic Programming 68

A. Introduction 59
B. The PYGMALION Philosophy 70
C. Iconology 71
D. Text Editors as Programming Languages 75
E. The PYGMALION Machine 76
a. Hardware
b. Software
c. Icon "world"
d. BOUNDARY and CONTAINER Attributes
e. Iconic Structures
f. Icon "menu"
g. Icon "mouse"
h. Icon "mouse value"
i. Icon "remembered"
j. Icon "smalltalk"
k. The Design Space
l. Modes of Execution
F. Characteristics of Programming in PYGMALION 89
G. PYGMALION versus Automatic Programming 90

图 62–3 史密斯的博士论文中有关图标的章节

麦格雷戈加入微软后，他发现微软还没有规划好要把窗口系统做成什么样，并且也没有完整的产品设计。项目的最初代号为“界面管理器”（Interface Manager），后来在罗兰·汉森（Rowland Hanson）的提议下改为微软视窗（Microsoft Windows）。

1983 年 11 月，麦格雷戈跟着盖茨和鲍尔默来到纽约。11 月 10 日，他们 3 人出席了微软的新闻发布会，对外宣布微软正在开发图形界面操作系统，名为微软视窗。

1983 年 11 月 29 日，在 COMDEX 秋季展会上，微软向王安、Zenith 等计算机厂商展示了视窗系统。

1984 年 2 月下旬，微软举办了一场技术培训，邀请了一些软硬件开发者，向他们介绍如何基于新的视窗系统进行开发。

1984 年 3 月 23 日，微软在美国西海岸计算机展会（West Coast Computer Faire）上演示了视窗系统。在主题为“用户界面和操作环境”的论坛上，视窗系统的开发者之一约翰·巴特勒（John Butler）介绍了视窗系统的 GDI（Graphics Device Interface，图形设备接口）技术，他还特别提到了开发者可以使用磁盘上的字体文件①。

1984 年 5 月，视窗系统延期到秋季发布，从这个月开始，微软开始向软件开发者发布视窗系统的预览版和 SDK。

1984 年 10 月，原定在 COMDEX 秋季展会上发布视窗系统的计划被迫取消，再次延期到 1985 年 6 月。

1984 年年末，视窗系统的内存开销上升至 156KB。

1985 年 1 月，麦格雷戈离开微软，他离开时的职位是视窗系统的架构师和经理，史蒂夫·鲍尔默（Steve Ballmer）接替麦格雷戈的经理职位。鲍尔默上任后，将坦迪·特罗尔（Tandy Trower）调入视窗系统的开发团队，特罗尔成为这个项目的第 5 位产品经理。

离开微软后，麦格雷戈加入 DEC，成为 DEC 窗口系统的重要开发者。DEC 与 MIT 合作研发了 X Window 系统。X Window 系统是 W 窗口系统的下一代，它们都属于 DEC、MIT 和 IBM 联合研发的雅典娜项目（Project Athena）。DEC 内部给 X Window 系统取名为 DECWindows。直到今天，X Window 系统仍被广泛用在很多 Linux 发行版中。1998 年，麦格雷戈转向半导体领域，加入飞利浦半导体（如今的 NXP 半导体）公司，2001 年升任总裁和 CEO。2004～2016 年，麦格雷戈担任博通公司的 CEO。

1985 年 1 月 31 日，微软发布了视窗系统的内部测试版——4 张 5.35 英寸的软盘中包含了操作系统、开发工具和一些应用。

1985 年 11 月 20 日，微软发布了第一个版本的视窗系统——Windows 1.0，零售价为 99 美元。Windows 1.0 包含的应用程序有计算器、日历、卡片盒、剪贴板、时钟、控制面板、记事本、画笔、黑白棋游戏和终端程序（见图 62-4）。

---

① 参考 1984 年 5 月 29 日的 PC Magazine。

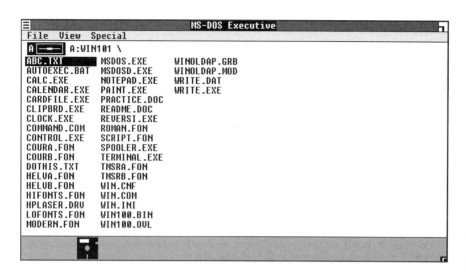

图 62-4　视窗系统中的部分文件

图 62-5 是 Windows 1.0 运行时的界面截图。

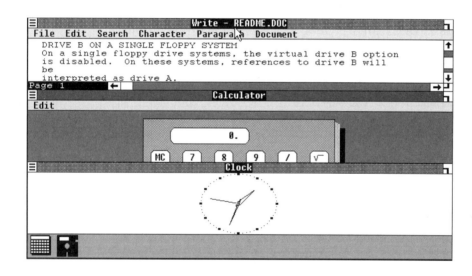

图 62-5　Windows 1.0 运行时的界面截图

1986 年 2 月，微软搬到雷特蒙德的新园区。

1986 年 3 月 13 日，微软上市，市值 5.2 亿美元，盖茨持有其中 45% 的股份，这时微软公司成立已有差不多 11 年。从此，伴随 PC 产业的蓬勃发展，微软公司不断壮大，成为 PC 时代的软件帝国，并且至今仍是软件领域的顶级企业。

1990 年 5 月 22 日，微软在纽约的城市中心剧院（City Center Theatre）发布了 Windows 3.0。Windows 3.0 的最大变化就是使用了与 VMS 类似的虚拟内存技术。硬件方面，英特尔在 1982 年发布的 80286 CPU 中引入了支持虚拟内存的保护模式，应用程序可以运行在保护模式下，这样每个应用程序就有了自己的虚拟内存空间，可用的内存量大大增加。摆脱内存方面的束缚后，Windows 3.0 的窗口操作变得非常流畅，更多的应用程序可以同时运行，多个窗口之间可以相互重叠、自由摆放。

Kiss it goodbye.

Introducing new Windows 3.0.

The graphical user interface (GUI) environment on an MS-DOS® PC and subsequent demise of the "C" prompt, is a reality today. Sure, you say.

Microsoft realizes you may have heard this one before. And we agree that you have every reason to be skeptical.

Well, all of this was before new Microsoft® Windows™ version 3.0. A GUI environment that will forever transform the way you use your PC.

Now, before you wonder what to do with all of your existing DOS applications (to say nothing about your existing DOS experience), the Windows environment works within your MS-DOS system. This is not a traumatic thing.

As a matter of fact, once you see the environment created by Windows 3.0, you'll think quite the contrary.

The first time you see it, you won't believe it. Archaic characters, mundane instructions, and even entire command sequences, have been replaced by a program manager full of clear, friendly icons. You're immediately comfortable.

When you work on more than one thing at a time, you'll quickly reap the benefits. Because the program manager welcomes on-screen multitasking of large Windows applications. Of course, without ever visiting the "C" prompt.

Through something with the complicated name of Dynamic Data Exchange (DDE), you can simplify your life. For example, with DDE, you can change

图 62-6　Windows 3.0 的广告

在 Windows 3.0 的广告（见图 62-6）中，微软告诉用户，有了 Windows 3.0 后，便可以摆脱烦琐的命令行。"你第一次看见它时，你会难以置信。古板的字符、单调的指令，甚至整个命令串都不见了，取而代之的是程序管理器，里面放着清晰友好的图标。你会立刻感觉很舒适。"

"当你在某个时间要做多件事时，你会立刻感到好处，因为程序管理器早已做好准备迎接多任务的视窗界面程序。当然，你根本不用再访问 C 提示符。"

色彩缤纷的 GUI 让用户告别了黑白两色的命令行，可重叠的窗口使用户可以同时呈现多个程序，功能强大、界面友好、操作简单、性能优越，Windows 3.0 征服了很多人。从此，Windows 操作系统走上成功之路。

1990 年 7 月 25 日，微软成立 25 周年。这一年，微软总收入为 11.8 亿美元，成为历史上第一家年收入超过 10 亿美元的软件公司。

1992 年 4 月 6 日，微软发布 Windows 3.1。Windows 3.1 放弃了实模式支持，要求硬件必须支持保护模式，也就是不再支持 8086 和 8088 等旧 CPU，而要求至少是 286 或 386 CPU。除了丢掉实模式的包袱之外，Windows 3.1 还引入了一些新的功能，包括 TrueType 字体、文件拖曳、自带屏幕保护程序、多媒体支持和注册表等。Windows 3.1 发布后大卖，仅在最初的 6 个月就销售了 1600 万份。

盖茨曾说，微软和苹果公司的图形界面都曾受到施乐公司的影响。苹果公司的创始人乔布斯则说："施乐公司本可以拥有整个计算机产业，本可以成为 20 世纪 90 年代的 IBM，本可以成为 20 世纪 90 年代的微软。"

第 63 章　1990 年，万维网

1955 年 6 月 8 日，蒂姆·伯纳斯-李（Tim Berners-Lee）出生于英国伦敦。蒂姆的父母就是本书第三篇介绍过的康韦·伯纳斯-李（Conway Berners-Lee，1921—2019）和玛丽·李·伍兹（Mary Lee Woods，1924—2017）。康韦和玛丽是在费兰蒂公司工作时认识的，他们于 1954 年结婚。蒂姆出生后，家中又有 3 个孩子相继出生。

蒂姆小时候非常喜欢观察火车，他喜欢玩各种火车和铁道模型，是十足的铁道迷。随着年龄的增长，蒂姆的火车模型越来越高级。蒂姆从电子商店买来各种零件，组装后让火车跑起来，在这个过程中，蒂姆对电子技术越来越感兴趣[1]。

1960 年 9 月，蒂姆进入辛山小学（Sheen Mount Primary School，见图 63-1）读书。这是一所公立学校，位于伦敦西南部的里士满（Richmond），靠近泰晤士河。蒂姆入学后不久，校长兼数学老师伦纳德·霍姆斯（Leonard Holmes）就发现他与众不同——课间休息时，很多孩子都到操场上打打闹闹，但蒂姆却喜欢与另外两个孩子讨论各种问题。伦纳德开玩笑地称这 3 个孩子为"小教授"。

1966 年，结束 6 年的小学生活后，蒂姆进入伦敦西南部的伊曼纽尔（Emanuel）私立学校读书。伊曼纽尔学校创建于 1594 年，是一所男女混合私立学校，靠近克拉珀姆枢纽火车站，占地 12 英亩（约 48 562 平方米）。在中学阶段，蒂姆非常喜欢数学、化学、物理等课程，蒂姆的这些课程成绩非常优秀。

1973 年，蒂姆进入牛津大学王后学院学习物理学[2]。大学期间，蒂姆基于摩托罗拉的 M68000 微处理器制作了一台微型计算机——他从一家修理店买来一台旧电视机，并对这台破旧的电视机进行改造：先用电烙铁取下不需要的元器件，再把需要的元器件焊接上去。

图 63-1 蒂姆
童年时就读的辛
山小学

1976 年，蒂姆获得牛津大学物理学学士学位。

大学毕业后，蒂姆进入英国的普莱西电信公司（Plessey Telecommunications Ltd.）工作，工作地点位于英国西南部多塞特（Dorset）郡的普尔（Poole）镇。普莱西电信公司成立于 1917 年，在第二次世界大战爆发之前生产电机和飞机部件，战争结束后转向电子领域进行多元化发展，是英国著名的电子、国防和电信公司。蒂姆参与了普莱西电信公司的分布式事务系统（distributed transaction system）、消息中继（message relay）和条形码等项目。

1978 年，蒂姆离开普莱西电信公司，加入 D. G. Nash 公司，工作地点在多塞特郡的芬当（Ferndown）。蒂姆在这里编写了智能打印机的字体设置软件，此外他还参与了 D. G. Nash 公司的分布式操作系统项目。

1980 年 6 月，蒂姆以独立顾问身份为欧洲核子研究组织（CERN）提供短期编程服务。CERN 是国际知名的核子技术研究中心，总部位于日内瓦。当时，有数千名物理学家和科学家为 CERN 工作，其中有些是长期的，有些只在那里工作了几个月。

在 CERN 工作了一段时间后，蒂姆发现 CERN 缺少分享信息的方法。为 CERN 工作的科学家有很多，他们需要更高效的方法来相互了解对方提供的信息。为此，蒂姆开发了一个名叫 ENQUIRE 的软件。利用这个软件，用户可以创建"卡片"，卡片上既可以包含普通文字，也可以包含链接，链接可以指向其他卡片。ENQUIRE 的含义是询问，蒂姆取这个名字是受自己童年时看过的一本书的启发，书名叫《百事通》（Enquire Within Upon Everything），里面包含大大小小的各种生活常识，从如何除掉衣服上的污渍到如何投资。蒂姆开发 ENQUIRE 软件的初衷是为 CERN 的研究人员建立信息共享系统，让大家可以方便地共享信息，并且可以像查《百事通》一样快速找到自己想要的信息。

1980 年年底，顾问合同结束后，蒂姆离开了 CERN。

1981 年，蒂姆加入约翰·普尔图形计算机系统有限公司（John Poole's Image Computer Systems, Ltd.），这家公司位于英国多塞特郡的伯恩茅斯（Bournemouth）。蒂姆在这里负责软件技术，他参与了很多项目，包括实时控制固件、图形和通信软件、宏编程语言等。

1984 年，蒂姆以研究员身份回到 CERN 工作。蒂姆的主要任务是开发分布式的实时系统，用于获取科学数据或者进行系统控制。其间，蒂姆参与开发了名叫"快总线"（FastBus）的系统软件，他还设计了一个异构的远程过程调用系统（heterogeneous remote procedure call system）。

回到 CERN 后，蒂姆仍觉得 CERN 员工之间的信息共享问题没有解决，于是他一有时间就思考如何解决这个问题，并且他把几乎所有业余时间都用来实现和验证自己的想法[2]。

刚好在这一时期，欧洲的互联网建设开始快速发展。互联网的研发始于 20 世纪 60 年代初的美国，当时美国国防部的高级研究项目局（Advanced Research Projects Agency）资助了一系列分时计算机研究任务，包括像包交换（packet switching）这样的互联网基础技术。1965 年，罗伯特·威廉·泰勒（Robert William Taylor，1932—2017）从 NASA 转到 ARPA 的信息处理技术办公室（Information Processing Techniques Office，IPTO）工作。在罗伯特的办公室里，有 3 个终端分别连接到 ARPA 资助的 3 个分时系统，它们分别位于 MIT、加州大学伯克利分校以及洛杉矶的系统开发公司（System Development Corporation）。罗伯特发现，这 3 个分时系统都有自己的用户，形成了社区，但这 3 个社区之间是隔离的。于是，罗伯特提议建设一个网络，目的是把 ARPA 资助的研究机构连接在一起，他将这个网络命名为阿帕网（ARPANET）。建设阿帕网的设想来自曾经担任 IPTO 主任的约瑟夫·利克莱德（1915—1990，见图 63-2）。

利克莱德在 1962 年 10 月被任命为 IPTO 主任。1963 年 4 月 23 日，利克莱德在 IPTO 内部发表了一份备忘录，名为《星际计算机网络的成员和机构》（Members and Affiliates of the Intergalactic Computer Network）[1]。在这份包含 3000 多个单词的备忘录中，利克莱德设想了一个可以跨越超大范围的集成网络（integrated network），他还预见了建设这样的网络将面临大量的任务和挑战，"将会有编程语言、调试语言、分时系统控制语言、计算机网络语言、数据库（或文件存储和提取语言）以及其他可能的语言。反对或稍微限制这样的膨胀可能是个好主意，也可能不是。"

图 63-2　约瑟夫·利克莱德　（来自 1986 年

1966 年 2 月，罗伯特得到 ARPA 院长查尔斯 •M.赫茨菲尔德（Charles M. Herzfeld）的支持，成立 ARPANET 项目组，赫茨菲尔德从其他项目中给 ARPANET 项目拨了 100 万美元的经费。

罗伯特很早就认识利克莱德。1968 年 4 月，他们在《科学与技术》期刊上一起发表了一篇论文，名为《作为通信设备的计算机》（The Computer as a Communication Device）。在这篇科普性的论文中，他们使用通俗易懂的语言描绘了一幅人类通过计算机网络交流并在网络世界中生活的蓝图。在这篇论文中，罗伯特和利克莱德开篇就大胆地预言："几年之后，人与人之间通过机器交流会比面对面交流更加高效。"（In a few years, men will be able to communicate more effectively through a machine than face to face.）罗伯特（见图 63-3）和利克莱德举了很多例子来描述计算机和网络将给人类工作和生活带来的变化以及这种新方式的优越性。例如，"在使用计算机的项目会议中，听众可以随时翻阅演讲者使用的数据，而不需要打断演讲者要求做细化或解释。"[2]

---

[1] 参考 kurzweil 网站上的文章《Memorandum For Members and Affiliates of the Intergalactic Computer Network》。

[2] 参考利克莱德和罗伯特 1968 年 4 月发表在《科学与技术》期刊上的论文《The Computer as a Communication Device》。

图 63-3　罗伯特·威廉·泰勒（来自罗伯特 2010 年 5 月 3 日接受美国计算机历史博物馆采访的录像）

　　1969 年，罗伯特离开 IPTO。1970 年，罗伯特加入施乐公司刚成立的 PARC，创立了计算机科学实验室（CSL）。在 PARC，罗伯特领导了很多新的研究项目，包括施乐·阿尔托计算机、以太网、PUP（PARC Universal Packet）协议等。

　　1971 年，阿帕网开始运行并得到快速扩展。1981 年，美国国家科学基金会（National Science Foundation）资助建立了计算机科学网（CSNET），这进一步加快了互联网建设和互联网技术的发展。1982 年 3 月，美国国防部把 TCP/IP 协议确定为所有军事计算机网络的标准。

　　1989 年，CERN 成为欧洲最大的互联网节点，这为蒂姆长期思考的信息共享问题打开一扇新的大门。蒂姆的大脑里浮现出一幅非常大的蓝图，在这幅蓝图中，蒂姆把 ENQUIRE 软件放到了互联网中，ENQUIRE 中的超文本技术与互联网结合在了一起，使得全世界的人都能够相互共享信息。

　　1989 年 3 月 12 日，蒂姆向 CERN 的管理层提交了一份申请，名为《信息管理：一个提议》（Information Management: A Proposal，见图 63-4）。在这个提议中，蒂姆描述了一个名为 Mesh 的系统，这个系统使用超文本方式来保存和传递信息。所谓"超文本"，简单来说就是包含标注信息的文本，里面除普通的文字信息外，还有各种标记，通过这些标记可以在文档中嵌入格式描述、链接和其他信息。利用专门设计的展示软件，可以把超文本中的特殊标志呈现为图标、链接或其他敏感区，蒂姆把这些特殊的敏感区称作热点

（hot spot）。用户可以使用鼠标单击这些热点，单击后就可以看到与之关联的信息，可能是打开一张图片，也可能是打开新的超文本，这样就可以在信息的海洋中遨游①。

1990 年，蒂姆的经理迈克·森德尔（Mike Sendall）批准了蒂姆的提议，他同意成立一个项目组来开发蒂姆描述的信息系统。森德尔对这个提议的评价是：尽管有些地方含糊不清，但令人振奋。

得到管理层的支持后，蒂姆开始实现自己的构想。在开始写代码时，蒂姆给这个项目取名为 World Wide Web，简称 WWW（即万维网）。

蒂姆首先做了一些调查，想看看有没有现成的超文本软件可以拿来用。但经过一番调查后，蒂姆决定自行开发。他从客户端做起，于 1990 年 10 月开始设

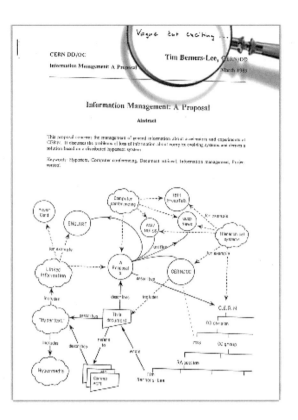

图 63-4　蒂姆所提交申请的封面（照片来自 CERN）

计和编码。蒂姆在 NeXT 系统上使用名叫 NeXTSTEP 的工具开发了一个图形界面程序，他给这个程序取名为 WorldWideWeb。大约在 1990 年 11 月的月底，蒂姆开发的 WorldWideWeb 程序开始工作了，它可以用来创建、浏览和编辑 HTML 格式的超文本文档。

与蒂姆同在一个部门的罗伯特·卡约（Robert Cailliau，见图 63-5）看好蒂姆提出的万维网构想，他十分支持蒂姆的工作。卡约是比利时人，出生于 1947 年，1969 年从根特大学毕业后，他又到美国的密歇根大学读计算机方面的硕士学位。卡约于 1974 年加入 CERN，在同步加速器部门工作。因为在 CERN 工作时间比较久，所以卡约认识的人也多，他到处为蒂姆的项目寻找帮手、机器、资助和办公空间。

1990 年 11 月，卡约为蒂姆找了一名实习生作为助手，名叫尼古拉·佩洛（Nicola Pellow，见图 63-6）。在蒂姆完成 NeXT 系统上的 WorldWideWeb

———————————

① 参考 W3C 官网上的历史页面。

程序后，尼古拉便开始使用 C 语言实现可在其他系统上运行的对应版本，称为行模式浏览器（Line Mode Browser，LMB）。

图 63-5 蒂姆（左）与卡约（右）在万维网 20 周年纪念时的合影（照片版权属于 CERN）

客户端基本完成后，蒂姆开始开发服务端。蒂姆开发了一个后台服务进程并取名为 HTTPd。HTML 的英文全称是 HyperText Markup Language（超文本标记语言），由蒂姆发明，用于在互联网上传输数据，HTTPd 中的 d 代表 daemon（守护进程）。蒂姆的 HTTPd 进程就运行在他的 NeXT 计算机上，蒂姆给这台计算机取名为 nxoc01.cern.ch，其中的 nxoc01 代表 NeXT Online Control 01。为了方便访问，蒂姆还为这台计算机注册了一个域名，名叫 info.cern.ch。

1990 年 12 月 20 日，蒂姆发布了世界上的第一个网站 info.cern.ch，它运行在 CERN 的一台 NeXT 计算机上。

图 63-6 蒂姆与尼古拉·佩洛一起工作时的合影（拍摄于 1992 年，照片版权属于 CERN）

世界上第一个网页的网址是 http://info.cern.ch/hypertext/WWW/TheProject.html，这个网页实际上相当于万维网项目的信息中心。通过访问 info.cern.ch 网站上的网页，访客可以了解万维网项目的工作人员以及相关技术。

到了 1990 年的圣诞节，蒂姆的 WWW 浏览器已经可以在他自己和卡约的 NeXT 计算机上运行了——通过互联网访问 info.cern.ch 服务器。同年，蒂姆与美国计算机程序员南希·卡尔森（Nancy Carlson）结婚，南希当时在瑞士的世界卫生组织工作。对于蒂姆来说，1990 年可谓硕果累累的一年。

尼古拉在 1991 年离开 CERN，返回学校，在 1992 年毕业后正式加入 CERN，继续参与蒂姆的万维网项目。尼古拉着手开发了 Mac 系统上的浏览器，名为 MacWWW。

1993 年 1 月，万维网服务器已经增长到大约 50 个。可以访问万维网的浏览器也已经有好几种，X Window 系统上有 Erwise、Viola 和 Midas，Mac 系统上的 Samba 也已经开始工作。

1993 年 4 月 30 日，CERN 的负责人签署声明，同意把万维网的协议和代码开放给任何人使用，大家不需要支付任何费用就可以创建服务器或浏览器。

1994 年，蒂姆离开工作了 10 年之久的 CERN，到 MIT 工作。在 MIT，蒂姆创办了万维网联盟（W3C），W3C 的国际总部就设在 MIT 校园旁边的科技广场 3 楼。蒂姆宣布万维网是完全免费的，没有专利，不需要支付版税，他希望每个人都可以轻松地使用万维网。

2001 年，蒂姆当选英国皇家学会会员（FRS）[①]。

2004 年 4 月 15 日，蒂姆获得首届千禧技术奖（Millennium Technology Prize），奖金高达 100 万欧元，奖项在同年 6 月 15 日由芬兰总统向他颁发。

2004 年 7 月 16 日，蒂姆被英国女王伊丽莎白二世授予爵士勋位，以表彰他对全球互联网发展做出的贡献[②]。

2004 年 12 月，蒂姆接受英格兰汉普（Hampshire）郡南安普敦大学（University of Southampton）电子与计算机科学学院的计算机科学主席一职，从事语义网的研究[3]。

---

① 参考 "Fellowship of the Royal Society 1660–2015"（英国皇家学会 1660～2015 年奖学金），2015 年 10 月 15 日存档。

② 参考 2003 年 12 月 31 日的 BBC 新闻《Web's Inventor Gets a Knighthood》。

2007 年 6 月 13 日，蒂姆被授予功绩勋章（OM），该勋章仅限 24 名（在世）成员。授予功绩勋章的资格属于英国女王的个人权限，不需要部长或首相推荐[①]。

2009 年 6 月，时任英国首相戈登·布朗（Gordon Brown）宣布，蒂姆将与英国政府合作，改善英国政府的数据库，使其在网络上更加开放和容易检索。蒂姆与奈杰尔·夏伯特（Nigel Shadbolt）教授是 data.gov.uk 背后的两个关键人物。这是英国政府的一个计划，旨在公开大部分官方用途数据，供人们免费使用。

2012 年，蒂姆出席了伦敦奥运会的开幕式。蒂姆坐在一台老式的 NeXT 计算机前发送推特消息 "This is for Everyone"，这条消息通过观众座位上的 LED 灯呈现在巨大的体育场中。简简单单的 4 个单词包含了丰富的信息，代表了蒂姆发明的万维网为全人类做出的巨大贡献（见图 63-7）。

图 63-7　蒂姆出席伦敦奥运会的开幕式（照片版权属于国际奥委会）

2013 年，蒂姆获得首届伊丽莎白女王工程奖（Queen Elizabeth Prize for Engineering）。

2014 年，英国文化教育协会（British Council）在庆祝成立 80 周年时，请来 25 位知名科学家、学者、艺术家、作家、媒体从业者和世界领导人，由他们选出"改变世界的 80 个瞬间"，万维网的发明排在第 1 位。"作为

---

① 参考 2007 年 6 月 13 日的 BBC 新闻《Web Inventor Gets Queen's Honour》。

有史以来发展最快的通信媒介，互联网永远改变了现代生活的形态。我们可以在全世界范围内即时相互联系。"

2017 年 4 月 4 日，蒂姆获得 ACM 颁发的 2016 年图灵奖，以表彰他发明万维网、第一个浏览器以及让万维网不断扩展的基础协议和算法。

2017 年 12 月，蒂姆与其他 20 位互联网先锋联名向美国联邦通信委员会（FCC）递交公开信，敦促 FCC 取消 2017 年 12 月 14 日的投票，以维护网络中立。蒂姆是支持网络中立的先驱者之一。蒂姆认为，互联网服务供应商提供的连接不应附加任何条件，在未经用户明确同意的情况下，不应监测或控制用户的浏览活动。网络中立是人类的网络权利。

蒂姆将超文本系统和传输控制协议、域名系统相结合，发明了万维网。对于这些贡献，蒂姆曾谦虚地说："万维网需要的技术，如超文本系统、互联网和多种字体的文本对象等，大部分此前就已经设计出来。我需要做的只是把它们结合在一起。"但这种结合的价值是巨大的。

参考文献

[1] Lunch with the FT:Tim Berners-Lee [N/OL]. Financial Times, 2012-09-08 [2022-04-07]. https://www.ft.com/content/b022ff6c-f673-11e1-9fff-00144feabdc0.

[2] REGAN G O. Giants of Computing [J]. London:Springer, 2013:39.

[3] BERNERS-LEE T, HENDLER J, LASSILA O. The Semantic Web [J]. Scientific American, 2001, 2841(5):34.

第 64 章　1991 年，Linux

1969 年 12 月 28 日，林纳斯·贝内迪克特·托瓦尔兹（Linus Benedict Torvalds）出生在芬兰首都赫尔辛基的一个讲瑞典语的家庭里。林纳斯的母亲安娜、父亲尼尔斯·托瓦尔兹（Nils Torvalds）、爷爷奥利·托瓦尔兹（Ole Torvalds，1916—1995）都是记者，奥利还是诗人。

童年时，林纳斯和外公很亲密，他喜欢坐在外公的腿上，摆弄外公的电子计算器。林纳斯的外公是统计学方面的教授，名叫利奥·瓦尔德马·土耳其克维斯特（Leo Waldemar Törnqvist，1911—1983），利奥从 1950 年开始就在赫尔辛基大学任教，是土耳其克维斯特指数的发明者，1961 年获得了指挥官级别（Commander）的芬兰雄狮勋章。林纳斯喜欢摆弄的那个电子计算器的速度比较慢，在计算过程中会以闪烁方式表示很忙碌。林纳斯很喜欢先输入一个古怪的数字，再选择速度很慢的计算，比如三角函数，然后看着这个电子计算器不停地闪烁，仿佛在费力地进行计算。

因为出生在 12 月的月末，林纳斯读小学时，他比班里的大多数同学年龄小，个子比多数同学都矮。

大约 8 岁时，林纳斯的父母离婚了。林纳斯与小自己 16 个月的妹妹萨拉（Sara）有时和母亲一起生活，有时和父亲一起生活。林纳斯母亲的经济状况不是很好，她曾拿自己唯一的股票投资到当铺换钱。

1981 年，林纳斯的外公带了一台康懋达 VIC-20 微型计算机回家。VIC-20 是康懋达（Commodore）公司推出的 8 位微型计算机，专为家庭设计。康懋达公司是在 1958 年成立的，最初位于加拿大的多伦多，后来业务扩展到美国。VIC-20 的主机板和键盘是在一起的，以电视机作为显示器。开机后，屏幕上就会显示一个命令提示符，反复闪烁，表示等待输入。林纳斯一边看手册，一边摸索着写程序。林纳斯的第一个程序是用 BASIC 语言编写的：循环输出多个 "HELLO"。

```
10 PRINT "HELLO"
20 GOTO 10
```

有了计算机之后，林纳斯便用自己的零钱买计算机方面的杂志。有一次，林纳斯在杂志上看到一篇关于莫尔斯电码的文章，这引发他思考计算机的深层机制。林纳斯渐渐明白了计算机说的语言并不是像 BASIC 这样的高级编程语言，而是由很多个 0 和 1 组成的机器码。

十二三岁时，与林纳斯非常亲近的外公不幸中风，于 1983 年去世。不久后，林纳斯的外婆也因为无法照料自己住进了医院。于是，林纳斯和妹妹萨拉搬进了外婆原来住的公寓——一栋旧式建筑的一层，位于彼得街 2 号（Petersgatan 2）。公寓里有一个小的厨房和 3 间卧室，萨拉选了最大的一间，林纳斯却故意选了最小的一间。林纳斯的卧室里有一个很暗的壁橱，卧室里的光线不是很好，但这正合林纳斯的心意。为了防止偶尔有阳光照射进来，林纳斯喜欢把很厚的深色外套挂在窗户边，挡住阳光。靠近窗户的地方有个小桌子，刚好用来放 VIC-20，VIC-20 和床之间只有不到两英尺（约 61 厘米）的距离。

芬兰的秋冬两季经常下雨或下雪，比较寒冷。在漫长的冬季里，林纳斯大多数时间坐在计算机前，他觉得计算机乐趣无穷，一坐下来就很开心。

1985 年，林纳斯进入赫尔辛基的诺森高中（Norssen High School）学习。这是一所很小的学校，一共只有大约 250 名学生。林纳斯选择诺森高中是因为在为数不多的 5 所瑞典语学校中，这所学校离自己家最近。

上了高中后，林纳斯便想给自己换一台功能相比 VIC-20 更强大的计算机，于是他想方设法积攒资金：首先是节日和过生日得到的钱，其次是平时攒下的零花钱，最后是林纳斯在暑假里到动物园做清洁劳动赚到的钱。另外，林纳斯的数学成绩一直出类拔萃，所以他几乎每个学期可以得到一笔奖金，最高时有 500 美元。有了这些钱后，林纳斯又向父亲要了一部分。

准备好资金后，林纳斯本想到朋友认识的一个店里买，可以打些折扣，但是没有现货，需要等很久。林纳斯不想等太长时间，他直接来到赫尔辛基最大的书店，书店里有一部分店面是专门经营计算机的。林纳斯直接从柜台买了一台事先已经看好的辛克莱 QL（Sinclair QL），支付了大约 2000 美元。

辛克莱 QL 是英国辛克莱研究（Sinclair Research）公司在 1984 年推出的个人计算机，内部使用的是 8MHz 的摩托罗拉 68008 芯片（68008 芯片是 68000 芯片的第二代产品，但价格比 68000 芯片便宜），内存为 64KB，林纳斯之前使用的 VIC-20 只有 3.5KB 内存。

在用了大约 2000 美元的高价买来辛克莱 QL 后，林纳斯用它做的事情基本就是编程，完成一个程序后便写下一个程序。林纳斯为一种名叫 Forth 的编程语言开发了解释器和编译器。因为这种编程语言很少有人用，所以林纳斯开发的解释器和编译器也没什么用，但是林纳斯觉得很有意思。通过编写这些看似无聊的程序，林纳斯的编程技能不断进步，他接触的软件领域也不断扩大。

为了方便读写软盘，林纳斯买了一个软盘控制器，但是这个软盘控制器自带的驱动程序不好用，于是林纳斯决定自己写一个。他把写好的代码编译后，加载运行，发现也不好用。林纳斯对自己写的代码一向很自信，因此当问题出现后，他首先想到的不是自己写的代码有问题，而是其他代码有问题。

林纳斯写的代码是驱动程序，直接相关的其他代码是操作系统。林纳斯没有操作系统的源代码，但这难不倒他。林纳斯通过使用反汇编工具进行反编译，把二进制形式的操作系统代码逆向成了一串串的汇编指令。林纳斯用自己开发的反汇编器，产生了更好理解的汇编清单。林纳斯开发的反汇编器不仅可以用来查找问题的原因，也可以用来帮助理解软件的内部逻辑。

林纳斯使用反汇编方法找到了问题的原因，原来是操作系统的文档描述有误，文档中说的和实际实现不一样。上述经历让林纳斯第一次发现了操作系统在设计上的不足，也让他深刻感受到操作系统在软件世界里的特殊地位。

解决了软盘控制器的问题后，林纳斯继续开发自己的汇编器和编辑器，它们都是使用汇编语言开发的。从开发效率角度看，林纳斯其实应该使用 C 语言，因为这样可以极大提高开发效率，节约很多时间。但是林纳斯当时并没有想那么多，他觉得只要把自己放飞到代码的世界里，开心就够了。多年后，林纳斯的母亲在接受采访时说，"只要给林纳斯一小间放着计算机的屋子，给他吃一些干面，他就感觉完美，无比开心。"

1988 年，林纳斯进入赫尔辛基大学，学的是计算机科学专业。

林纳斯从小不善于交际，在上大学前他几乎没有什么朋友。但在上了大学后，林纳斯很快就结交了一个好朋友，名叫拉尔斯·维尔塞纽斯（Lars Wirzenius）。他们两人结交的主要原因是：在赫尔辛基大学的整个计算机专业里，只有拉尔斯和林纳斯说瑞典语。

读大学一年级时，林纳斯把自己的辛克莱 QL 留在彼得街的公寓里，放在靠近窗户的一个桌子上。

读完大学一年级后，林纳斯按照政府的要求加入芬兰军队服军役，按照政策，可以选择当 8 个月的普通兵，或者 11 个月的军官。林纳斯选择了后者，成为芬兰军队预备役的少尉（second lieutenant），工作的岗位是发射控制官（fire controller），根据设计目标计算发射参数，让武器瞄准目标。

在 11 个月的军队生活中，给林纳斯印象最深的是野外行军，经常要穿越布满荆棘的森林，晚上就在森林里搭帐篷露营。11 个月的 300 多天中，有 100 多天都是在森林里度过的。

1990 年 5 月 7 日，林纳斯服完军役，他如释重负。因为大二的课程是从秋季开始的，为了深刻感受无拘无束的生活，林纳斯从一位朋友家买了一只小猫，他根据《指环王》中白巫师（Mithrandir）的角色，给这只小猫取名为兰迪。

在等待秋季课程开始的夏季，为了预习秋季的"UNIX 操作系统"课程，林纳斯买了一本书，书名是《操作系统：设计与实现》，第一作者是阿姆斯特丹大学的安德鲁·塔能鲍姆（Andrew Tanenbaum）教授。塔能鲍姆是美国人，1944 年出生于纽约，1965 年从 MIT 获得物理学学士学位，1971 年从加州大学伯克利分校获得博士学位。塔能鲍姆的妻子是德国人，所以他移居荷兰，在阿姆斯特丹大学教授操作系统课程。为了辅助教学，塔能鲍姆开发了一个与 UNIX 兼容的教学用操作系统，名为 MINIX，意为最小的 UNIX。1987 年，MINIX 的第一个版本与塔能鲍姆写的这本书一起发布。

已有很多编程实践的林纳斯在阅读塔能鲍姆的这本书时，他一边读书中关于 UNIX 原理的描述，一边看书中列出的 MINIX 代码。林纳斯被 UNIX 的简洁、强大、完美打动，他深深被震撼了，对其中包含的匠心和智慧如痴如醉。这种热爱和陶醉在林纳斯十几年后回忆起这段经历时仍没有丝毫减退。

1990 年的整个夏季，林纳斯都在看《操作系统：设计与实现》，那本书仿佛在了他的床上生了根。不论是黑夜，还是白昼，它如果不在林纳斯的手里，就在林纳斯的床上。

1990 年秋季的"UNIX 操作系统"课程开始后，林纳斯在学校的实验室里见到了 UNIX——DEC 版本的 UNIX，名叫 Ultrix。这也是赫尔辛基大学第一次使用 UNIX，以前使用的是 DEC 的 VMS。因此，对于讲课的老师来说，

UNIX 也是新的，需要和学生们一起学习。有些调皮的学生有时还会问后面课程才讲的问题，测试一下老师的学习进度。

看了《操作系统：设计与实现》中介绍的 UNIX 后，林纳斯很想在自己的计算机上安装 UNIX。为了方便，林纳斯便想安装塔能鲍姆设计的 MINIX。为了实现这个目标，林纳斯开始计划给自己买一台新的计算机。这一次，林纳斯想买一台包含英特尔 CPU 的个人计算机（PC）。

对于还在读书的林纳斯来说，他的主要收入来自每年的年底（因为年底有圣诞节）和自己的生日。1990 年年底，林纳斯 21 岁，他把自己在这一年的节日和生日里收到的所有钱都积攒下来，与往年的积蓄合在一起，算了一下，还是不够。林纳斯想买的 PC 价格为 15 000 芬兰马克，大约 3500 美元。不过，林纳斯已经询问过学校旁边的一家 PC 店，可以分期付款，付完首付后，每个月支付大约 50 美元。林纳斯算了一下，采用分期付款方式的话，自己手里的钱足够首付了。

1991 年 1 月 2 日，这家 PC 店新年开业的第一天，林纳斯就拿着钱走进店铺，他不在乎品牌，选择买组装机。林纳斯开了一个清单给老板：33MHz 的英特尔 386 CPU，4MB 内存，14 寸显示器。当时 PC 的主流配置是 16MHz CPU 和 2MB 内存，但林纳斯故意选了最高的配置，因为他知道高配置的价值。办完付款手续后，3 天后取货。怀着急切的心情等了 3 天后，林纳斯请父亲开车把新 PC 运回了家。这是林纳斯在学生时期的第 3 台计算机，第 1 台是他外公的康懋达 VIC-20，第 2 台是他自己购买的辛克莱 QL。

新 PC 上安装的是裁剪版本的 DOS，林纳斯想安装 MINIX。林纳斯虽然已经买了塔能鲍姆写的书，但是这本书本身并不附带 MINIX。因为需要 MINIX 的人比较少，林纳斯需要通过书店来订购。于是，林纳斯向书店支付了 169 美元，里面涵盖关税等额外费用。在接下来的日子里，林纳斯焦急地等待 MINIX 的到来。芬兰的冬天经常下雪，林纳斯把自己藏在房间里，读书和熟悉自己的新 PC，偶尔玩一会儿《波斯王子》游戏。

某个周五的下午，MINIX 终于到了。当天晚上，林纳斯便动手安装 MINIX。整个安装过程需要使用 16 张软盘。接下来的整个周末，林纳斯都在钻研新安装的 MINIX。

在熟悉了 MINIX 后，林纳斯很快就发现了 MINIX 的一些不足，其中最重要的是：MINIX 缺少可以让林纳斯远程连接大学里计算机的终端程序。林纳斯非常喜欢使用自己的调试解调器（Modem）通过电话拨号远程登录到大学里的计算机，从上面下载软件、收发电子邮件或者在各种新闻组中与世界各地的人交流。林纳斯很早就加入了 MINIX 新闻组，通过 MINIX 新闻组，林纳斯得知澳大利亚的布鲁斯·埃文斯（Bruce Evans）对 MINIX 做了很多改进，特别是将 MINIX 移植到了英特尔 386 上。

在发现 MINIX 缺少终端程序的不足之后，林纳斯便想自己动手改进这一不足，他计划编写一个终端模拟程序。林纳斯想用 MINIX 来写代码，但是他的代码并不依赖 MINIX。从技术角度讲，要实现林纳斯的远程登录目标，在 MINIX 上编写代码最合适。但是林纳斯偏偏没有这样做，他希望自己的终端模拟程序可以直接跑在硬件上。为此，林纳斯需要对底层硬件非常熟悉，此外还需要编写一部分汇编代码来直接操作 CPU 的硬件设施。这些在其他人看来十分困难的任务，恰恰是林纳斯喜欢做的。在赫尔辛基漫长的冬日里，林纳斯没有其他事情可做，于是他便想找个机会投身到各种技术难题中，并在求解这些难题的过程中得到满足和快乐。

林纳斯找来英特尔 CPU 的编程手册，仔细阅读其中的每一句话。林纳斯一边阅读，一边思考哪些机制可以为自己的终端模拟程序所用。林纳斯首先根据手册中的描述，把 CPU 从实模式切换到保护模式；然后又根据手册中描述的多任务支持和任务切换机制，为自己的终端模拟程序赋予多任务能力。林纳斯设计了两个线程：一个线程从键盘读取输入，写到调制解调器并发送到远程机器；另一个线程从调试解调器读取数据并显示到屏幕上。这两个线程可以完美地完成模拟终端的任务：一个线程负责把输入发送到远端；另一个线程负责把远端发回的输出显示到本地。

在实现终端模拟任务之前，林纳斯写了一个小的原型程序来熟悉 386 CPU 的多任务支持机制。林纳斯让一个任务在屏幕上输出一行 A，而让另一个任务输出一行 B，然后使用时钟中断来切换任务。

在花了大约一个月的时间后，林纳斯的多任务原型程序开始工作了。两个任务交替执行，其中一个任务输出一行 A 之后，另一个任务就接着输出一行 B。看到屏幕上轮番出现的字符后，林纳斯非常兴奋，他高兴地喊妹妹萨拉过来参观。萨拉对着屏幕上的很多 A 和 B 看了 5 秒之后，没觉得有啥稀奇，说了一句"好"就走开了。林纳斯整天使用家里的电话线做实验，导致别人根本无法打电话到家里，在萨拉眼中，整天占着电话线的哥哥着魔了，她无法理解为什么屏幕上显示出 A 和 B 就让哥哥那么兴奋。

用于多任务切换的代码实验成功后，林纳斯在此基础上实现了自己的终端模拟程序。林纳斯把自己的终端模拟程序放到了一个可启动的软盘中，当需要远程连接到大学里的计算机时，就使用软盘启动终端模拟程序来与外界沟通。如果想对终端模拟程序进行改进，就启动 MINIX，在 MINIX 上修改终端模拟程序的代码。

用了差不多 3 个月的时间，当彼得街上的积雪开始融化时，林纳斯的终端模拟程序达到近乎完美的程度，他对自己的成果非常骄傲，并展示给自己的好朋友拉尔斯看。

1991 年的新学期开始后，林纳斯的功课并不多，但他仍经常使用自己的终端模拟程序登录大学里的计算机。在使用过程中，林纳斯意识到自己的终端模拟程序还缺少一项功能，就是把远程的数据保存到本地。林纳斯于是有了增加这项功能的念头，但因为自己的终端模拟程序直接跑在硬件上，如果增加这项功能的话，就会有很多工作要做，他不仅需要开发访问磁盘的程序，而且需要文件系统来管理文件。

想到有太多工作要做，林纳斯放弃了这个念头。但是，当林纳斯下一次使用终端模拟程序时，缺少的存盘功能又让他想起这个念头。林纳斯当时没有女朋友，很少有事情能让他感兴趣，于是林纳斯决定开始新的征途——为模拟终端程序开发存盘功能。这时，林纳斯意识到自己做的不仅仅是模拟终端程序，而是操作系统。

在花了一些时间完成磁盘驱动程序后，林纳斯开始规划如何与用户空间的应用程序协作，这让他想到了 POSIX 标准。POSIX（Portable Operating System Interface，可移植的操作系统接口）是 IEEE 制定的操作系统接口标准，起草工作始于 1985 年，1988 年正式发布。斯托尔曼是起草 POSIX 标准的小组成员，也是他提议使用 POSIX 作为名字。

林纳斯想让自己的内核支持 POSIX 标准，这样就可以在上面运行符合 POSIX 标准的应用程序了。为了寻找 POSIX 标准的完整文档，林纳斯于 1991 年 7 月 3 日向 MINIX 新闻组发送了一条消息，如下所示。

```
From: torvalds@klaava.Helsinki.FI (Linus Benedict Torvalds)
Newsgroups: comp.os.minix
Subject: Gcc-1.40 and a posix-question
Message-ID:
Date: 3 Jul 91 10:00:50 GMT
```

```
Hello netlanders,
Due to a project I'm working on (in minix), I'm interested in the
posix
standard  definition.  Could  somebody  please  point  me  to  a
(preferably)
machine-readable format of the latest posix rules? Ftp-sites would
be
nice.
```

大意如下：因为正在 MINIX 上做一个项目，我对 POSIX 标准很感兴趣。有哪位可以提供电子版本的最新 POSIX 标准吗？最好是 FTP 站点。

这条消息虽然没能让林纳斯得到 POSIX 标准的文档,但却让林纳斯认识了一个人——赫尔辛基理工大学（TKK）的助教阿里·莱姆克（Ari Lemke）。莱姆克从林纳斯发出的消息看出林纳斯正在开发操作系统，为了表示支持，莱姆克在芬兰大学和科研网络的 FTP 服务器（ftp.funet.fi）上为林纳斯新建了一个子目录，为林纳斯发布新操作系统做好了准备。

因为通过 MINIX 新闻组没有找到 POSIX 标准的文档，所以林纳斯想了其他方法。他从 Sun 公司的 UNIX 系统文档中找到一部分 POSIX 定义，刚好是自己最需要的关于系统调用的。系统调用也叫系统服务，是内核和应用程序之间最重要的接口。

拿到 POSIX 标准中的系统调用清单后，林纳斯开始着手实现。但这个系统调用清单很长，里面包含数百个系统调用，面对长长的系统调用列表，林纳斯仿佛走进一条黑暗的隧道，看不到尽头。

林纳斯首先实现了最重要的文件调用，也就是著名的 open（打开）、read（读）、write（写）和 close（关闭）。UNIX 开创了把数据读写抽象为文件访问的通用模式，各种设备都可以当作文件来访问，文件访问成为用户空间和内核空间协作的一种通用方式。

林纳斯按照 POSIX 标准中的系统调用列表夜以继日地奋战了一段时间后，仍不知道还有多少工作要做，但更重要的是在这种模式下，林纳斯无法检验工作效果。于是林纳斯决定改变策略：先把 GNU 的 bash 外壳程序（shell）移植过来，再根据 bash 外壳程序的需要补充缺少的系统调用。

林纳斯使用自己修改过的 GCC 编译器编译了一个特殊版本的 bash 外壳程序，并在自己的内核中加入代码。如果检测到应用程序调用还没有实现的系统调用，就输出消息"system call is not done"（系统调用还没有实现）。

1991 年的整个夏天，林纳斯采用的一直就是这种工作模式。他首先启动自己的内核，内核准备好之后，运行 bash 外壳程序，bash 外壳程序在运行时一旦调用还没有实现的系统调用，就输出系统调用还没有实现的消息。接下来，林纳斯根据 bash 外壳程序输出的消息修改内核，补充系统调用并重复上述过程。赫尔辛基一年里最好的季节就是夏季，很多人会到海边享受沙滩和阳光，林纳斯把自己关在房间里，在代码的世界里独自前行。

1991 年 8 月下旬，林纳斯的 bash 外壳程序终于可以工作了，这说明他的内核已经初具规模，可以支撑应用程序了。林纳斯度过了最困难的开发阶段，仿佛一个被困多日的勇于终于走出了幽暗的隧道。后面的开发变得简单很多，林纳斯很快就又编译出其他几个小的工具程序，他感到十分满足。

1991 年 8 月 25 日，林纳斯向 MINIX 新闻组发送了一条消息，对外发布了自己正在开发的操作系统。这条消息的标题是"您在 MINIX 中最想看到的功能是什么？"，概要是"为我的新操作系统做个小调查"。

```
From: torvalds@klaava.Helsinki.FI (Linus Benedict Torvalds)
Newsgroups: comp.os.minix
Subject: What would you like to see most in minix?
Summary: small poll for my new operating system
Message-ID:
Date: 25 Aug 91 20:57:08 GMT
Organization: University of Helsinki

Hello everybody out there using minix.
I'm doing a (free) operating system (just a hobby, won't be big and
professional like gnu) for 386 (486) AT clones.  This has been
brewing
since April, and is starting to get ready.  I'd like any feedback
on
things people like/dislike in minix, as my OS resembles it somewhat
(same physical layout of the file-system (due to practical reasons)
among other things).
I've currently ported bash (1.08) and gcc (1.40), and things seem to
work.
This implies that I'll get something practical within a few months, and
I'd like to know what features most people would want.  Any
suggestions
are welcome, but I won't promise I'll implement them :-)
        Linus (torvalds@kruuna.helsinki.fi)
PS.  Yes - it's free of any minix code, and it has a multi-threaded fs.
It is NOT protable (uses 386 task switching etc.), and it probably never
will support anything other than AT-harddisks, as that's all I
have :-(.
```

消息发出后，林纳斯很快就收到一些人的回应，当时还有几个人提出想要当志愿者，帮助林纳斯做测试。

1991 年 9 月 17 日，林纳斯把自己开发的操作系统发布到了莱姆克早就为他准备好的 FTP 服务器上，因为还缺少许多功能，林纳斯称之为 0.01 版本，这一版本的源代码大约有 1 万行。在莱姆克的强烈建议下，林纳斯选择了 Linux 作为名字，而不再使用原来的名字 Freax。Freax 含有怪僻和极度痴迷的意思。

下载 0.01 版本的人很少。到了 10 月的月初，林纳斯又发布了 0.02 版本，0.03 版本于 11 月发布。在先后发布了 3 个版本后，林纳斯有些累了。但是有一天，因为一个错误，林纳斯的模拟终端程序意外破坏了 MINIX 分区。模拟终端程序本来应该通过虚拟文件/dev/tty1 来访问调试解调器设备，但实际上却意外地访问了/dev/hda1，hda1 代表第 1 个硬盘上的第 1 个分区。于是，原本写给调制解调器的数据被意外写到硬盘上，这恰好破坏了硬盘上十分敏感的数据，导致整个分区无法访问。

面对"飞来横祸"，林纳斯没有妥协，这反倒激发林纳斯继续改进 Linux，改进目标就是把前面在 MINIX 上完成的工作全部迁移到 Linux 上。经过近一个月的努力，林纳斯实现了上述目标。Linux 的开发工作已经可以在 Linux 自己的系统上完成，这意味着 Linux 可以脱离原本依赖的宿主环境独立成长。就这样在向前迈进一大步后，林纳斯在 1991 年 11 月的月末发布了 Linux 内核的 0.10 版本，几周后他又发布了 0.11 版本。

0.11 版本发布后，更多的人开始使用 Linux，有些人还建议增加一些新的功能。为此，林纳斯把自己的 PC 升级到 8MB 内存，并新添了用于浮点运算的协处理器。

12 月时，有位德国用户提出，想在 2MB 的 Linux 系统上运行 GCC。为了满足这一请求，林纳斯为 Linux 增加了对虚拟内存的支持，内存中暂时不用的数据可以保存到硬盘上，用时再读回来。因为数据交换是以页为单位的，所以林纳斯将这一新功能称为"page-to-disk"。12 月 23 日，林纳斯开始调试这个新功能。24 日，系统虽然开始工作了，但是很不稳定，过一会儿就会崩溃，到了 25 日才终于可以稳定工作。

1991 年的圣诞节，林纳斯是在奶奶家度过的，他们一起品尝火腿、鲱鱼等美食。林纳斯没有和家人提自己开发的 Linux，但他知道，Linux 的用户每一天都在增加。不久之后，林纳斯的妹妹萨拉察觉到了变化，来自世界各地的明信片纷纷寄到他们家，她意识到很多人在使用哥哥的创造。

1993 年，Linux 社区的彼得·安文（Peter Anvin）发出倡议——为林纳斯购买 386 计算机的分期付款募集资金，林纳斯很快就筹足资金，支付了剩下的所有待付款。

1996 年春，在 Transmeta 公司（位于美国硅谷的一家 CPU 公司）工作的彼得·安文介绍即将研究生毕业的林纳斯到 Transmeta 公司工作。

1996 年年底，林纳斯接受 Transmeta 公司的工作邀约，决定到美国工作。

1997 年 2 月 17 日，林纳斯带着妻子托弗、出生刚刚两个月的女儿帕特丽夏以及两只猫登上飞往美国旧金山的飞机，开始人生的新旅程。

1997 年 6 月，第二届亚特兰大 Linux 展示会（Atalanta Linux Showcase，简称 ALS）在美国举行，这是 Linux 发展早期的一个年度盛会。在周五晚上的感谢晚宴上，Linus 全家出席，在会议的相册中，可以看到幸福的一家人。

2000 年，为了推动 Linux 的发展，多家 IT 公司共同发起成立开源软件开发实验室（Open Source Development Labs，OSDL），发起公司有 IBM、HP、CA、英特尔和 NEC 等。

2003 年，林纳斯离开 Transmeta 公司，成为 OSDL 的全职员工，专心开发和维护 Linux 内核。换了工作后，林纳斯一家从硅谷搬到了 OSDL 总部所在地——俄勒冈州的比弗顿（Beaverton），比弗顿是俄勒冈州的一个小城市，邻近波特兰。俄勒冈州是美国的农业州，税收比较低，很适合工程师们生活。OSDL 选在这里的另一个原因是这个区域也是英特尔在生产和研发方面的大本营，英特尔有数万员工在这里工作和生活。

2007 年 1 月 27 日，OSDL 与 FSG（Free Standards Group）合并成立 Linux 基金会。从此，Linux 内核进入快速发展期，发展势头如旭日东升，不可阻挡[①]。

---

① 参考 2017 年发表在 HPCwire 网站上的文章《New Linux Foundation Launches: Merger of Open Source Development Labs and Free Standards Group》。

参考文献

[1] TORVALDS L, DIAMOND D. Just for Fun:The Story of an Accidental Revolutionary [M]. Harper Business, 2001.

第 65 章　1993 年，NT 3.1

VMS 推出后大获成功，成了 DEC 的未来方向。于是，一些善于钻营的管理者便想为 VMS 做点什么，他们不懂技术，却凭借自己的管理职位对 VMS 指指点点，这让执迷技术且性格倔强的卡特勒十分懊恼。

为了避开风头，卡特勒不得不离开热门的 VMS 团队，他向担任高管的戈登·贝尔提出自己要辞职创业。贝尔对卡特勒十分了解，他曾毫不吝啬地称卡特勒是世界上最好的操作系统"作者"。贝尔理解卡特勒的心情，但他不想让卡特勒离开 DEC，于是给了非常有诱惑力的承诺来挽留卡特勒："带上你想要的任何人，到你想去的任何地方，做你想做的任何事，DEC 都为你买单。告诉我你需要多少钱，我们给你出资。"

这样的承诺太让人感动了。卡特勒改变了主意，决定留在 DEC，但是他不想待在满是管理者的 DEC 总部，他想要离这些人远远的。DEC 总部位于靠近美国东海岸的马萨诸塞州的梅纳德，卡特勒去了靠近美国西海岸的西雅图。卡特勒在西雅图的贝尔维（Bellevue）建立了 DEC 的西部团队（DECwest group），卡特勒本人担任团队的总经理。

20 世纪 80 年代初，DEC 的多个团队开始研发新兴的 RISC（精简指令集）处理器，目的是替代原来的 CISC 处理器。从 1982 年起，位于帕洛阿尔托的 DEC 西部研究实验室（Western Research Laboratory，WSL）就开始研发名为 Titan 的 RISC 处理器。同年，艾伦·科托克（Alan Kotok）和戴夫·奥比兹（Dave Orbits）开始研发 64 位的 RISC 处理器，并取名为 SAFE (Streamlined Architecture for Fast Execution)。1984 年，卡特勒的 DECwest 团队也开始了一个 RISC 项目，名为 CASCADE。

1985 年，DEC 的管理层决定把多个 RISC 项目合并到一起，集中力量研发一种全公司共用的 RISC 处理器，他们把这个任务交给了卡特勒领导的 DECwest 团队。

新的处理器被命名为 PRISM（Parallel Reduced Instruction Set Machine，

并行精简指令集机器）。PRISM 的目标是为 DEC 设计一种在未来 40 年都具
有竞争力的处理器架构。除了具有先进的精简指令特征之外，PRISM 还具有
适合处理并行数据的向量指令和寄存器，并且充分考虑了多处理器并行和 64
位支持。

与 PRISM 处理器同时设计的还有配套的操作系统，共有两套方案：一
套是兼容 UNIX 的 ULTRIX；另一套是 DECwest 团队内部研发的操作系统，
名为 Mica。

在定义了 PRISM 处理器的架构和基础特征后，卡特勒还带领团队定义
了多款产品，包括针对通用服务器市场的"冰川"（Glacier，见图 65-1）和
针对数据库服务器市场的"夏安"（Cheyenne）。

但是，正当卡特勒带领团队紧张开发 PRISM 的软硬件时，DEC 内部却
有人提出和 PRISM 背道而驰的竞争方案，就是采用基于 MIPS 架构的 UNIX
服务器来满足低端市场的需要，高端市场仍使用 VAX + VMS。MIPS 是 MIPS
科技公司设计的 RISC 处理器。MIPS 科技公司成立于 1984 年，位于硅谷，
核心成员来自斯坦福大学。

在看到基于 MIPS 架构的方案（后文简称 MIPS 方案）后，卡特勒仔细
阅读了 MIPS 架构的相关资料，包括一本由 Prentis Hall 出版的 MIPS 架构方
面的书。看完后，卡特勒写邮件给奇普·尼兰德（Chip Nylander）和里奇·格
罗夫（Rich Grove），在指出 MIPS 架构的一些不足后，卡特勒十分明确地说：
"这种架构根本没给我留下什么好的印象。"[1]

1988 年 5 月 30 日，在 DEC 的内部会议上，卡特勒亲自作报告讨论 MIPS
和 PRISM，他比较了两者的优缺点并提出多种未来方案，包括同时做 MIPS
方案和研发 PRISM。

---

① 参考 DEC 内部邮件。

图 65-1　写有卡特勒签名的
"冰川"服务器的执行纲要

　　在接下来的几周时间里，一场关于 MIPS 和 PRISM 的论战
在 DEC 内部进行。遗憾的是，DEC 的管理层在 6 月 16 日做出决定：取消全
部范围的 PRISM 项目，包括 Mica 操作系统；卡特勒的团队退出硬件项目；
DEC 新的任务是基于 MIPS 开发一个产品线。

　　卡特勒对取消 PRISM 项目非常不满。次日，当他写邮件给自己的下属
时，他非常沮丧地说："公司的垃圾战略在昨天吃掉了我们的项目。"

PRISM 项目取消后，卡特勒带领的团队转向名为 OSF 的操作系统项目，但卡特勒已经不想继续在 DEC 工作了。

1988 年 8 月 11 日，DEC 接受了卡特勒的辞职申请。当时，在微软工作的内森·米尔沃尔德（Nathan Myhrvold）听说了卡特勒的事情，便介绍盖茨和卡特勒见面。盖茨想构建一种可移植性更好的操作系统，这样当 RISC 发展起来后，就可以很容易地把运行在 x86 架构上的视窗系统移植到 RISC 架构上。盖茨想邀请卡特勒加入微软开发这样的操作系统，但是卡特勒当时很想自己创业，他对盖茨说的项目并不是很感兴趣。

在接下来的一段时间里，卡特勒多次到硅谷寻找风险投资，他准备成立自己的公司，但进展不是很顺利。恰巧此时，鲍尔默打电话给卡特勒，鲍尔默在得知卡特勒并不打算加入微软后，就立刻邀请卡特勒在周末见面。见面后，善于市场宣传和演讲的鲍尔默滔滔不绝地向卡特勒描绘了一幅美好的蓝图，一场交谈后，卡特勒被说服了。

1988 年 10 月 31 日，卡特勒正式加入微软。在接下来的几周时间里，DECwest 团队的很多人也加入了微软，包括硬件组的组长罗布·肖特（Rob Short）、编译器组的组长达里尔·海文斯（Darryl Heavens）、网络软件组的吉姆·凯利（Jim Kelly）、基础系统组的核心成员马克·拉科夫斯基（Mark Lucovsky）、基础系统组的核心开发者和经理洛乌·佩拉佐利（Lou Perrazoli）、编译器组的核心成员加里·基穆拉（Gary Kimura）等。

微软的企业文化与 DEC 有很大不同：微软是市场导向型公司，所有工作都面向市场和产品展开；而 DEC 面向工程和技术。卡特勒等人加入微软后，他们一边逐步理解和适应微软的企业文化和做事风格，一边开始与微软的一些老员工讨论新操作系统的研发计划。他们将新的操作系统命名为 NT OS/2。NT 是 New Technology 的缩写，OS/2 是微软与 IBM 联合研发的一系列操作系统的名字，微软希望 NT 操作系统可以同时为 OS/2 合作项目服务。

因为可移植性是 NT 操作系统的关键目标，所以 NT 项目团队的正式名称就叫"可移植系统部"（Portable Systems Group）。

除可移植性外，NT 操作系统的另外两个目标是可靠性和"可装扮性"（Personality）。如果说可移植性是为了支持多种不同架构的硬件，那么可装扮性则是为了支持不同类型的应用程序。操作系统是软件世界里的管理者，操作系统本身不创造价值，操作系统的价值需要通过运行在它上面的应用程序来体现。因此，支持的应用程序种类越多，操作系统的用户才会越多。

基本目标确定后，大家在后面的讨论中经常发生各种争论，比如微软内部当时流行匈牙利命名法，但是卡特勒等人不喜欢，他提出了很多反对意见。

在编程语言方面，盖茨积极推荐使用 C++ 语言，但是卡特勒认为 C++ 方面的工具太少，而且很多开发人员不熟悉 C++。盖茨推荐使用 C++ 好几次，但卡特勒都没有同意，最后还是卡特勒胜利了。

技术讨论和系统设计是同时进行的。与在 DEC 开发 RSX-11 时的施工设计文档（Working Design Document）类似，在设计 NT 操作系统时，卡特勒带领大家认真撰写了 NT 操作系统的设计文档。卡特勒还亲自撰写了内核部分，名为"NT OS/2 内核规约"(NT OS/2 Kernel Specification)。达里尔·海文斯（Darryl Havens）设计了 I/O 系统，洛乌·佩拉佐利（Lou Perrazoli）设计了内存管理器。这些文档打印出来有厚厚的一大摞，大家称其为"NT 设计工作书"（NT Design Work Book，见图 65-2）。

图 65-2 由卡特勒等人一起撰写的"NT 设计工作书"

1989 年 11 月，NT 操作系统的技术讨论和设计工作完成，开发工作正式开始。最初的计划是：在 1990 年 1 月 30 日让"最小的 NT 操作系统"跑起来，在 1990 年 7 月 30 日完成编码，在 1990 年 10 月 30 日向应用程序开发者发布基础版本，在 1991 年 3 月 30 日完成最终版本。

与微软其他团队的上班时间很不固定不同，NT 团队的成员每天都来得很早，通常在早上 8 点之前。卡特勒本人以身作则，他很早就来到办公室，一直工作到下午 6 点 30 分之后，中间一般会花一小时打壁球以缓解压力，但他为此常常错过午饭。

1990 年 5 月 30 日，盖茨与卡特勒等人开会，审查 NT 项目的进展情况。正如卡特勒担心的那样，会议刚开始不久，盖茨的脸色就变了。让盖茨感到不安的第 1 个问题是 NT 操作系统的软肋——图形部分。与其他部分使用 C 语言不同，这部分的很多代码是用 C++ 写的，代码量很大，这意味着需要更多的内存，但盖茨一直把 NT 操作系统的内存开销看得很重，因为如果内存要求太高的话，用户就会难以接受。让盖茨感到不安的第 2 个问题是向英特尔 386 CPU 移植的工作还没有完成，盖茨很看好英特尔 386 CPU 的未来，把支持英特尔 386 CPU 看作最高优先级。让盖茨感到不安的第 3 个问题是卡特勒一直坚持的"客户端-服务器"（Client-Server）设计模式。卡特勒一直认为，对于像 NT 这样的大型操作系统，必须将代码"模块化"。在"客户端-服务器"模式下，可以把提供服务的公共代码抽象为服务程序，并提供接口给调用服务程序的"客户端"。服务代码和客户代码自然分开，运行在不同的进程中，这样就可以很好地实现模块化和代码分工。但盖茨担心这样做会影响性能和可靠性。

听完 NT 团队的汇报后，盖茨觉得 NT 项目的现状很不好，他大声地对所有人说："你们所说的这些是在告诉我，NT 正变得太大且太慢（too big and too slow）！"

看到盖茨几乎把全身缩到椅子里不安地左右摇晃，卡特勒一言不发，参加会议的佩拉佐利和保罗·马瑞兹（Paul Maritz）等人也沉默不语。

佩拉佐利出生于 1952 年，他比卡特勒小 10 岁。1973 年，佩拉佐利在从弗吉尼亚理工学院获得数学和计算机科学双学士学位后，加入 NASA 的戈达德航天飞行中心，从事卫星遥感和数据分析工作。1975 年，佩拉佐利厌倦了 NASA 的工作，于是辞职加入 DEC，他起初的工作是为硬件客户解决软件问题。在一次技术培训中，作为听众的佩拉佐利遇到当时作为讲师的卡特勒。卡特勒和佩拉佐利都非常欣赏对方，培训结束后，他们聚到一起，聊了一个晚上。1985 年，卡特勒邀请佩拉佐利加入自己的 DECwest 团队，负责 Mica 项目。操作系统在软件世界里的特殊地位以及 Mica 中的很多先进设计让佩拉佐利很喜欢这份工作，他把全部精力都投到了 Mica 项目中。佩拉佐利非常欣赏卡特勒的实干精神。也正因为如此，当 PRISM 和 Mica 项目被 DEC 取消时，佩拉佐利深受打击。Mica 里有很多先进的思想，但是 Mica 没能发布就被取消了。佩拉佐利觉得微软的市场导向作风会让微软有更强的能力把产品发布给用户。因此，佩拉佐利追随卡特勒来到微软，希望微软能发布自己参与开发的产品。NT 项目开始后，佩拉佐利积极工作，他把 Mica 看作 NT 的演练，盼望 NT 能释放 Mica 的光芒。与卡特勒脾气暴躁不同，佩拉佐利的性格比较温和。因此，NT 团队的人把卡特勒比喻为盐，而把佩拉佐利比喻为能够缓解咸味的糖。

1955 年，马瑞兹出生于罗得西亚（Rhodesia，津巴布韦的旧称）。童年时，马瑞兹全家搬到了南非。1977 年，马瑞兹从好望角大学的计算机科学系毕业。毕业后，马瑞兹到伦敦发展，加入宝来公司工作。1981 年，马瑞兹来到硅谷，加入英特尔公司工作，为 x86 CPU 编写软件。1986 年，马瑞兹加入微软，起初负责的是新生的 UNIX 和网络业务。1989 年 3 月，鲍尔默想安排马瑞兹负责 NT 项目，但是卡特勒不同意向马瑞兹汇报，鲍尔默只好退一步，让马瑞兹在名义上负责与 IBM 合作的 OS/2 项目，但实质上还是 NT 项目。随着 NT 项目变得日益庞大和复杂，马瑞兹承担起 NT 项目的"经理"职责，他帮助卡特勒照顾团队，特别是协调 NT 团队与微软其他团队之间的合作。

1990 年的夏天对于 NT 团队来说，他们还在崎岖的山路上摸索，不知道何时才能走上阳光大道；但对于微软原来的 Windows 团队来说，他们已经走出黑暗，开始璀璨的旅程。

Windows 3.0 发布后，得到越来越多用户的青睐。但这对于 NT 团队来说，却意味着新的负担——支持 Windows 应用程序。换言之，NT 团队还要实现一套与 Windows 兼容的编程接口，微软给这项任务赋予了很高的优先级。

1990 年 8 月 20 日，盖茨亲自主持会议，他把 NT 团队和 Windows 团队的关键人物召集到一起，讨论如何把 Windows "嫁接"到 NT 上。卡特勒等人根本看不起当时的 Windows，觉得将其称为操作系统甚至有辱操作系统之名；但在 Windows 团队的人看来，NT 系统又大又慢，不知道什么时候才能发布，每天都在烧钱，Windows 系统则大受用户欢迎，每天都在为微软赚钱，因此他们也不愿意向卡特勒等人低头。想让两伙人坐下来合作并不容易。为了缓解会议的紧张气氛，盖茨特别安排会议在距离微软园区不远的舒姆威酒店举行。

会议结束后，让 NT 具有 Windows 特性（personality）成为新的工作重心。原来的 OS/2 支持虽然还在，但已经变得不那么重要。这一改变彻底打乱了原本就有些混乱和紧张的 NT 日程表。

为了顺利支持 OS/2 和 Windows 等多种类型的应用程序，马克·拉科夫斯基（Mark Lucovsky，见图 65-3）提出，应该尽快定义

图 65-3　马克·拉科夫斯基（由拉科夫斯基提供）

一套清晰明确的应用编程接口（API）。

在追随卡特勒加入微软的 DEC 同事中，拉科夫斯基是比较年轻的一位。1983 年，拉科夫斯基从加州州立理工大学的圣路易斯奥比斯波分校毕业，在换了几次工作后，于 1987 年加入 DECwest 团队，成为 Mica 项目的开发者之一。

拉科夫斯基推荐史蒂夫·伍德（Steve Wood）和自己一起定义 API。他们之前曾一起工作过，性格相似，写代码和做事的风格也相似。他们两个人做事都很麻利，可以在短时间里完成很多代码。这一次也是，两个做事麻利的人聚到一起，把 NT 和 Windows 系统中原来的接口函数整理到一起，然后取长补短，加工并改进。他们只用了两个星期，就完成长达 81 页的编程接口，称为 Windows API。Windows API 中定义了几百个接口函数，此外还有一些接口中用到的结构体和数据类型。后来的实践证明，Windows API 对 Windows 系统的流行起到关键作用。因为好的 API 既有助于吸引优秀的开发者，又有助于开发优秀的应用程序。另外，Windows API 做了较好的抽象，具有很好的灵活性和兼容性，使得一个应用程序可以运行在多个版本的内核之上。直到今天，这些特征仍是 Windows 平台的优点。

```
BOOL ReadFile(
  [in]                 HANDLE      hFile,
  [out]                LPVOID      lpBuffer,
  [in]                 DWORD       nNumberOfBytesToRead,
  [out, optional]      LPDWORD     lpNumberOfBytesRead,
  [in, out, optional]  LPOVERLAPPED lpOverlapped
);
```

1991 年 3 月，精心挑选的第 1 批 8 名 NT 团队成员开始执行"狗粮"计划，也就是把自己使用的计算机切换到最新版本的 NT 内核，以切身感受 NT 内核到了什么程度。第 1 批的"8 只小白鼠"中就有佩拉佐利和拉科夫斯基。在吃狗粮的第 1 天，佩拉佐利就提交了 14 个严重问题。

"狗粮"计划分 3 个阶段执行：第 1 阶段不包括图形部分，第 2 阶段包括图形部分，第 3 阶段再加上网络部分。负责网络部分的大卫·汤普森（David Thompson）本来承诺在 7 月 31 日发布"狗粮"版本，并承诺如果做不到，就穿着女士泳衣游过园区里的比尔湖。但因为遇到离奇的瑕疵，网络小组没能兑现诺言，汤普森申请"缓刑"，并继续承诺如果到 8 月 31 日仍无法发布的话，他就与大卫·特雷德韦尔（David Treadwell）以及网络小组的其他 4 名成员一起游过比尔湖。这一次，他们终于挽回了面子，在 8 月中旬发布了"狗粮"版本。

1991 年 8 月，在 Windows 开发者大会（Windows Developers Conference）上，微软演示了仍在开发的 NT 系统。NT 系统与 Windows 系统有着相似的界面，但具有更好的可移植性以及更强大的能力来支持高性能运算。

1991 年圣诞节前夕，NT 团队仍有大量的工作要做，其中一项比较紧迫的任务就是发布一个能同时支持 MIPS 和英特尔 386 处理器的 NT 版本。卡特勒用"拉丝工艺"作比喻，希望大家可以尽快"提炼"出一个 NT 版本。经过大家争分夺秒的努力，他们终于在圣诞节前两天完成了这项任务。

进入 1992 年，卡特勒本人开始变得焦急，他渴望 NT 系统能尽早发布。但在 2 月，卡特勒不得不把"编码结束"的日期推迟到 3 月，后来又推迟到 4 月。相应地，NT 系统的开发者版本也不得不从 4 月推迟到 7 月。

1992 年 3 月 13 日是卡特勒的 50 岁生日，佩拉佐利、肖特、拉科夫斯基、汤普森等追随卡特勒多年的老朋友到卡特勒的住处为卡特勒庆祝生日。卡特勒住在西雅图附近最适合居住的梅迪纳（Medina），和微软园区一样，梅迪纳也位于华盛顿湖的东侧，包括盖茨在内的很多富翁住在这里。卡特勒的两层别墅就在华盛顿湖的湖边，隔着湖向西望去，西雅图市区尽收眼底。肖特等人精心准备了一份非常特殊的生日礼物，他们提前很多天就花大约 1000 美元买了一台旧的 DEC VAX 780，放在肖特的车库里，并在卡特勒生日这天运到卡特勒的家。他们趁着卡特勒在屋子外面时，把 DEC VAX 780 搬进屋子，竖立在天井位置。因为需要特殊供电，否则 DEC VAX 780 无法开机，所以肖特想了个办法，就是在 DEC VAX 780 里藏一台个头很小的 MicroVax 计算机，上面安装了卡特勒领导开发的 VMS。开机后，仿佛 DEC VAX 780 在工作。当卡特勒走进屋子看到活动的 VMS 界面时，他大吃一惊，不知道这帮家伙是如何使 VMS 运行起来的。生日过后，卡特勒将这台 DEC VAX 780 捐赠给了美国计算机历史博物馆，同时还捐赠了几千美元（2500 美元以上）[1]。

计划于 1992 年 7 月发布的 NT 开发者版本是无法推迟的，因为微软已经事先安排好与开发者见面的大会，售出很多门票，价格为 795 美元，这个价格涵盖一份 NT 系统。

---

[1] 参考美国计算机历史博物馆 1992 年年报中的捐赠记录。

为了能在开发者大会召开前发布一个高质量的 NT 开发者版本，卡特勒带领 NT 团队进入急行军模式。卡特勒自己则到了奋不顾身的程度，他每天早上 6 点便进入办公室开始工作，周末也不休息。当临近里程碑（milestone）时，卡特勒每天都召开会议，查看问题。

卡特勒结过两次婚，但都离婚了。他有 3 个孩子，但很少花时间照顾家庭。

忙碌的不止卡特勒一人，NT 团队的每个成员都有做不完的事。微软的用人风格是，如果一项工作需要两个人做，那么只雇用一人。但尽管如此，到 1992 年 6 月时，NT 团队的人数已经由最初的几个人增加到 250 人，其中包括一些临时雇员。

1992 年 6 月 15 日，卡特勒宣布 NT 开发者版本进入倒计时。此后每晚，最新的 NT 开发者版本都会在机房的 120 台英特尔 PC 和 80 台 MIPS 系统上自动进行测试。

1992 年 6 月 29 日，离开发者大会召开还有一周，卡特勒选了一个 NT 开发者版本用于发布，NT 团队成功兑现了承诺。

在参加于旧金山召开的开发者大会之前，卡特勒给自己安排了一个特别的假期，他与肖特、海文斯和拉科夫斯基来到蒙特雷（Monterey）附近的鲁塞尔赛车学校（Russell Racing School），他们都喜欢赛车，于是便都报名参加了赛车培训。

微软的开发者大会在旧金山的茅斯考恩（Moscone）会议中心举行，4800名开发者参加了此次大会，盖茨出席并致辞，卡特勒在大会上做了一小时的演讲，介绍 NT 系统的内部设计。

1993 年 2 月 28 日，按照计划本应发布 NT 系统的第 2 个公开测试版本（Beta 2），但这一天还有 45 个观止（Showstopper）级别的问题，如此多的严重问题使得 Beta 2 版本不符合发布标准。

1993 年 3 月 8 日，Beta 2 版本终于发布，NT 团队将最终版本的发布时间定在 5 月 10 日。但在接下来的几周时间里，Showstopper 级别和 1 号优先级的问题迅猛出现，到了 4 月 19 日，问题数量已达到令人不安的 448 个。

1993 年 4 月 23 日，因为还有 361 个严重问题和近 2000 个其他问题，卡特勒不得不取消 5 月 10 日的发布计划，他通过电子邮件通知团队成员最终版本的发布日期推迟到 6 月 7 日。

在接下来一两个月的时间里，很多人经历了不眠之夜，他们努力修复自己负责的 bug（特别是 Showstopper 级别的问题）。能够成功将自己负责的 bug 数量降至零的人可以穿上"Zero Bug"衬衫。约翰妮·卡伦（Johanne Caron）是 NT 团队里为数不多的女程序员之一，她负责把 16 位 Windows 系统的程序管理器和注册表功能移植到 NT 系统中。移植旧代码是十分费力的工作，但卡伦扛起了重担。为了释放压力，她爱上了空手道。到了 7 月的月初，她终于穿上了"Zero Bug"衬衫。

1993 年 7 月 9 日，Showstopper 级别的问题数量终于降至十几个。7 月 16 日，NT 系统的第 509 号构建（build）开始最后的紧张测试，这种递增的构建编号一直延续至今：Windows XP 的发布版本使用的是第 2600 号构建，Windows Vista 的发布版本使用的是第 6000 号构建，Windows 10 的发布版本使用的是第 19 042 号构建。

1993 年 7 月 23 日，卡特勒召开了 NT 开发历史上的最后一次早 9 点会议。NT 团队的成员都意识到距离项目结束的日子已经很近，大家充满了期待。但是负责测试工作的摩西·邓尼（Moshe Dunnie）描述了一个与 PageMaker 5 有关的 Showstopper 级别的问题，这让 NT 系统的最后发布日期又有了未知性。

为了解决最后这个 Showstopper 级别的问题，邓尼从 7 月 23 日早晨一直工作到 7 月 24 日夜里 10 点。邓尼先怀疑是字体和打印方面的问题，她请了这方面的工程师来做调试，到中午时，邓尼的怀疑被排除了。接下来，邓尼把希望转到图形方面，于是几个工程师开始逐行跟踪图形方面的代码，艰苦的调试工作持续到夜里，10 点之后，他们终于发现一个问题，在 10 分钟内修正了代码。但是 PageMaker 输出时仍占用非常多的内存，速度缓慢。这时已经是 7 月 25 日的凌晨 2 点。邓尼找了 PageMaker 的设计者来一同解决问题。7 月 25 日上午，他们终于发现了 PageMaker 中的问题。考虑到最终用户并不知道是 NT 的问题还是应用软件的问题，NT 团队决定在图形代码中添加一个标志来兼容 PageMaker。接下来便是谨慎地进行修改和严格地做测试，等到确认测试通过，这时已经是 25 日夜里的 10 点。

又经过 41 小时的不停测试后，NT 系统才正式发布并送达工厂进行批量生产，时间是 1993 年 7 月 26 日下午 2 点 30 分。为了表示与微软当时的 Windows 3.1 系统兼容，NT 系统选择 3.1 作为第 1 个版本的版本号。

1994 年 9 月，Windows NT 3.5 发布。

1995 年 5 月，Windows NT 3.51 发布（见图 65-4）。

图 65-4　卡特勒在 NT 3.51 发布时签名（在卡特勒的身后，左三站立者是佩拉佐利，右二是马瑞兹，照片来自微软公司）

1996 年 7 月，Windows NT 4.0 发布。

1998 年 10 月 27 日，微软宣布停止开发旧的基于 DOS 的 Windows 产品线，微软以后的视窗系统都是 Windows NT，下一个大的版本为 Windows 2000，计划在 2000 年 2 月 17 日发布。

Windows 2000 发布后，后续的主要版本分别是 Windows XP、Windows Vista、Windows 7、Windows 10 和 Windows 11。所有这些版本都有一个共同的特征——基于 NT 内核。

除了承担 NT 初始版本的旗手角色之外，卡特勒还亲手编写了 NT 内核中的大量代码，包括任务管理、调度、中断异常处理、内核调试引擎等。

在成功领导前 3 个 NT 版本（Windows NT 3.1、Windows NT 3.5 和 Windows NT 4.0）的开发后，卡特勒辞去管理职务，甘心做一名个人贡献者（Individual Contributor）。

2008 年，卡特勒获得美国的国家技术和创新奖章，美国政府为卡特勒颁奖①。2016 年 2 月，美国计算机历史博物馆授予卡特勒院士荣誉，以褒奖他在操作系统领域耕耘 50 年，锲而不舍。

2015 年，卡特勒和戈登·贝尔一起捐赠 100 万美元设立了 ACM/CSTA "卡特勒·贝尔" 奖，用于奖励那些在计算机科学方面表现优异的高中生，每年最多 4 位获奖者，每位获奖者可以得到 1 万美元的奖学金以及到 ACM/CSTA 领奖的免费旅行。图 65-5 是戈登·贝尔和卡特勒与一位 "卡特勒·贝尔" 奖获奖者的合影。

图 65-5 戈登·贝尔（左）和卡特勒（右）与 "卡特勒·贝尔" 奖的获奖者合影（照片来自微软）

自从 1988 年加入微软，卡特勒一直在微软工作。在这 30 多年里，卡特勒有 14 年是在 26 号楼 2 层的一个角落办公室里工作的。卡特勒也曾在 9 号楼工作过，开发最初版本的 Azure。卡特勒还在 Studio A 工作过，开发 Xbox。目前，卡特勒的办公室在 Studio D，工作的内容仍然是 NT 内核。

---

① 参考微软官网的文章《The Engineer's Engineer: Computer Industry Luminaries Salute Dave Cutler's Five-decade-long Quest for Quality》。

参考文献

[1] ZACHARY G P. Show-stopper!:The Breakneck Race to Create Windows NT and the Next Generation at Microsoft [M].Free Press, 1994.

第 66 章　1993 年，Debian

1973 年 4 月 28 日，伊恩·默多克（Ian Murdock，见图 66-1）出生于德国（当时的西德）的康斯坦茨。默多克的父母是美国人，他的父亲拉里·默多克（Larry Murdock）当时在康斯坦茨大学担任助理研究员和攻读博士学位，研究方向是神经生物学。

图 66-1　童年时代伊恩·默多克在使用个人计算机（照片来自默多克的个人网站）

1975 年，默多克一家回到美国。回到美国后，默多克的父亲拉里在威斯康星大学麦迪逊分校做了两年的助理研究员。1977 年，拉里被普度大学聘为教授，研究昆虫学。于是默多克一家搬到了普度大学所在地——印第安纳州的西拉斐特生活，默多克的童年和少年时光就是在西拉斐特度过的[①]。

默多克 9 岁时，拉里淘汰了自己工作用的打字机，换成了一台苹果电脑，型号为 Apple II+。这台苹果电脑本来放在拉里的办公室，但有个周末，拉里想到默多克可能喜欢这个东西，便将它搬回了家。为了让儿子感兴趣，拉里还特意到附近的 ComputerLand（著名的计算机产品零售连锁店）买了与《太

① 参考拉里·默多克的 LinkedIn 个人主页。

空入侵者》类似的电子游戏。拉里的精心安排没有白费，默多克一下子就迷上了计算机，差不多整个周末坐在计算机前[①]。

让默多克感到失望的是，周末结束后，拉里就把苹果电脑搬走了，因为工作中还要用；而且因为搬动比较麻烦，所以拉里并不经常将苹果电脑搬回家。于是，默多克想到一个办法，就是找机会跟着父亲到他的实验室。一到实验室，默多克便坐到计算机前，直到父亲催促他一起回家。

起初，默多克是受计算机游戏的吸引。过了一段时间后，默多克在一本计算机杂志上看到有文章介绍如何开发简单的游戏，上面还有源代码，于是默多克便想试一试。他打开苹果电脑的行编辑器，小心翼翼地输入每一行代码，然后按照杂志上介绍的方法运行程序。

因为经常到父亲的实验室，默多克很快就认识了在实验室工作的李·苏德洛（Lee Sudlow），苏德洛是拉里指导的研究生。当苏德洛发现默多克站在自己背后注视屏幕时，他便向默多克解释屏幕上的各种东西，包括每个图标的功能，并解释自己在用计算机做什么，这让默多克更加着迷于计算机里的世界。

有一天，默多克又站在苏德洛的背后，他看到苏德洛在向计算机中输入代码。让默多克惊叹的是，苏德洛并不像自己那样照着杂志上的源代码清单输进去，而是一边思考一边输入代码，就仿佛那些代码是从他的大脑顺着指尖流淌到计算机中。

受苏德洛的激励，默多克把更多时间花在了编程上。除了使用简单的BASIC 语言之外，默多克还学习和使用难度很大的汇编语言。拉里看到儿子用计算机学编程，也非常高兴。为了鼓励儿子，拉里特意买了一台苹果电脑，放在儿子的房间里。

1987 年，15 岁的默多克进入威廉·亨利·哈里森高中（后文简称哈里森高中见图 66-2）学习。橄榄球是哈里森高中的一项主要运动，学校的"进击者"（Raiders）队经常在美国"北部中央运动会"（North Central Conference）上亮相。默多克读高中时，也非常喜欢橄榄球运动。

---

① 参考默多克 2015 年 8 月 17 日发表于个人博客上的回忆文章《How I Came to Find Linux》。

图 66-2 默多克就读的哈里森高中（照片版权属于哈里森高中）

1991 年，默多克从哈里森高中毕业，考入自己父亲执教的普度大学，在克兰纳特管理学院（Krannert School of Management）学习。

1992 年的秋季学期，默多克选了 COBOL 课程，备选的还有 FORTRAN 课程。在 COBOL 课堂上，默多克第一次见到了 Sun 公司的工作站。

COBOL 课程结束后，默多克无法继续使用 Sun 工作站。为了让学生在课程之外有计算机可用，克兰纳特管理学院允许学生远程访问学院里的计算机，选择有两种：一种是一台 IBM 3090 大型机；另一种是 3 台 Sequent Symmetry 小型机，小型机上运行的是名为 DYNIX 的 UNIX 操作系统。在一位朋友的建议下，默多克申请了小型机的访问账号，他觉得未来可能更有用。

一周后，默多克拿到 DYNIX 系统的访问账号，他使用数学楼地下室的 Z-29 终端登录到 DYNIX 系统，发现自己的账号被授予 500KB 的磁盘空间。但不久后，默多克就找到方法避开这一限制，从而可以使用更多的磁盘空间。

1992 年冬，数学楼地下室的 Z-29 终端机房成了默多克最常去的地方。默多克迷恋上 UNIX 系统，他进入 UNIX 世界，探索里面的每个空间——不管是文档里描述过的主要设施，还是文档里根本没有提到的冷僻角落。在这个过程中，默多克对 UNIX 和系统软件的理解逐步加深。

默多克经常在晚上到 Z-29 终端机房，此时机房里虽然还有很多人，但是里面很安静，每个人都专注于自己的屏幕。机房里只有敲击键盘的声音以及 Z-29 屏幕发出的荧光在晃动。坐在计算机前的时间总是过得很快，当忙碌一个晚上离开机房时，默多克喜欢顺着数学楼的长长走廊走出大楼，因为这样可以经过计算中心的中央机房，里面放着默多克刚才远程登录的小型机。透过玻璃窗，可以看到里面冰箱大小的主机，面板上的指示灯正在跳动。机房一侧的办公室里坐着管理员，他们拥有让默多克嫉妒的"超级用户"权限。

过了一段时间后，默多克厌倦了 Z-29 终端，他开始与好朋友贾森·巴利茨基（Jason Balicki）寻找新的玩法。巴利茨基是学计算机科学的，而且入学更早，知道普度大学几乎所有的机房。于是，他们两个人就在夜晚走到各个机房的门前，观察门锁。如果发现门没有锁，他们就溜进去使用里面的计算机。

默多克发现工程管理大楼里的实验室是最好的，里面有很多个房间，房间里配备的是 X 终端，显示器也都是支持图形模式的高分辨率彩显（彩显是彩色显示器的简称），用户可以通过图形界面登录 Sequent Symmetry 小型机或者校园里的其他 UNIX 系统。

除使用校园里的终端外，默多克还经常使用家里的 286 个人计算机通过拨号上网的方式登录学校里的 UNIX 系统。这样做的好处是：在天气特别寒冷的日子，默多克就不用跑到学校去上机了。但缺点是：286 计算机上的简单终端相比工程管理大楼里的 X 终端少了许多功能。于是默多克便想找到一个更强大的终端软件。他开始在新闻组中搜索，在搜索过程中，一个名叫 Linux 的软件引起默多克的注意。

严格来说，Linux 并不是默多克要找的终端软件，但是 Linux 相比 X 终端更让默多克满意，因为 Linux 直接为个人计算机提供了 UNIX 风格的操作系统。有了 Linux，默多克就可以直接在个人计算机上使用 UNIX，而根本用不着通过终端登录到远程的 UNIX 系统。

默多克很想安装自己的 Linux，但因为安装 Linux 需要 386 计算机，而默多克的是 286 计算机，所以他开始攒钱准备买一台 386 计算机。在攒钱的同时，默多克也在做其他准备，包括搜索 Linux 的各种资料。默多克还向普度大学的新闻组发送了一条消息，询问是否有人在用 Linux。计算机科学系的学生迈克·迪基（Mike Dickey）回应了默多克的这条消息，并且邀请默多克去看他安装好的 Linux。

看到有同学在用 Linux 后，默多克很受鼓舞，他为此专门购买了 30 张软盘，开始从克兰纳特大楼的实验室下载 Linux。

忍受着缓慢的下载速度，在辛苦准备好安装 Linux 所需的所有软盘后，默多克恨不得立刻就找一台机器来安装，但他自己的 386 计算机还没有买好。默多克找到巴利茨基，两人很快想出一个馊主意。他们使用老方法，在校园里寻找没有上锁的机房，他们很快就发现有个实验室的宿舍里放了一台 PC。在一个星期二的午夜，他们偷偷钻进这个宿舍，拿出事先备好的软盘，开机上电，然后开始安装 Linux，"残忍"地覆盖了这台 PC 里原来的系统和所有文件。

默多克使用的 Linux 安装盘叫"软着陆 Linux 系统"（Softlanding Linux System，SLS）。SLS 的最初版本是由加拿大软件工程师彼得·麦克唐纳（Peter MacDonald）开发的，麦克唐纳在 1992 年 8 月发布了 SLS 的第一个版本。

1957 年 6 月 28 日，麦克唐纳出生于加拿大不列颠哥伦比亚省的维多利亚。1986 年，麦克唐纳开始从事软件行业[①]。1989 年，麦克唐纳从维多利亚大学获得计算机科学学士学位，之后他一边工作，一边继续在维多利亚大学攻读硕士学位。麦克唐纳从 1991 年 11 月就已经开始参与 Linux 的开发。Linux 的早期开发使用了一个名为"Linux 积极分子"（linux-activists）的邮件组。1991 年 11 月 6 日，麦克唐纳向这个邮件组发送了一条消息，他自愿请缨，想要修改 init 进程的代码。

```
Subject: init/login and /etc/ttys
Date: Wed, 6 Nov 91 22:19:08 PST
From: pmacdona@sol.UVic.CA (Peter MacDonald)
To: linux-activists@joker.cs.hut.fi

If no one else has volunteered yet, I will take a stab at modifying
init to read /etc/ttys and fork a login for each. This means of course
writing login.c as well.  If someone else has started this already, please
stop me now!
```

大意如下：如果还没有人报名，那么我将试着通过修改 init 进程来读 /etc/ttys 并为每一台登录设备分生一个进程。当然，这意味着写 login.c。如果哪位已经开始这么做了，请立刻叫我停止。

几天后，麦克唐纳又提出修改 fsck 和 mkfs 等文件系统有关工具。在开发 Linux 内核的过程中，麦克唐纳意识到用户在使用 Linux 时光有内核是不够的，还需要用户空间的很多软件，将它们放在一起才能使用。于是，麦克唐纳便把 Linux 内核和 GNU 的各种工具，再加上 X/Window 系统（源自 MIT，属于 X.Org 基金会）放在一起，组成一个大的软件包，这就是 SLS。

SLS 推出后虽然很受欢迎，但也有许多不足，其中最主要的问题就是 SLS 制作得比较粗糙，里面有很多不必要的文件，而且还有比较多的 bug。

---

① 参考彼得·麦克唐纳的 LinkedIn 个人主页。

1993 年 3 月，默多克终于攒足钱买到自己的 386 计算机。默多克重新下载了最新版本的 SLS，然后安装在自己的计算机上。

在使用 SLS 一段时间后，默多克发现了 SLS 的很多不足。他先是尝试着做修改，但在做了一些修改后，默多克有了新的想法。他决定从头做起，不再依赖 SLS。默多克给自己的新系统取名为 Debian，其中的前 3 个字符来自默多克的女朋友德布拉·林恩（Debra Lynn），后 3 个字符来自默多克自己。

针对 SLS 的每一个不足，默多克都想办法加以改进。他开发了一个菜单系统，使得很多操作都可以通过菜单来进行，包括系统设置、帮助程序、包安装和升级工具等。

默多克还设计了新的安装脚本，使得用户在安装开始时能够对所有可配置项做出选择，选好后就可以离开，而不需要坐在旁边一直看着。另外，安装程序还会自动做各项配置，从挂接文件分区到设置窗口系统等，目的就是使用户不需要做手动配置，安装后就可以使用。

除了进行功能改进之外，默多克还写了大量的文档，里面非常详细地介绍了 Debian 的各项功能。

在做了大量工作后，默多克感觉是时候把自己的成果公开了。1993 年 8 月 16 日，默多克向 Linux 新闻组（comp.os.linux.development）公布了自己正在做的新系统，标题是"正在开发中的新发布，请求建议"（New release under development; suggestions requested，见图 66-3）。

Debian 公布后，默多克收到大量回应，其中包括 GNU 的开创者斯托尔曼。斯托尔曼使用账号 rms@ai.mit.edu 向默多克发了邮件，默多克看到 rms 后立刻就想到了斯托尔曼，但又有点怀疑，他觉得大名鼎鼎的斯托尔曼可能不会关心这么小的 Debian 项目。读完邮件后，默多克的怀疑被打消。斯托尔曼在邮件中说自由软件基金会（FSF）已经开始关注 Linux，并且对 Debian 项目很感兴趣。

```
From portal!imurdock Mon Aug 16 06:31:03 1993
Newsgroups: comp.os.linux.development
Path: portal!imurdock
From: imurdock@shell.portal.com (Ian A Murdock)
Subject: New release under development; suggestions requested
Message-ID: <CBusDD.MIK@unix.portal.com>
Sender: news@unix.portal.com
Nntp-Posting-Host: jobe.unix.portal.com
Organization: Portal Communications Company -- 408/973-9111 (voice) 408/973-8091 (data)
Date: Mon, 16 Aug 1993 13:05:37 GMT


Fellow Linuxers,

This is just to announce the imminent completion of a brand-new Linux release,
which I'm calling the Debian Linux Release.  This is a release that I have put
together basically from scratch; in other words, I didn't simply make some
changes to SLS and call it a new release.  I was inspired to put together this
release after running SLS and generally being dissatisfied with much of it,
and after much altering of SLS I decided that it would be easier to start
from scratch.  The base system is now virtually complete (though I'm still
looking around to make sure that I grabbed the most recent sources for
everything), and I'd like to get some feedback before I add the "fancy" stuff.
```

图 66-3　默多克公布 Debian（开头部分）

斯托尔曼发给默多克的邮件代表着他对 Linux 内核态度的巨大转变。当斯托尔曼最初听说 Linux 时，他就立刻找朋友调查 Linux 系统的情况。在得知 Linux 是基于 UNIX 的 System V 版本开发的之后，斯托尔曼就不太在意 Linux 了，因为 System V 是比较差的一个 UNIX 版本。但出乎斯托尔曼和自由软件基金会（FSF）预料的是，Linux 发展迅猛，在两年多时间里，Linux 的用户数已经从几十人增长到数万人。

与 Linux 内核得到快速发展不同，GNU 自己的 Hurd 内核却一直步履维艰，仿佛陷入泥沼，因此斯托尔曼的心里不免五味杂陈。

大约 1 个月后，默多克完成 Debian 的第一个内部版本，版本号为 0.01，时间是 1993 年 9 月 15 日。

1994 年 1 月 6 日，默多克发布 Debian 的第一个公开版本，版本号为 0.90。在这个版本中，默多克还发布了一个特别的说明文件，名为"Debian 宣言"（The Debian Manifesto）。在"Debian 宣言"的第 1 部分，默多克说："Debian 是一种新的 Linux 发行版。与过去已经发布的 Linux 发行版由独立的个人或组织来开发不同，Debian 是遵循 Linux 和 GNU 的精神以开放方式开发的。"

"Debian 宣言"发布后不久，斯托尔曼又联系默多克，希望把 Debian 发行版中的 Linux 改名为 Lignux，寓意 GNU 是 Linux 系统的核心。但是 Lignux 这个名字在做小范围调查时遭到很多人的反对，于是斯托尔曼做出让步，建议改用 GNU/Linux。

1994 年 11 月，斯托尔曼领导的自由软件基金会（FSF）成为 Debian 项目的主要赞助者，但由于 Debian 项目的有些贡献者与 FSF 的某些观点不一致，FSF 的赞助持续一年后，于 1995 年 11 月停止[①]。

1996 年 3 月，默多克决定离开 Debian 项目的领导位置。他说："我最近已经结婚，想花更多时间在照顾家庭上。我已经做了 3 年，是时候做些新的事情了。"

几个月后的 1996 年 6 月 17 日，Debian 1.1 发布，其中包含 474 个软件包，使用的是 2.0 版本的 Linux 内核。

1999 年，默多克（见图 66-4）与友人一起创立了 Progeny 公司来开发 Progeny Linux 系统。

2005 年，默多克加入 Linux 基金会，担任 CTO 职务。大约两年后，默多克离开 Linux 基金会，加入 Sun 公司，一直工作到 2010 年。

2011 年，默多克加入 Salesforce Marketing Cloud，担任负责平台和开发者社区的副总裁，直到 2015 年。

图 66-4　伊恩·默多克

2015 年 11 月，默多克加入 Docker 公司，但不久后的 12 月 28 日，在旧金山独居的默多克被发现在房间里死亡，年仅 42 岁。2016 年 6 月，警方认定默多克的死因为自杀。

默多克去世的消息传出后，世界各地的 Linux 爱好者纷纷以不同的方式进行纪念，Debian 以及基于 Debian 的 Ubuntu 和 Lubuntu 等 Linux 发行版在官网上都发布了纪念默多克的文章。

参考文献

[1] 威廉斯. 若为自由故[M]. 邓楠，李希凡，译. 北京：人民邮电出版社，2015.

---

① 参考 Debian 官网的历史页面。

跋

大约在 2500 年前的一天，有人到孔子家里请孔子去做官。孔子苦于没有机会施展才华，便想答应下来，但却遭到学生子路的反对。

子路是孔子早年的弟子，性格直率，敢于当面给老师提意见。

子路之所以反对，是因为来的人是佛肸（音必希）派来的。佛肸本来是一位大夫的家臣，但却叛变了主人。

子路说："以前我也是听夫子您说的，'亲自做了坏事的人那里，君子是不去的。'"（昔者由也闻诸夫子曰："亲于其身为不善者，君子不入也。"）

子路接着又说："佛肸占据中牟反叛，你却要去，是为什么呢？"（佛肸以中牟叛，子之往也，如之何？）

子路言之凿凿的反对意见，让孔子一下子不知道该如何回答。

孔子只好承认："对，我是这么说过。"（然，有是言也）

停顿了一下后，孔子又辩解说："没听说过坚硬的东西，磨也磨不坏；没听说过洁白的东西，染也染不黑。"（不曰坚乎，磨而不磷；不曰白乎，涅而不缁。）意思是，虽然佛肸不是好人，但是我足够坚硬纯洁，不会被他沾染而同流合污。

子路听了后，不知如何回应。

这时，孔子补充了一句掷地有声的话："我难道是个葫芦吗？只能挂在那里却不能吃？"（吾岂匏（音袍）瓜也哉？焉能系而不食？）

上面的故事来自《论语》。我非常喜爱《论语》，因为它记录了很多这样的精彩对话。

在《论语》中，与上面类似的故事还有一则。一个叫"公山弗扰"的人在费邑反叛，要请孔子，孔子想去，但是子路不高兴，反对说："没有地方去就算了，为什么一定要去公山弗扰那里呢？"（末之也已，何必公山氏之之也？）

对于这样的反对，孔子说："他来召我，难道只是一句空话吗？如果有人用我，我就要在东方复兴周礼，建设一个东方的西周。"（如有用我者，吾其为东周乎？）

实现理想是人生的一个永恒目标，无论是 2000 多年前，还是今天。

"吾岂匏瓜也哉？焉能系而不食？"

"如有用我者，吾其为东周乎？"

孔子在遭到弟子反对时说出的这两句话发自肺腑，我们今天读起来仍然被感动。虽说"天生我材必有用"，但是人才也需要施展才华的环境和机遇。在孔子生活的时代，做官似乎是读书人的唯一出路。正如孔子的弟子子夏所总结的："学而优则仕"。

"学而优则仕"，听起来似乎学好了就会做官，但事实往往并非如此。首先是没有那么多的官位可坐，要像诸葛亮那样等待时机："凤翱翔于千仞兮，非梧不栖；士伏处于一方兮，非主不依。乐躬耕于陇亩兮，吾爱吾庐；聊寄傲于琴书兮，以待天时。"其次，也可能是像李白那样不愿意做官："安能摧眉折腰事权贵，使我不得开心颜。"或者像陶渊明那样做了官后，无法适应。"少无适俗韵，性本爱丘山，误落尘网中，一去三十年。"于是选择回归田园生活，"羁鸟恋旧林，池鱼思故渊。开荒南野际，守拙归园田。"（陶渊明《归园田居五首·其一》）

这样的情况持续了 2000 多年。在曹雪芹生活的时代依然如此。曹雪芹小的时候，家里很多人做官，全家过着奢华的生活。但是好景不长，在曹雪芹十几岁时，曹家获罪被抄家，"急喇喇似大厦倾，昏惨惨似灯将尽。"曹雪芹才华横溢，但是他的才华在他的那个年代里连基本的温饱都换不来，只能"举家食粥酒常赊"。

现代软件出现后，人类有了一种全新的方式来表达智慧、传递智慧、回放智慧。这让普天之下的读书人有了一种新的选择，把知识转化为软件，用软件来实现人生。

软件改变了美国青年约翰·巴克斯的人生。

软件改变了荷兰青年迪杰斯特拉的人生。

软件改变了芬兰少年林纳斯的人生。

......

太多人因为软件而找到了人生的支点，也包括我在内。

30 年前的夏天，我高中毕业。高考前填报志愿时，父亲特意从乡村赶到城里的哥哥家，帮我选择未来的方向。父亲做了一生的乡村教师，工作很辛苦，他不希望我再做教师的工作。我当时虽然上过几次编程课，但是还不理解什么是软件。父亲、哥哥和我三个人拿着几张巨幅的招生报纸，逐一查看上面让人眼花缭乱的大学名字和招生专业。选来选去，我们选了一所名字中包含"交通"的大学，因为我们三个人当时都觉得无论是"铁路交通"还是"公路交通"，都是很不错的方向。选定了大学后，在选择专业时，我们选的第一个专业是"工业外贸"。因为当时外贸是很多人向往的好工作。高考结束后，我便回家放牛，帮着家里做些农活。8 月的一天，录取通知书来了。学校就是我们在第一志愿那栏里填报的学校，但专业却不是我们填写的第一个专业。今天回想起来，我的高考分数非常理想，不是太低，足以让我考上这所名字中包含"交通"的大学；但也刚好不是太高，让我没被当时最时髦的外贸专业所录取。

在软件领域工作了 20 多年后，我由衷感谢软件。如果没有软件，我真的不知道今生做什么。我工作后，有一次和父亲聊天时，他曾尝试询问我做的工作到底是干什么。因为父亲看我工作并不累，也没有什么烦恼，但是收入还挺好。我努力地解释了一番，父亲似懂非懂地点了点头。但我相信，父亲并没有听懂。至少没理解软件的价值是什么，我做的软件工作到底为什么能赚到钱。父亲相信我不会投机取巧做坏事，后来便再也没有问过这个问题。十几年前，父亲去世了。我再也没有机会向他解释软件到底是什么，留下一个永久的遗憾。

无论对于整个人类，还是对个人，软件都意义重大。感谢缔造软件文明的前辈们！铭记他们，让更多的人理解软件，这是我埋头数载写这本书的初衷和动力，是为跋。

张银奎
于北京西山脚下之安朴酒店
2022 年 8 月 7 日，农历立秋日

人名表

外文名	中文名	参见的章号
A.M.Uttley	A.M.厄特利	20
Abraham Flexner	亚伯拉罕·弗洛克斯纳	16
Ada Lovelace Augusta Ada Byron	埃达·洛夫莱斯 奥古丝塔·埃达·拜伦	5、6、10、17、30、 36
Adlai Stevenson	阿德莱·史蒂文森	34
Adolph Teitelbaum	（无译名）	17
Adriaan van Wijngaarden	阿德里安·威加登	44、45
Ahounta Djimdoumalbaye	阿温塔·蒂姆都玛贝	自序
Akrevoe Emmanouilides	阿克丽沃·埃马努伊利兹	36
AlAho	阿尔·阿霍	51
Alan Kay	艾伦·凯	56、58、62
Alan Kotok	艾伦·科托克	41、65
Alan Perlis	艾伦·佩利	23、44、45
Alan Shugart	艾伦·舒加特	56
Alan Snyder	艾伦·斯奈德	52
Alan Turing	艾伦·图灵	7、10、11、13、15、 16、19、20、21、23、 24、25、26、28、29、 31、32、33、37、53
Albert Einstein	阿尔伯特·爱因斯坦	16、36
Alec Robinson	亚历克·罗宾森	24、27

Alex Stepanov	亚历克斯·斯捷潘诺夫	亲历者言：怀念约翰·巴克斯
Alexander Graham Bell	亚历山大·格雷厄姆·贝尔	51
Alfred Fitler Moore	艾尔弗雷德·费德勒·摩尔	15
Alfred Teichmann	阿尔弗雷德·泰希曼	11
Ali Javan	阿里·贾瓦	51
Alice Lippman	艾丽斯·李普曼	60
Alistair Ritchie	阿利斯泰尔·里奇	51、52
Alonzo Church	阿隆佐·丘奇	33
Ambros Speiser	（无译名）	11
Amory Maynard	艾默里·梅纳德	46
Anders Hejlsberg	安德斯·赫格斯伯格	59
Andrei P. Ershov	安德烈·P.叶尔绍夫	45
Andrew S. Tanenbaum	安德鲁·S.塔嫩鲍姆	51、64
Andy Goldstein	安迪·戈尔茨坦	54
Andy Grove	安迪·葛洛夫	55
Anne Isabella Milbanke	安妮·伊莎贝拉·米尔班克	7
Antoine Arnauld	安东尼·阿尔诺	2
Antoinette Rive	安托瓦妮特·里夫	5
Ari Lemke	阿里·莱姆克	64
Arleta Cutler	阿丽塔·卡特勒	54
Arno Penzias	阿诺·彭齐亚斯	51
Arnold Murray	阿诺德·默里	33
Arthur Rock	阿瑟·洛克	55
Arthur W. Burks	阿瑟·W.伯克斯	15、16、18、36、48
Audrey Bates	奥德丽·贝茨	31、32
Auguste Doriot	奥古斯特·多里奥	46

B.Bernard Swann	B.伯纳德·斯旺	30
Barack Obama	巴拉克·奥巴马	55
Barbara	芭芭拉	43
Barthélemy Charles Jacquard	巴泰勒米·查尔斯·雅卡尔	5
Bartik	巴尔蒂克	15
Basile Bouchon	巴西勒·布雄	3、5
Ben Gurley	本·格利	46、47
Ben Lockspeiser	本·洛克斯皮泽	27
Benjamin Franklin	本杰明·富兰克林	15、37
Benjamin M. Durfee	本杰明·M.德菲	14
Bernard D. Holbrook	伯纳德·D.霍尔布鲁克	51
Bernard Vauquois	伯纳德·沃夸	44
Bertram Vivian Bowden	贝尔特拉姆·维维安·鲍登	30、32
Betty Jean Jennings	贝蒂·琼·詹宁斯	15
Bill Brown	比尔·布朗	54
Bill Byerly	比尔·拜尔利	56
Bill Clinton	比尔·克林顿	52
Bill Demmer	比尔·德默	54
Bill English	比尔·英格利希	62
Bill Gates	比尔·盖茨	57、58、62、65
Bill Gosper	比尔·高斯伯	60
Bill Joy	比尔·乔伊	51
Bill Strecker	比尔·斯特雷克	54
Bissell	比斯尔	37
Bjarne Stroustrup	比亚尼·斯特劳斯特鲁普	23、51、61
Blaise Pascal	布莱兹·帕斯卡	2、10

Bob Decker	鲍勃·德克尔	50
Bob Fabry	鲍勃·法布里	51
Bob Garrow	鲍勃·加罗	56
Bob Hudson	鲍勃·赫德森	41
Bob Morris	鲍勃·莫里斯	51、52
Bob Overton Evans	鲍勃·奥弗顿·埃文斯	49
Bob Savell	鲍勃·萨维尔	46
Bonnie	邦妮（汤普森的妻子）	51
Bonnie Cutler	邦妮·卡特勒（卡特勒的姐姐）	54
Brainerd	布雷纳德	15
Brian Kernighan	布赖恩·克尼汉	51、52
Brian Pollard	布赖恩·波拉德	27、28、32
Brian Randell	布赖恩·兰德尔	48
Brian Rendel	布莱恩·兰德尔	45
Brinch Hansen	布林克·汉森	58
Bruce Evans	布鲁斯·埃文斯	64
Butler W. Lampson	巴特勒·W.兰普森	53、58
C. Schmieden	（无译名）	11
Calvin	加尔文	37
Calvin Moores	加尔文·穆尔斯	18
Cardinal André-Hercule de Fleury	安德烈-埃居尔·德弗勒里	4
Carol Peters	卡罗尔·彼得斯	54
Caroline Bamberger	卡罗琳·班伯格	16
Caroline Herschel	卡罗琳·赫舍尔	7
Catherine-Nicole Lemaure/Le Maure	凯瑟琳·妮克尔·勒·摩尔	4
Charles Babbage	查尔斯·巴贝奇	6、7、10、14、15、

		17、19、30
Charles Bachman	查尔斯·巴赫曼	53
Charles Collingwood	查尔斯·科林伍德	34
Charles Darwin	查尔斯·达尔文	20、21、25
Charles DeCarlo	查尔斯·德卡洛	49
Charles Durham	查尔斯·德拉姆	12
Charles Katz	查尔斯·卡茨	44
Charles Leonard Hamblin	查尔斯·伦纳德·汉布林	48
Charles M. Herzfeld	查尔斯·M.赫茨菲尔德	63
Charles Monia	查尔斯·莫尼亚	54
Charles Ranlett Flint	查尔斯·拉莱特·弗林特	38
Charles Simonyi	查尔斯·希莫尼	58
Charles. Bradford Sheppard	查尔斯·布拉德福德·谢泼德	18、34
CharlesAdams	查尔斯·亚当斯	40
Chichester Bell	奇切斯特·贝尔	51
Chip Nylander	奇普·尼兰德	65
Chris Burton	克里斯·伯顿	22
Christiaan Huygens	克里斯蒂安·惠更斯	2
Christopher Strachey	克里斯托弗·斯特雷奇	28、32、47
Chuan Chu	朱传榘	15、18
Chuck Haley	查克·黑利	51
Chuck Norman	查克·诺曼	41
Cicely Popplewell	西塞莉·波普尔韦尔	26、28、31、32、33
Clair D. Lake	克莱尔·D.莱克	14
Clarence E. Frizzell	克拉伦斯·E.弗里泽尔	49
Clark Elia	克拉克·伊莱娅	54
Claude Shannon	克劳德·香农	51

David H. Levy	（无译名）	52
David Hilbert	戴维·希尔伯特	16
David Jones	戴维德·琼斯	16
David N. Cutler	·N.卡特勒	54、65
David Olsen	大卫·奥尔森	41
David Redell	戴维·雷德尔	58
David Rees	大卫·雷斯	18、20
David Sayre	戴维·塞尔	43
David Taylor	戴维德·泰勒	34
David Thompson	戴维·汤普森	65
David Treadwell	戴维·特雷德韦尔	65
David Wheatland	戴维·惠特兰	37
David Wheeler	戴维·惠勒	23、45、51、61
DavidA. Laws	大卫·A.劳斯	57
De Morgan	德·摩根	7
Dean L. Elsner	迪安·L.埃尔斯纳	60
Debra Lynn	德布拉·林恩	66
Delo Calvin	德洛·卡尔文	37
Delwyn Bluh	德尔温·布卢	12
Dennis Brevik	丹尼斯·布雷维克	50
Dennis Ritchie	丹尼斯·里奇	50、51、52
Derrick Henry Lehmer	德里克·亨利·莱默	18
Diane Lindorfer	黛安娜·林多尔	54
Dick Best	迪克·贝斯特	46
Dick Hustvedt	迪克·赫斯特韦特	54
Dick Sweet	迪克·斯威特	
Dietrich G.Prinz	迪特里克·G.普林茨	27

Dietrich Prinz	迪特里希·普林兹	31
Don Knuth	高德纳	45
Donald Chamberlin	唐纳德·钱伯林	53
Donald Heriot	唐纳德·赫里奥特	51
Donald W.Davies	唐纳德·W.戴维斯	25
Doron Swade	多伦·施瓦德	6
Dorothy McEwen	多萝西·麦克尤恩	56、57
Doug McIlroy	道格·麦基尔罗伊	45
Douglas Hartree	道格拉斯·哈特里	18、21、23
Duncan F. Gregory	邓肯·F.格雷戈里	8
Dwight D. Eisenhower	德怀特·D.艾森豪威尔	34
E.S.Hiscocks	E.S.希斯科克斯	20
E.T.Goodwin	E.T.古德温	25
Earl Larson	厄尔·拉尔森	12、15
Edgar Frank Codd	埃德加·弗兰克·科德	53
Edsger Wybe Dijkstra	埃兹格·怀伯·迪杰斯特拉	44、45
Eduard Stiefel	爱德华·施蒂菲尔	11
Edward Arthur Newman	爱德华·阿瑟·纽曼	25
Edward Ffrench Bromhead	爱德华·弗伦奇·布罗姆黑德	8
Edward Fredkin	爱德华·弗雷德金	47
Edward Stocks Massey	爱德华·斯托克思·梅西	20
Edward Teller	爱德华·特勒	15
Edward Waller Stoney	爱德华·沃尔·斯托尼	10
Edwin Tenney Brewster	埃德温·滕尼·布鲁斯特	10
Eero Saarinen	埃罗·萨里宁	53
Elena Olsen	艾琳娜·奥尔森	41

Elisabeth Amalie Eugenie(Sissi)	伊丽莎白·艾米利·维斯巴赫（茜茜公主）	16
Elisabeth Svea Olsen	伊丽莎白·斯维亚·奥尔森	41
Eliza Clayton	伊莉莎·克莱顿	33
Elsie	埃尔茜	12
Elwyn Berlekamp	埃尔温·伯利坎普	51
Emil Wilhelm Albert Zuse	埃米尔·威廉·艾伯特·楚泽	11
Endre Bajcsy-Zsilinszky	安德烈·拜西-齐林斯基	16
Ensign Richard Bloch	恩赛因·理查德·布洛赫	37
Eric Albert	埃里克·艾伯特	60
Eric Grundy	埃里克·格伦迪	27
Eric Mutch	埃里克·马奇	23
Eric Sevareid	埃里克·塞瓦赖德	34
Ethel Lilian	埃塞尔·丽莲	8
Ethel Sara Turing	埃塞尔·萨拉·图灵	10
Eugene DuPont	尤金·杜邦	15
Eugene Paul Wigner	尤金·保罗·维格纳	16
F.M.Colebrook	F.M.科尔布鲁克	25
Federico Faggin	费德里科·法金	55
Finis Conner	菲尼斯·康纳	56
Follett Bradley	福利特·布拉德利	38
Frances Bilas	弗朗西丝·比拉斯	15
Frances Bilas Spence	弗朗西丝·比拉斯·斯彭斯	17
Frances Snyder Holberton(Betty)	弗朗西丝·斯奈德·霍尔伯顿（贝蒂）	17、34、37
Francis Crick	弗朗西斯·克里克	16
Francis Reichelderfer	佛朗西斯·赖克尔德弗	15

Franco Putzolu	弗朗哥·普措卢	53
François Arago	弗朗索瓦·阿拉戈	6
François Quesnay	弗朗索瓦·魁奈	4
Frank B. Jewett	弗兰克·B.朱伊特	51
Frank E. Hamilton	弗兰克·E.汉密尔顿	14
Frank King	弗兰克·金	53
Frank Liang	弗兰克·梁	58
Frank Mural	弗兰克·缪勒	15
Franz Joseph	弗兰茨·约瑟夫	16
Fred Brooks	弗雷德·布鲁克斯	49
Frederic Calland Williams	弗雷德里克·卡兰德·威廉姆斯	20、22、23、24、26
Friedrich L. Bauer	弗里德里希·L.鲍尔	44、45、48
Fritz Lang	弗里茨·朗	11
Gábor Szegő	加博尔·赛格	16
Gabriel Detilleu	加布里埃尔·德蒂耶	5
Gardiner Hubbard	加德纳·哈伯德	51
Gary Kimura	加里·基穆拉	65
GaryArlen Kildall	加里·阿伦·基尔德尔	55、56、57
GeneAmdahl	布鲁克斯、基恩·安达尔	49
Geoff C. Tootill	杰夫·C.图特尔	22、24、28
Geoffrey Jefferson	杰弗里·杰斐逊	33
Geoffrey O'Hanlon	杰弗里·奥汉隆	10
George Berry	乔治·贝里	54
George Boole	乔治·布尔	8
George Bush	乔治·布什	65
George Everest	乔治·埃弗里斯特	8

George Frederick Ernest Albert	威尔士王子（乔治五世）	19
George Gordon Byron	乔治·戈登·拜伦	7
George Horatio Nelson	乔治·霍雷肖·纳尔逊	48
George Peacock	乔治·皮科克	6
George Robert Stibitz	乔治·罗伯特·施蒂比茨	18
George Stibitz	乔治·施蒂比茨	19
George Strawn	乔治·斯特朗	12
George Thomson	乔治·汤姆逊	51
George Valley	乔治·瓦利	41
George William Lewis	乔治·威廉·刘易斯	42
Georges Doriot	乔治·多里奥	46
Gerald G.Always	杰拉德·G.奥尔维什	25
Gerald Jay Sussman	杰拉德·杰伊·萨斯曼	60
Gerard J. Holzmann	杰拉德·J.霍尔茨曼	51
Gerrit Blaauw	格里特·布洛乌	49
Gilbert Ames Bliss	吉尔伯特·艾姆斯·布利斯	15
Gill	吉尔	40
Gillian Jacobs	吉莉安·雅各布斯	37
Gisela Ruth Brandes	吉塞拉·露特·布兰德斯	11
Glenn Ewing	格伦·尤英	56
Gordon Bell	戈登·贝尔	5、53、54、65
Gordon Brown	戈登·布朗	63
Gordon Eric Thomas	戈登·埃里克·托马斯	24、25
Gordon Moore	戈登·摩尔	55
Gottfried Wilhelm Leibniz	戈特弗里德·威廉·莱布尼茨	1、2、6、10、16
Grace Murray Hopper	格蕾丝·默里·霍珀（结婚后	14、17、37、40、43、

Grace Brewster Murray	更名）	44、47、55
	格蕾丝·布鲁斯特·默里（本名）	
Grant Gale	格兰特·盖尔	55
Grégoire	格雷瓜尔	3
Hal Abelson	哈尔·埃布尔森	60
Hamilton Richards	汉密尔顿·理查兹	45
Hank Levy	汉克·利维	54
Hank Smith	汉克·史密斯	56
Hans Rademacher	汉斯·拉德马赫	18
Harlan Anderson	哈兰·安德森	41、46
Harlan Herrick	哈兰·赫里克	43
Harold	哈罗德	56
Harold Anderson	哈罗德·安德森	12
Harold Pender	哈罗德·彭德	15、17、23
Harold Stern	哈罗德·斯坦恩	43
Harold Wilson	哈罗德·威尔逊	30
Harrie Massey	哈里·马西	21
Harry	哈里	33
Harry D.Huskey	哈利·D.赫斯基	20
Harry Huskey	哈里·赫斯基	15
Harry L. Straus	哈里·L. 施特劳斯	34
Heinz Rutishauser	海因茨·鲁蒂绍泽	11、44
Helmut Schreyer	赫尔穆特·施赖尔	11
Henry E. Cooley	亨利·E.库利	49
Henry Fine	亨利·法恩	16
Henry Tizard	亨利·蒂泽德	27
Herb Jacobs	赫布·雅各布斯	54

Herbert E. Ives	赫伯特·E.艾夫斯	51
Herbert Leon	赫伯特·莱昂	13
Herbert Maass	（无译名）	16
Herman Goldstine	赫尔曼·戈德斯坦	15、16、17、18、19、20、23、32、36
Herman Hollerith	赫尔曼·霍列瑞斯	9、21
Hermann Bottenbruch	赫尔曼·博滕布鲁赫	44
Hermann Weyl	赫尔曼·韦尔	16
Homer Dudley	霍默·达德利	51
Homer W. Spence	霍默·W.斯彭斯	17
Horst	霍斯特	11
Howard Engstrom	霍华德·恩斯特龙	42
Howard Hathaway Aiken	霍华德·哈撒韦·艾肯	14、16、18、23、37、38、49
Howard Lev	霍华德·列夫	54
Hubert Andrew Arnold	休伯特·安德鲁·阿诺德	37
Ian Murdock	伊恩·默多克	66
Ida Fitzgerald	艾达·菲茨杰拉德	22
Irene Marsden	艾琳·马斯登	22
Irv Traiger	伊尔维·特雷格	53
Irven Travis	伊文·特拉维斯	15、18
Irving Ziller	欧文·齐勒尔	43
Irwin Goldstein	欧文·戈德施坦因	15
Isaac L. Auerbach	艾萨克·L.奥尔巴赫	34
Iva Lucena Purdy	伊娃·卢塞纳·珀迪	12
Ivan Atanasov	伊万·阿塔纳索夫	12
J. A. Ratcliffe	J.A.拉特克里夫	23
J. C. R. Licklider	约瑟夫·利克莱德	46、47、63

J. EDELSACK	（无译名）	15
J. Presper Eckert	J.普雷斯珀·埃克特	12、15、16、17、18、20、23、34、37、42
J. Robert Oppenheimer	J.罗伯特·奥本海默	15、16、36
J.W.Hake	J.W.哈克	17
Jaap Zonneveld	亚普·扎诺维尔德	45
JaapA. Zonneveld	（无译名）	44
Jack Dennis	杰克·丹尼斯	41
Jack Gilmore	杰克·吉尔摩	41
Jack Kilby	杰克·基尔比	55
Jacques de Vaucanson	雅克·德·沃康松	4、5
James Alexander	詹姆斯·亚历山大	16
James Bryce	詹姆斯·布赖斯	14
James Hardy Wilkinson	詹姆斯·哈迪·威尔金森	25
James Pomerene	詹姆斯·波默林	36
James R. Killian	詹姆斯·R.基利安	35、41
James Stanley	詹姆斯·斯坦利	32
James Watson	詹姆斯·沃森	16
James Watt	瓦特	4、5、6
Jan Łukasiewicz	扬·武卡谢维奇	48
Jason Balicki	贾森·巴利茨基	66
Jay Forrester	杰伊·福雷斯特	18
Jay Wright Forrester	杰伊·赖特·福里斯特	35、39、40、41
Jayadev Misra	杰亚德夫·米斯拉	45
Jean Colvée	吉恩·科尔维	4
Jean Jacquard	让·雅卡尔	5、6
Jean Jennings Bartik	琼·詹宁斯·巴尔蒂克	17、34、42

Jean Marguin	让·马尔甘	4
Jean-Babtiste Falcon	让-巴卜斯提·法尔孔	3、5
Jeanette M. Kittredge	珍妮特·M.基特里奇	38
Jeffrey Charles Percy Miller	杰弗里·查尔斯·珀西·米勒	40、47
Jeremy Bernstein	杰里米·伯恩斯坦	14
Jerome Lettvin	杰尔姆·雷特文	16
JerrierA. Haddad	杰里·A.哈达德	49
Jerry Burnell	杰里·伯奈尔	59
Jerry Puzo	杰里·普佐	60
Jim Forgie	吉姆·福尔杰	41
Jim Gray	吉姆·格雷	53、58
Jim Kelly	吉姆·凯利	65
Jim Wilkinson	吉姆·威尔金森	21
Joachim Bouvet	白晋	1、2
Joe Ossanna	乔·奥桑娜	51
Joel Bion	乔尔·比翁	60
Johann Christian	约翰·克里斯蒂安	2
Johann Philipp	约翰·菲利普	2
Johanne Caron	约翰妮·卡伦	65
John B. Johnson	约翰·B.约翰逊	51
John Bardeen	约翰·巴丁	41、51
John Bennett	约翰·本内特	23、31
John Boole	约翰·布尔	8
John Butler	约翰·巴特勒	62
John Ferrier Turing	约翰·费里尔·图灵	10
John Frankovich	约翰·弗兰科维奇	41

John Gibson	约翰·吉布森	49
John Glen	约翰·格兰	42
John H. Curtiss	约翰·H.柯蒂斯	18
John H. Davis	约翰·H.戴维斯	15、36
John Haanstra	约翰·哈斯特拉	49
John Herschel	约翰·赫舍尔	6
John Holberton	约翰·霍尔伯顿	17
John J. Carty	约翰·J.卡蒂	51
John J. Range	约翰·J.朗格	38
John Lehman	约翰·莱曼	37
John Lennard-Jones	约翰·伦纳德-琼斯	23
John Lyons	约翰·莱昂斯	51
John Maynard	约翰·梅纳德	46
John McCarthy	约翰·麦卡锡	44、47、53、60
John McKenzie	约翰·麦肯齐	41
John Patterson	约翰·帕特森	38
John Ronald Womersley	约翰·罗纳德·沃默斯利	19、20、21、23、33
John Torode	约翰·托罗德	56
John Vincent Atanasoff	约翰·文森特·阿塔纳索夫	12、14、15、16
John von Neumann	约翰·冯·诺依曼	14、15、16、17、18、19、20、22、23、32、33、34、36、37、38、42、53
John W. Haanstra	约翰·W.哈斯特拉	49
John Warner Backus	约翰·瓦尔纳·巴克斯	40、43、44、47
John William Mauchly	约翰·威廉·莫奇利	12、15、16、17、18、20、23、34、37、42
John Zachary Young	约翰·扎卡里·杨	33

Joseph Chapline	约瑟夫·查普林	15
Joseph Clement	约瑟夫·克莱门特	6
Joseph Henry Wegstein	约瑟夫·亨利·韦格斯坦	44
Joseph-Louis Lagrange	拉格朗日	8
Joseph-Marie Jacquard	约瑟夫·玛丽·雅卡尔	5
Julian Bigelow	朱利安·比奇洛	36
Julien Green	朱利安·格林	44
Julius Mathison Turing	朱蒂斯·马西森·图灵	10
Karl Jansky	卡尔·詹斯基	51
Kathleen McNulty Mauchly Antonelli	凯瑟琳·麦克纳尔蒂·莫奇利·安东内利	17、34
Kathy Morris	凯茜·莫里斯	54
Keith Lonsdale	基思·朗斯代尔	27、28
Kelly Gotlieb	凯利·戈特利布	32
Ken Burgett	肯·伯吉特	56
Ken Olsen	肯·奥尔森	35、41、46、47、50、54
Ken Thompson	肯·汤普森	50、51、52
Ken Wallis	肯·沃利斯	32
Kenelm Wingfield Digby	凯内尔姆·温菲尔德·迪格比	10
Klára Dán	克拉拉·达恩	16
Klaus Samelson	克劳斯·扎梅尔松	44、48
König	柯尼格	16
Konrad Zuse	康拉德·楚泽	11、15
Kristen Nygaard	克里斯滕·尼高	61
Kristin Kildall	克里斯廷·基尔代尔	57
Kumar Patel	库马尔·帕特尔	51
Kurt Gödel	库尔特·哥德尔	16

Kurt Pannk	库尔特·潘克	*11
Larry Ellison	拉里·埃里森	53
Larry Murdock	拉里·默多克	66
Lars Wirzenius	拉尔斯·维尔塞纽斯	64
Laszlo Ratz	拉斯洛·拉茨	16
Lavendure	拉文德尔	54
LeAnn Erickson	利恩·埃里克森	15
Lee Sudlow	李·苏德洛	66
Leland Cunningham	莱兰·坎宁安	17
Len Kawell	莱恩·卡维尔	54
Leo	莱奥	54
Leo Beranek	利奥·贝拉内克	46
Leo Waldemar Törnqvist	利奥·瓦尔德马·土耳其克维斯特	64
Leonard	伦纳德	33
Leonard H.Tower	伦纳德·H.托尔	60
Leonard Liu	伦纳德·刘（刘英武）	53
Leonard Tornheim	莱昂纳德·特伦海姆	17
Leslie John Conley	莱斯利·约翰·康里	23
Leslie R. Groves	莱斯利·R.格罗夫斯	16
Leslie Vadasz	莱斯利·瓦达斯	55
Linus Benedict Torvalds	林纳斯·贝内迪克特·托瓦尔兹	64
Lisa Orecki Walff	丽莎·奥丽基·瓦尔芙	41
Livingston	利文斯顿	37
Lois Mitchell Haibt	洛伊丝·米切尔·海特	43
Lou Perrazoli	洛乌·佩拉佐利	65
Louis Bamberger	路易斯·班伯格	16

Luigi Federico Menabrea	路易吉·费德里科·梅纳布雷亚	7、17
Lura Meeks	卢拉·米克斯	12
Lyn Irvine	琳恩·欧文	33
Lynn Slater	林恩·斯莱特	60
M. Woodger	M.伍杰	21、25
Mabel Hubbard	马贝尔·哈伯德	51
MacCullagh	麦克卡拉	7
Malcolm Douglas McIlroy	道格拉斯·麦克罗伊	51、52
Marc Brunel	马克·布律内尔	6
Margaret Emily Mierisch-Aiken	玛格丽特·艾米莉·米里施·艾肯	14
Maria Crohn Zuse	玛丽亚·克罗恩·楚泽	11
Marietta Kövesi	玛丽埃塔·科维西	16
Marin Mersenne	马兰·梅森	24
Marina	玛丽娜	16
Mario Pelligrini	马里奥·佩利格里尼	54
Mark Baushke	马克·鲍什克	60
Mark Lucovsky	马克·拉科夫斯基	65
Marlyn	马琳	17
Marlyn Wescoff Meltzer	马琳·韦斯科夫·梅尔策	17
Martha Jean Reed	玛莎·珍·里德	12
Martin Richards	马丁·理查兹	51、61
Marvin Minsky	马文·明斯基	47、60
Mary Ann Joyce	玛丽·安·乔伊丝	8
Mary Everest	玛丽·埃弗里特	8
Mary Somerville	玛丽·萨默维尔	7

MaryAnn Boole	玛丽安·布尔	8
Mary-Lee Woods	玛丽·李·伍兹	31、63
Masatoshi Shima	岛正利	55
Masuda	（无译名）	55
Maurice Lippman	莫里斯·李普曼	60
Maurice Vincent Wilkes	莫里斯·文森特·威尔克斯	18、23、45
Maurice Wilkes	莫里斯·威尔克斯	16、51、61
Max Newman	麦克斯·纽曼	10、13、20、24、26、28、33
Merlin	莫林	6
Messrs Plana	梅斯·普拉纳	7
Michael S. Mahoney	迈克尔·S.马奥尼	51
Michael Woodger	迈克尔·伍杰	44
Mike Blasgen	迈克·布拉斯根	53
Mike Dickey	迈克·迪基	66
Mike Lesk	迈克·莱斯克	52
Mike Sendall	迈克·森德尔	63
Mogens Glad	莫恩斯·格拉德	59
MortonAstrahan	莫顿·阿斯特拉汉	53
Moshe Dunnie	摩西·邓尼	65
Mossotti	莫索蒂	7
Nancy Carlson	南希·卡尔森	63
Nathan Myhrvold	内森·米尔沃尔德	65
Neil Cutler	尼尔·卡特勒	54
Nicholas C. Metropolis	尼古拉斯·C.梅特罗波利斯	36
Nicola Pellow	尼古拉·佩洛	63
Nicolas Matebranche	尼古拉·马勒伯朗士	2
Niels Jensen	尼尔斯·詹森	59

Nigel Shadbolt	奈杰尔·夏伯特	63
Niklaus Wirth	尼克劳斯·沃思	45、59
Nils Torvalds	尼尔斯·托瓦尔兹	64
Norbert Wiener	诺伯特·维纳	16、36
Norman	诺曼	22
Norman Bel Geddes	诺曼·贝尔·格迪斯	14
Norris Bradbury	诺里斯·布拉德伯里	15
Olaf Chedzoy	奥拉夫·切佐伊	31
Ole Henriksen	奥利·亨里克森	59
Ole Torvalds	奥利·托瓦尔兹	64
Ole-Johan Dahl	奥利-约翰·达尔	61
Oswald Olsen	奥斯瓦尔德·奥尔森	41
Oswald Veblen	奥斯瓦尔德·凡勃伦	16
P. F. Williams	P. F.威廉姆斯	47
Pat Hume	帕特·休姆	32
Patrick Blackett	帕特里克·布莱克特	20
Patty Anklam	帕蒂·安克拉姆	54
Paul Allen	保罗·艾伦	57
Paul Beneteau	保罗·贝内托	55
Paul Maritz	保罗·马瑞兹	65
Paul McJones	保罗·麦克琼斯	45、53、58
Paul N. Gillon	保罗·N.吉伦	15、16
Paul Nelson Gillon	保罗·纳尔逊·吉伦	15
Paul Rubin	保罗·鲁宾	60
Perry Crawford	佩里·克劳福德	18
Perry Orson Crawford	佩里·奥森·克劳福德	35
Peter Anvin	彼得·安文	64

Peter Lipman	彼得·李普曼	54
Peter MacDonald	彼得·麦克唐纳	66
Peter Naur	彼得·诺尔	44、45、58
Peter Samson	彼得·萨姆森	41
Peter Sheridan	彼得·谢里登	43
Peter van Roekens	彼得·冯·洛肯斯	54
PFC Homer Spence	霍默·斯彭斯	15
Phil Peterson	菲尔·彼得森	41
Philip Crane	菲利普·克雷恩	37
Philip Hall	菲利浦·赫尔	10
Philippe Kahn	菲利普·卡恩	59
Philo Taylor Farnsworth	菲洛·泰勒·法恩斯沃思	15
Phyllis Reisner	菲莉丝·赖斯纳	53
Plantamour	普兰塔莫	7
Porter	波特	40
Preston	普雷斯顿	6
Prince Albert	艾伯特亲王	6
R. K. Richard	R.K.理查德	12
R. W. Chang	（无译名）	51
R.A. Smith	R.A.史密斯	20
Ralph Slutz	拉尔夫·斯卢茨	36
RalphAnthony Brooker	拉尔夫·安东尼·布鲁克	26
Ramo Wooldrige	拉莫·沃尔德里奇	42
Rawlings	罗林斯	42
Ray Boyce	雷·博伊斯	53
Raymond Lorie	雷蒙德·洛里	53
René Descartes	笛卡儿	2

Reynold B. Johnson	雷诺·B.约翰逊	53
Ria	里亚	亲历者言：怀念迪杰斯特拉
Ria Debets	里亚·德贝茨	45
Rich Grove	里奇·格罗夫	65
Richard Bolt	理查德·鲍尔特	46
Richard Brodie	理查德·布罗迪	58
Richard Goldberg	理查德·戈德堡	43
Richard Greenblat	理查德·格林布拉特	60
Richard Hamming	理查德·汉明	51
Richard Lary	理查德·拉里	54
Richard Matthew Stallman	理查德·马修·斯托尔曼	60、64、66
Richard Mlynarik	理查德·米纳里克	60
Richard Rashid	理查德·拉希德	60
Rob Pike	罗布·派克	51
Rob Short	罗布·肖特	65
Robert A. Nelson	罗伯特·A.纳尔逊	43
Robert A. Saunders	罗伯特·A.桑德斯	41
Robert A. Wagner	罗伯特·A.瓦格纳	41
Robert Cailliau	罗伯特·卡约	63
Robert Campbell	罗伯特·坎贝尔	37
Robert Chassell	罗伯特·查塞尔	60
Robert Everett	罗伯特·埃弗里特	35
Robert F. Shaw	罗伯特·F.肖	15、34、36
Robert H. Dennard	罗伯特·H.登纳德	35
Robert Hawkins	罗伯特·霍金斯	37
Robert Metcalfe	罗伯特·梅特卡夫	58

Robert Newman	罗伯特·纽曼	46
Robert Noyce	罗伯特·诺伊斯	55
Robert Rex Seeber Jr.	罗伯特·雷克斯·西伯	43
Robert Stephenson	罗伯特·史蒂芬森	6
Robert William Taylor	罗伯特·威廉·泰勒	63
Robert Wilson	罗伯特·威尔逊	51
Robert Wright	罗伯特·赖特	47
Robin Williams	罗宾·威廉斯	53
Roger Heinen	罗杰·海嫩	54
Roger Needham	罗格·尼达姆	61
Rowland Hanson	罗兰·汉森	62
Roy Nutt	罗伊·纳特	43
Rudd Canaday	拉德·卡纳迪	42、51
Russell Noftsker	罗素·诺夫斯克	60
Ruth	露丝	17
Ruth Lane	鲁思·莱恩	17
Ruth Lichterman Teitelbaum	露丝·利希特曼·泰特尔鲍姆	17
Ruth Norton	露丝·诺尔顿	37
Sam B. Williams	山姆·B.威廉姆斯	15、18
Sam Williams	萨姆·威廉姆斯	19
Samuel Bernard	萨姆尔·伯纳德	4
Samuel Leidesdorf	（无译名）	16
Sandy Fraser	桑迪·弗雷泽	61
Sara Torvalds	萨拉·托瓦尔兹	64
Sarah	萨拉	33
Sarah Fuller	萨拉·富勒	51

Scott Davis	斯科特·戴维斯	54
Scott McGregor	斯科特·麦格雷戈	62
Sebastian Mauchly	塞巴斯蒂安·莫奇利	15
Sebastian Ziani de Ferranti	塞巴斯蒂安·齐亚尼·费兰蒂	27
Sheila Macintyre	希拉·麦金太尔	28
Sheldon Boilen	谢尔登·博伦	47
Sheldon F. Best	谢尔登·F.贝斯特	43
Sherman Fairchild	谢尔曼·费尔柴尔德	55
Sigmund Freud	西格蒙德·弗洛伊德	10
Simon Lavington	西蒙·拉文顿	20、23
Stan Olsen	斯坦·奥尔森	41、46、50
Stanislaus Hosius	斯坦尼斯劳斯·霍西乌斯	11
Stanisław Marcin Ulam	斯塔尼斯拉夫·马尔钦·乌拉姆	15、16
Stanley Frankel	斯坦利·弗兰克尔	16
Stanley Gill	斯坦利·吉尔	23、45
Stanley Mazor	斯坦利·马佐尔	55
Stephen C. Johnson	史蒂芬·C.约翰逊	52
Steve Ballmer	史蒂夫·鲍尔默	62、65
Steve Rothman	史蒂夫·罗斯曼	54
Steve Ward	史蒂夫·沃德	60
Steve Wood	史蒂夫·伍德	65
Stu Parsell	斯图·帕塞尔	54
Sumner Tainter	萨姆纳·泰恩特	51
Susan B. Komen	苏珊·B.科门	17
Susan Jackson	苏珊·杰克逊	54
Sylvestre Lacroix	西尔韦斯特·拉克鲁瓦	6、8

T. Vincent Learson	T.文森特·利尔森	49
T.K. Sharpless	T.K.沙普利斯	15、18
Takayama	（无译名）	55
Tandy Trower	坦迪·特罗尔	62
Ted Hoff	特德·霍夫	55
Teddy Bullard	特迪·布拉德	25
Theodore R. Bashkow	西奥多·R.巴什科	51
Thomas Augustus Watson	托马斯·奥古斯都斯·沃森	51
Thomas Bushnell	托马斯·布什内尔	60
Thomas G. Stockham	托马斯·G.斯托克姆	41
Thomas Gold	托马斯·戈尔德	23
Thomas John Watson, Jr.	托马斯·约翰·沃森（小沃森）	18、38、39、43、49、53
Thomas John Watson, Sr.	托马斯·约翰·沃森（老沃森）	9、14、38、49
Thomas Jones	托马斯·琼斯	16
Thomas Knight	（无译名）	60
Thomas Newcomen	托马斯·纽科门	5
Thomas S. Zilly	托马斯·S.奇利	57
Thomas Sanders	托马斯·桑德斯	51
Tim Berners-Lee	蒂姆·伯纳斯-李	31、63
Tim Berry	蒂姆·贝里	59
Tim Paterson	蒂姆·佩特森	57
Tom Glinos	（无译名）	52
Tom Kilburn	汤姆·基尔伯恩	20、21、22、24、25、27、28
Tom Miller	汤姆·米勒	54
Tommy Flowers	汤米·弗劳尔斯	13
Tommy Marshall	汤米·马歇尔	21

Tony Hoare	托尼·霍尔	亲历者言：怀念迪杰斯特拉、44
Tony Sale	托尼·塞尔	13
Trevor Porter	特雷沃尔·波特	54
Trixie Worsley	特丽克西·沃斯利	32
Trowbridge	特罗布里奇	9
Turner	特纳	42
Vance Vaughan	万斯·沃恩	58
Vannevar Bush	万尼瓦尔·布什	23
Vera Watson	薇拉·沃森	53
Verdonck	韦尔东克	37
Viehe Frederick W	菲厄·弗雷德里克·W	35
Vincent Ferranti	文森特·费兰蒂	27
Vincent Gogh	文森特·梵高	45
Vincent Hopper	文森·霍普	37
Vincent Joseph Wilkes	文森特·约瑟夫·威尔克斯	23
Voltaire	伏尔泰	4
W Gordon Radley	W.戈登·拉德利	13
W.Wilson	W.威尔逊	25
Walter Brattain	沃尔特·布拉顿	41
Walter Houser Brattain	沃尔特·豪泽·布拉顿	51
Walter Pitts	沃尔特·皮茨	16
Ward	沃德	6
Warren E. Buffett	沃伦·巴菲特	15
Warren Sturgis McCulloch	沃伦·斯图吉斯·麦卡洛克	16
Warren Weaver	沃伦·韦弗	51
Wesley Clark	韦斯利·克拉克	41

White	怀特	37
Wilhelm Onchen	威廉·翁肯	16
William	威廉姆	33
William Bennett	威廉·贝内特	51
William Bradford Shockley	威廉·布拉德福德·肖克利	51
William Hanf	威廉·汉夫	49
William Henry Harrison	威廉·亨利·哈里森	15、66
William King	威廉·金	7
William N. Papian	威廉·N.帕皮安	35
William Norris	威廉·诺里斯	42
William Pearson	威廉·皮尔森	6
William Renwick	威廉·伦威克	23
William Shakespeare	威廉·莎士比亚	2
William Shockley	威廉·肖克利	41、55
William Thomson	威廉·汤姆森	8
William Wright	威廉·赖特	49
Willis Ware	威利斯·韦尔	36
Zdenek Kopal	兹内克·科帕尔	23